● 電気・電子工学ライブラリ ●
UKE-D5

基礎制御工学

松瀨貢規

数理工学社

編者のことば

　電気磁気学を基礎とする電気電子工学は，環境・エネルギーや通信情報分野など社会のインフラを構築し社会システムの高機能化を進める重要な基盤技術の一つである．また，日々伝えられる再生可能エネルギーや新素材の開発，新しいインターネット通信方式の考案など，今まで電気電子技術が適用できなかった応用分野を開拓し境界領域を拡大し続けて，社会システムの再構築を促進し一般の多くの人々の利用を飛躍的に拡大させている．

　このようにダイナミックに発展を遂げている電気電子技術の基礎的内容を整理して体系化し，科学技術の分野で一般社会に貢献をしたいと思っている多くの大学・高専の学生諸君や若い研究者・技術者に伝えることも科学技術を継続的に発展させるためには必要であると思う．

　本ライブラリは，日々進化し高度化する電気電子技術の基礎となる重要な学術を整理して体系化し，それぞれの分野をより深くさらに学ぶための基本となる内容を精査して取り上げた教科書を集大成したものである．

　本ライブラリ編集の基本方針は，以下のとおりである．
1) 今後の電気電子工学教育のニーズに合った使い易く分かり易い教科書．
2) 最新の知見の流れを取り入れ，創造性教育などにも配慮した電気電子工学基礎領域全般に亘る斬新な書目群．
3) 内容的には大学・高専の学生と若い研究者・技術者を読者として想定．
4) 例題を出来るだけ多用し読者の理解を助け，実践的な応用力の涵養を促進．

　本ライブラリの書目群は，I 基礎・共通，II 物性・新素材，III 信号処理・通信，IV エネルギー・制御，から構成されている．

　書目群 I の基礎・共通は 9 書目である．電気・電子通信系技術の基礎と共通書目を取り上げた．

　書目群 II の物性・新素材は 7 書目である．この書目群は，誘電体・半導体・磁性体のそれぞれの電気磁気的性質の基礎から説きおこし半導体物性や半導体デバイスを中心に書目を配置している．

　書目群 III の信号処理・通信は 5 書目である．この書目群では信号処理の基本から信号伝送，信号通信ネットワーク，応用分野が拡大する電磁波，および

電気電子工学の医療技術への応用などを取り上げた．

書目群 IV のエネルギー・制御は 10 書目である．電気エネルギーの発生，輸送・伝送，伝達・変換，処理や利用技術とこのシステムの制御などである．

「電気文明の時代」の 20 世紀に引き続き，今世紀も環境・エネルギーと情報通信分野など社会インフラシステムの再構築と先端技術の開発を支える分野で，社会に貢献し活躍を望む若い方々の座右の書群になることを希望したい．

2011 年 9 月

編者　松瀬貢規
　　　湯本雅恵
　　　西方正司
　　　井家上哲史

「電気・電子工学ライブラリ」書目一覧

書目群 I（基礎・共通）
1. 電気電子基礎数学
2. 電気磁気学の基礎
3. 電気回路
4. 基礎電気電子計測
5. 応用電気電子計測
6. アナログ電子回路の基礎
7. ディジタル電子回路
8. ハードウェア記述言語によるディジタル回路設計の基礎
9. コンピュータ工学

書目群 II（物性・新素材）
1. 電気電子材料
2. 半導体物性
3. 半導体デバイス
4. 集積回路工学
5. 光・電子工学
6. 高電界工学
7. 電気電子化学

書目群 III（信号処理・通信）
1. 信号処理の基礎
2. 情報通信工学
3. 情報ネットワーク
4. 電磁波工学
5. 生体電子工学

書目群 IV（エネルギー・制御）
1. 環境とエネルギー
2. 電力発生工学
3. 電力システム工学の基礎
4. 超電導・応用
5. 基礎制御工学
6. システム解析
7. 電気機器学
8. パワーエレクトロニクス
9. アクチュエータ工学
10. ロボット工学

まえがき

　航空・宇宙や電力・鉄鋼・化学プラントの巨大制御システムからマイクロエレクトロメカニカルシステム（MEMS）やナノスケールサーボ制御に至るまで，多くの制御理論やその考え方が応用されている．さらに無線通信とディジタル技術の進歩は信号伝達のワイヤレス化を促進するなど適用技術も日々進化・高度化してきた．

　このように，制御工学は電気電子・機械・化学工学を中心に多くの工学分野を適用対象とした横断的な学問体系を構成している．

　これから制御の知識を習得し技術を得ようとする人々にとっては，制御対象が持つシステム個々の性質や技術を習得することも必要であるが，各分野に応用できる共通の基本的知識をしっかり身につけることは大切なことである．

　本書は，いわゆる制御理論を展開し述べたものではなく，応用し使いこなす実践的な力を身につけることを目指して，筆者が長年担当した電気系学科の制御工学の基礎に関する科目の講義録をもとに記述したものである．

　本書の内容は，制御システムの考え方と応用力の滋養を基本として電気電子・機械系の制御システムへ応用することを中心に，その基礎知識として必要であると思われるものを取り上げている．

　すなわち，フィードバック制御を主体として制御システムの伝達関数および状態変数によるモデル化を説明し，時間応答と周波数応答の表現法を述べている．さらに，特性解析法および特性評価，制御システムの補償と特性設計の基本的な考え方，非線形制御システムの取扱い，ディジタル制御の基礎についても述べた．

　本書は，制御工学の基礎知識と技術を習得しようとする電気電子など電気系や機械系の諸学科および化学工学系の大学低学年，高専の学生および若い技術者を対象として，入門書，教科書または自習書になるように心がけて記述しており，制御工学を学び応用しようとする人たちの勉学の手助けになることを望んでいる．

まえがき

　本書では，基本的な制御理論の説明にとどめたのでさらに厳密な数学的根拠を知りたい人は，これまで多くの先達が鋭意研究著作された専門書を参考にして頂きたい．

　執筆に当たり多くの制御理論や制御工学の教科書や著書を参考にさせていただいた．参考にした文献の中には名著であるが既に絶版となっている著作もある．ここに，著者の方々に敬意を表すとともに心からお礼を申し上げる．

2013年5月　唐木田にて

松瀬貢規

目　　　次

第1章
工学としての制御　　　　　　　　　　　　　　　　　　　　1
1.1　制御とフィードバック制御 …………………………… 2
1.1.1　制　御　と　は ………………………………… 2
1.1.2　制御の目的 …………………………………… 3
1.1.3　フィードバック制御とフィードフォワード制御 …… 3
1.2　フィードバック制御システムの標準構成 ……………… 5
1.3　フィードバック制御の効果と影響 ……………………… 7
1.4　目標値と外乱に同時に対応する制御システムの構成 … 8
1.5　制御システムの分類 ……………………………………… 8
1.6　制御システム特性設計の標準的プロセス …………… 10
1章の問題 …………………………………………………… 12

第2章
伝達関数による制御系の表現　　　　　　　　　　　　　　13
2.1　信号伝達とブロック線図 ……………………………… 14
2.2　ラプラス変換と伝達関数 ……………………………… 19
2.2.1　ラプラス変換 ………………………………… 19
2.2.2　伝　達　関　数 ………………………………… 20
2.2.3　関数のラプラス変換 ………………………… 21
2.2.4　ラプラス逆変換 ……………………………… 24
2.2.5　伝達関数の物理的意味 ……………………… 27
2.3　伝達関数の求め方 ……………………………………… 29
2.3.1　代表的な伝達関数とその要素 ……………… 29

　　　　　　　　目　　次　　　　　　vii

　　　2.3.2　伝達関数の求め方 ･････････････････････････ 29
　2.4　伝達関数の性質と利点 ･･･････････････････････････ 31
　2.5　信号流れ線図 ･･･････････････････････････････････ 33
　　　2.5.1　信号流れ線図の構成単位 ･････････････････････ 33
　　　2.5.2　信号流れ線図の構成と等価変換 ･･･････････････ 35
　　　2.5.3　グラフトランスミッタンス ･･･････････････････ 37
　　　2.5.4　信号流れ線図とブロック線図 ･････････････････ 38
　2 章の問題 ･･･ 41

第3章

状態変数による制御系の表現　　　　　　　　43

　3.1　制御系の状態変数表示 ･･･････････････････････････ 44
　　　3.1.1　状態変数法とは ･････････････････････････････ 44
　　　3.1.2　状態変数と状態方程式 ･･･････････････････････ 45
　3.2　状態方程式と出力方程式 ･････････････････････････ 47
　3.3　状態方程式の解き方 ･････････････････････････････ 52
　3.4　状態推移行列の性質 ･････････････････････････････ 55
　3.5　状態変数線図と伝達関数行列 ･････････････････････ 57
　　　3.5.1　状態変数線図 ･･･････････････････････････････ 57
　　　3.5.2　伝達関数行列と状態方程式の関係 ･････････････ 57
　　　3.5.3　伝達関数から状態方程式および出力方程式を
　　　　　　求める方法 ･････････････････････････････････ 58
　　　3.5.4　多変数制御システムと伝達関数行列 ･･･････････ 62
　3.6　可観測性と可制御性 ･････････････････････････････ 64
　3 章の問題 ･･･ 65

第4章

制御系の時間応答 ― 過渡特性 ―　　　　　　67

　4.1　応 答 と は ･････････････････････････････････････ 68
　　　4.1.1　時 間 応 答 ･･･････････････････････････････ 68
　　　4.1.2　周波数応答 ･････････････････････････････････ 69

　　　　4.1.3　入力の目標値および外乱に対する出力の応答
　　　　　　　（制御量）･････････････････････････････････　69
　4.2　基本テスト入力信号と時間応答 ･･････････････････････　72
　　　　4.2.1　テスト信号の種類 ･････････････････････････　72
　　　　4.2.2　過渡応答と定常応答 ･･･････････････････････　73
　4.3　過 渡 応 答 ･･････････････････････････････････････　74
　　　　4.3.1　基本要素のインパルス応答 ･･････････････････　74
　　　　4.3.2　基本要素のインディシャル応答 ･･････････････　74
　　　　4.3.3　二次遅れ要素の過渡応答 ････････････････････　76
　4.4　過渡特性と特性根の配置 ････････････････････････････　81
　4.5　外乱に対する過渡応答 ･･････････････････････････････　84
　4.6　過渡特性と安定性 ･･････････････････････････････････　87
　4章の問題 ･･･　88

第5章

制御系の時間応答 ― 定常特性 ―　　　　　　　　　　　89

　5.1　制御偏差と定常偏差 ････････････････････････････････　90
　5.2　制御系のタイプ ････････････････････････････････････　91
　5.3　目標値に対する定常偏差 ････････････････････････････　92
　　　　5.3.1　ステップ関数入力による定常偏差 ････････････　92
　　　　5.3.2　ランプ関数入力による定常偏差 ･･････････････　93
　　　　5.3.3　定加速度入力による定常偏差 ････････････････　93
　5.4　外乱に対する定常偏差 ･･････････････････････････････　96
　　　　5.4.1　外乱による偏差 ･･･････････････････････････　96
　　　　5.4.2　制御系の形と外乱による定常偏差 ････････････　97
　5章の問題 ･･　100

第6章

正弦波入力の定常応答 ― 周波数特性 ― 　　101

- 6.1 周波数応答の意味 ······················· 102
  - 6.1.1 周波数伝達関数 ···················· 102
  - 6.1.2 周波数応答 ······················· 103
- 6.2 ベクトル軌跡（ナイキスト線図）············ 105
- 6.3 ゲイン-位相線図 ······················· 109
- 6.4 ボード線図 ··························· 110
- 6.5 ニコルズ線図 ························· 119
- 6章の問題 ································· 122

第7章

制御系の安定判別　　123

- 7.1 安定性の意味と特性方程式 ················ 124
  - 7.1.1 動的システムの安定性 ··············· 124
  - 7.1.2 特性方程式と安定判別法 ············· 125
- 7.2 ラウス-フルビッツの安定判別法 ············ 127
  - 7.2.1 ラウスの方法 ····················· 127
  - 7.2.2 ラウスの方法の特別な場合 ··········· 129
  - 7.2.3 フルビッツの方法 ·················· 131
- 7.3 ナイキストの安定判別法 ················· 134
- 7.4 ボード線図による安定判別 ················ 139
- 7.5 ゲイン余有と位相余有 ··················· 141
- 7章の問題 ································· 144

第8章

根軌跡法とその応用　　145

- 8.1 根軌跡の定義 ························· 146
- 8.2 根軌跡の基本的構造と性質 ················ 148
- 8.3 根軌跡法の応用 ······················· 153

x　　目　　次

　　　　8.3.1　遅れ要素がある場合の根軌跡 ・・・・・・・・・・・・・・・・ 153
　　　　8.3.2　$G(s)H(s)$ に極または零点を加える効果 ・・・・・・・ 154
　　　　8.3.3　パラメータが複数の場合の根軌跡 ・・・・・・・・・・・・・ 155
　　　　8.3.4　多項式の求根に対する応用 ・・・・・・・・・・・・・・・・・・ 157
　　8 章の問題 ・・ 158

第 9 章

制御系の制御性能と評価指標　　　　　　　　　　　　　　159

　　9.1　制御系の基本性能と基本仕様 ・・・・・・・・・・・・・・・・・・・・・・・・ 160
　　　　9.1.1　精　度 ・・・・・・・・・・・・・・・・・・・・・・・・・・・・・・・・・・・・・ 160
　　　　9.1.2　速応性 ・・・・・・・・・・・・・・・・・・・・・・・・・・・・・・・・・・・・・ 164
　　　　9.1.3　安定度 ・・・・・・・・・・・・・・・・・・・・・・・・・・・・・・・・・・・・・ 168
　　9.2　高次制御系の特性評価 ・・・・・・・・・・・・・・・・・・・・・・・・・・・・・・ 169
　　　　9.2.1　代表特性根 ・・・・・・・・・・・・・・・・・・・・・・・・・・・・・・・・・ 169
　　　　9.2.2　代表根による速応性と安定度の評価 ・・・・・・・・・・・・ 169
　　9.3　制御性能と指標 ・・・・・・・・・・・・・・・・・・・・・・・・・・・・・・・・・・・・ 170
　　9 章の問題 ・・ 172

第 10 章

制御系の特性補償と基本設計　　　　　　　　　　　　　　173

　　10.1　制御系基本設計の考え方 ・・・・・・・・・・・・・・・・・・・・・・・・・・・ 174
　　10.2　PID 補償と基本設計 ・・・・・・・・・・・・・・・・・・・・・・・・・・・・・・ 174
　　　　10.2.1　PID 補償による制御系設計 ・・・・・・・・・・・・・・・・・ 174
　　　　10.2.2　PID パラメータの応答データによる決定法 ・・・ 177
　　　　10.2.3　PID 補償の実現 ・・・・・・・・・・・・・・・・・・・・・・・・・・・ 178
　　10.3　位相進み–遅れ補償による特性設計 ・・・・・・・・・・・・・・・・・ 179
　　　　10.3.1　位相補償法の種類 ・・・・・・・・・・・・・・・・・・・・・・・・・ 180
　　　　10.3.2　直列補償 ・・・・・・・・・・・・・・・・・・・・・・・・・・・・・・・・・ 181
　　10.4　2 自由度制御系とフィードフォワード制御 ・・・・・・・・・・・ 184
　　　　10.4.1　1 自由度制御系 ・・・・・・・・・・・・・・・・・・・・・・・・・・・ 184
　　　　10.4.2　2 自由度制御系（フィードフォワード形）・・・・ 185

　　　　　　　　　　目　　次　　　　　　　　　　xi

　　　　10.4.3　2自由度制御系（フィードバック形）⋯⋯⋯ 186
　10.5　サーボ制御系の設計 ⋯⋯⋯⋯⋯⋯⋯⋯⋯⋯⋯⋯⋯ 187
　　　　10.5.1　制御対象のモデル化とブロック線図⋯⋯⋯⋯ 188
　　　　10.5.2　制御対象の基本特性 ⋯⋯⋯⋯⋯⋯⋯⋯⋯⋯ 190
　　　　10.5.3　電流制御系の設計 ⋯⋯⋯⋯⋯⋯⋯⋯⋯⋯⋯ 191
　　　　10.5.4　速度制御系の設計 ⋯⋯⋯⋯⋯⋯⋯⋯⋯⋯⋯ 193
　　　　10.5.5　位置制御系の設計 ⋯⋯⋯⋯⋯⋯⋯⋯⋯⋯⋯ 195
　10章の問題 ⋯⋯⋯⋯⋯⋯⋯⋯⋯⋯⋯⋯⋯⋯⋯⋯⋯⋯⋯⋯ 196

第11章

非線形制御系の基礎　　　　　　　　　　　　　　　197

　11.1　非線形微分方程式の線形化とブロック線図 ⋯⋯⋯⋯ 198
　　　　11.1.1　非線形微分方程式の線形化の一例 ⋯⋯⋯⋯ 198
　　　　11.1.2　磁気浮上系の非線形微分方程式の線形化と
　　　　　　　　制御系のブロック線図 ⋯⋯⋯⋯⋯⋯⋯⋯ 201
　11.2　非線形要素 ⋯⋯⋯⋯⋯⋯⋯⋯⋯⋯⋯⋯⋯⋯⋯⋯⋯ 206
　11.3　位相面解析法 ⋯⋯⋯⋯⋯⋯⋯⋯⋯⋯⋯⋯⋯⋯⋯⋯ 208
　　　　11.3.1　原　　理 ⋯⋯⋯⋯⋯⋯⋯⋯⋯⋯⋯⋯⋯⋯ 208
　　　　11.3.2　作　図　法 ⋯⋯⋯⋯⋯⋯⋯⋯⋯⋯⋯⋯⋯ 209
　　　　11.3.3　位相面からわかる諸量 ⋯⋯⋯⋯⋯⋯⋯⋯ 210
　　　　11.3.4　制御系の位相面による安定判別 ⋯⋯⋯⋯ 211
　11.4　記述関数法 ⋯⋯⋯⋯⋯⋯⋯⋯⋯⋯⋯⋯⋯⋯⋯⋯⋯ 215
　　　　11.4.1　原　　理 ⋯⋯⋯⋯⋯⋯⋯⋯⋯⋯⋯⋯⋯⋯ 215
　　　　11.4.2　求　め　方 ⋯⋯⋯⋯⋯⋯⋯⋯⋯⋯⋯⋯⋯ 216
　　　　11.4.3　ナイキストの安定判別法の適用による解析 ⋯ 218
　11章の問題 ⋯⋯⋯⋯⋯⋯⋯⋯⋯⋯⋯⋯⋯⋯⋯⋯⋯⋯⋯⋯ 220

第12章

ディジタル制御の基礎　　　　　　　　　　　　　　　　　　　**221**

- 12.1　ディジタル制御系の基本構成 ･････････････････････ 222
- 12.2　サンプル値信号の取扱い ･･･････････････････････ 224
  - 12.2.1　サンプル値信号の取扱い（A/D 変換）･･････ 224
  - 12.2.2　D/A 変換 ･･･････････････････････････ 227
- 12.3　z 変換とその性質 ･････････････････････････････ 228
  - 12.3.1　サンプル値（離散値）信号の z 変換とその性質 228
  - 12.3.2　ラプラス変換から z 変換 ････････････････ 230
  - 12.3.3　逆 z 変換 ･･･････････････････････････ 232
  - 12.3.4　拡張 z 変換と拡張逆 z 変換 ･･････････････ 232
- 12.4　パルス伝達関数 ･････････････････････････････ 235
  - 12.4.1　パルス伝達関数 ･･･････････････････････ 235
  - 12.4.2　伝達要素の結合 ･･･････････････････････ 237
- 12.5　サンプル値制御システムの特性 ･･････････････････ 239
  - 12.5.1　時 間 応 答 ･･･････････････････････････ 239
  - 12.5.2　安　定　性 ･･･････････････････････････ 241
  - 12.5.3　定 常 偏 差 ･･･････････････････････････ 242
- 12.6　状態変数法によるサンプル値制御系の取扱い ･･････････ 247
  - 12.6.1　状態推移方程式 ･･･････････････････････ 247
  - 12.6.2　状態推移方程式の解（サンプル値制御系の応答） 247
- 12.7　ディジタル速度制御系 ･････････････････････････ 248
- 12 章の問題 ･････････････････････････････････････ 249

問 題 解 答　　　　　　　　　　　　　　　　　　　　　　**250**

引用・参考文献　　　　　　　　　　　　　　　　　　　　**269**

索　　　引　　　　　　　　　　　　　　　　　　　　　　**271**

第1章

工学としての制御

　この章では，まず工学として制御とはどのようなことをさすのか，その概念と考え方を述べる．次に自動制御の基本であるフィードバック制御系の標準的な構成とその要素，および主な制御対象の応用分野を分類する．さらに，制御システム特性設計の標準的なプロセスを示す．

1.1 制御とフィードバック制御

1.1.1 制御とは

制御とは，一般に，相手が自由勝手にするのをおさえて自分の思うように支配することであり，あるものが他を意のままに動かすことであるといえる．工学的には「ある目的に適合するように，対象となっているものに所要の操作を加えること」であると定義され，そこには必ず目的，対象および操作が含まれる．図1.1にこれらの関係を示す．

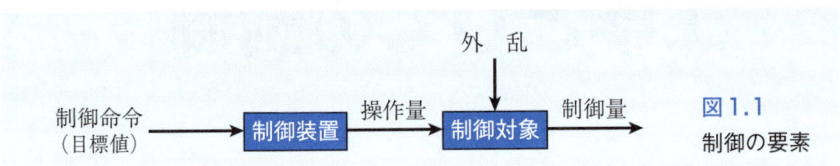

図1.1 制御の要素

この図で矢印とその線分は信号とその流れの方向を示し，**ブロック**（block）は信号の変換要素を示している．目的には制御対象のどのような物理量や化学量に注目してどのような命令を与えるかを含む．そして，命令が具体的な操作になるためには制御装置が必要である．制御を受ける対象を**制御対象**，制御対象に属する量のなかで，それを制御することが目的となっている量（注目する物理量や化学量）を**制御量**，制御命令（命令）を操作に変える装置を**制御装置**と呼んでいる．制御量を支配するために制御対象に加える量が**操作量**である．

また，制御には，制御装置あるいはその一部が人間である場合の**手動制御**，人間の反省と訂正動作に相当する部分を自動制御装置に行わせる**自動制御**がある．

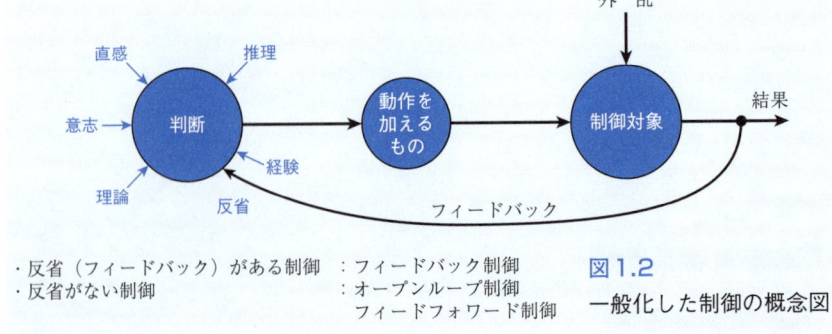

図1.2 一般化した制御の概念図

・反省（フィードバック）がある制御 ：フィードバック制御
・反省がない制御 ：オープンループ制御
　　　　　　　　　　　　　　　　　　フィードフォワード制御

一般に，社会システムや人の行動を制御の観点からモデル化すると図 1.2 に示すようになる．人の行動あるいは社会システムでは個人や組織の意志，理論，直感，推理，経験，そして反省などに基づいて判断し，人の手足にまたは生産や経営の状態である制御の対象に動作を指示する行為または動作を加えて，制御の対象に初期の目的を達成させるシステムであると概念的にいうことができる．

1.1.2 制御の目的

以上のことから制御の目的は次のようにいえる．

(a) 制御対象の安定化
(b) 外乱の影響の抑制
(c) 特性変動による影響の抑制
(d) 制御量の目標値追従（過渡状態および定常状態）

1.1.3 フィードバック制御とフィードフォワード制御

制御には，図 1.2 に示すように制御対象が示す結果を判断の一つの情報（たとえば反省の材料）として用いる制御の**フィードバック制御**（feedback control），制御対象の結果を判断の情報として用いないシステムの**オープンループ制御**（開ループ制御）とがある．

フィードバック制御は，フィードバック（帰還）によって制御量の値を目標値と比較し，それらを一致させるように訂正動作を行う制御である．ここで，フィードバックとは，出力側の信号を入力側に戻すことによって信号の閉じたループを形成することをいっている．フィードバックには正帰還と負帰還があり，制御では一般に負帰還を用いる．

オープンループ制御には，前もって制御対象の現象を予知し，その対策を講じて行動を起こさせる方式の**フィードフォワード制御**，および，あらかじめ定められた順序に従って制御の各段階を逐次進めてゆく**シーケンス制御**がある．図 1.1 はオープンループ制御である．

以上のように，システムとはある目的を持って機能する組織体をいっており，制御するものと制御されるものとをまとめて**制御システム**または**制御系**と呼ぶ．

図 1.3 に倒立振り子を直立に制御するシステムを示す．台車に載せられた一本の倒立振り子を垂直に倒立させるため目標値の角度 θ を 0 に設定され，θ が変化すると θ を 0 にするため台車はモータによって左右に動く制御システムである．システムにはモータを動かすエネルギーの流れ（パワーフロー）と角度を計測し制御する信号の流れ（シグナルフロー）がある．

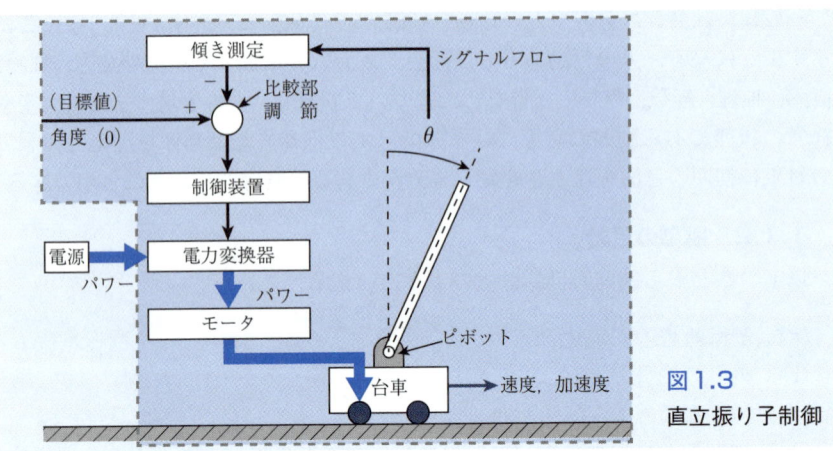

図1.3 直立振り子制御

図1.4 に電動機制御システムの概念図を示す．制御対象の電動機の制御量（出力）は，回転角度，回転速度，トルクなどの状態量である．機械負荷が要求する動力量に応じて，これらを制御するため電源から電力変換器を通して制御対象に電力を供給する必要がある．この流れがパワーフローを示している．

制御システムでは，パワーフローは当然あるものとして電力変換器で電力の形態（電圧，電流，周波数，位相，相数，相順など）を変換することに加え，これら電力の形態を制御対象の電動機が要求する状態に制御するシグナルフローに注目する．したがって，図1.3，および図1.4 の制御システムでは 設定（目標値）から信号が制御装置に与えられ，変換された信号が電力変換器を通して制御対象の状態量を操作して，制御量の信号をフィードバック（帰還）する制御システムを構成している．

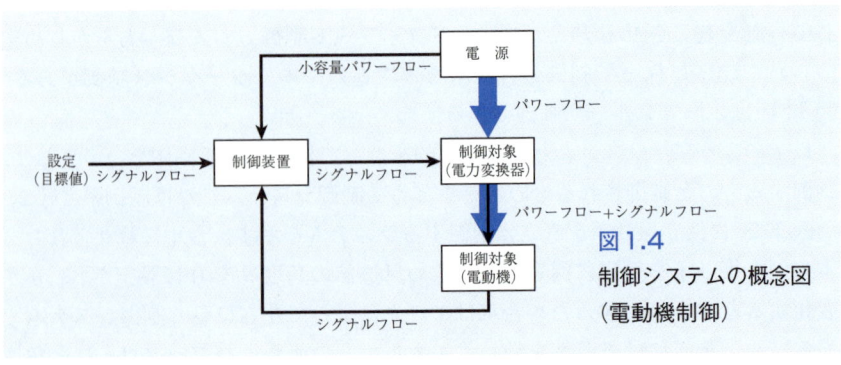

図1.4 制御システムの概念図（電動機制御）

1.2　フィードバック制御システムの標準構成

図1.5 は，フィードバック制御が行われるようにシグナルフローによって結合し構成された機器や装置の集合体であるフィードバック制御システム（系）の標準的な構成と用語を示している．図に示す制御系の各部での制御信号と構成要素の用語と意味を表1.1 および表1.2 に示す．記号 (a), (b), (c), . . . と (A), (B), (C), . . . は図中の記号に対応している．

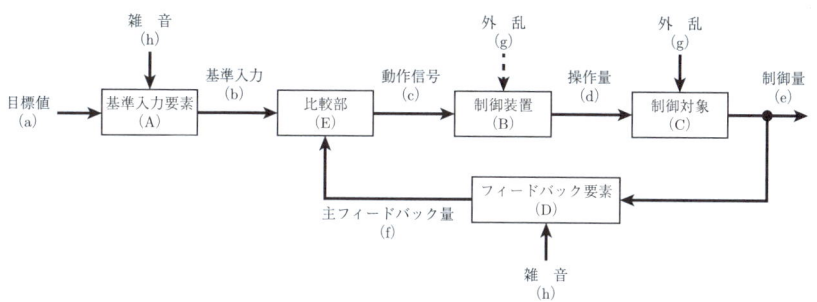

図1.5　フィードバック制御システムの標準構成と用語

図1.3 および図1.4 に示す制御系の概念図を，図1.5 に基づいてシグナルフローのみの制御ブロック図に示すと図1.6 になる．このような図をブロック線図（block diagram）という．この図でブロックは制御の各機能を持つ要素を示し，矢印を持つ線は信号とその流れの方向を示している．さらに，図1.6 は図1.7 に示すシグナルフローの回路図で表すことができる．

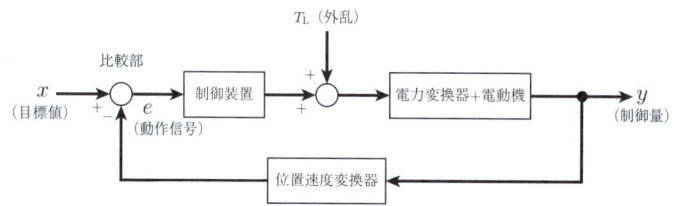

図1.6　フィードバック制御システムのブロック線図

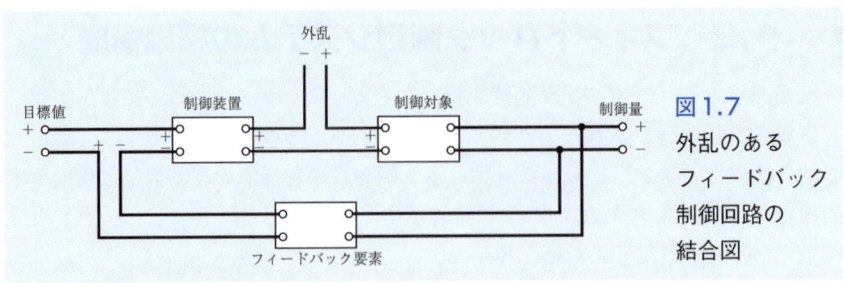

図1.1 外乱のあるフィードバック制御回路の結合図

表1.1 制御システム各部の制御信号の名称と意味

記号	用語（追記英語）	意味
(a)	目標値 (desired value)	制御系とは無関係に外から設定または変化される量の値で，制御量をそれと一致させることが制御の目的であるもの．
(b)	基準入力 (reference input)	制御系を動作させる基準として直接，その閉ループに加えられる入力信号で目標値に対して定まった関係があり，制御量からの主フィードバック量がそれと比較されるもの．
(c)	動作信号 (actuating signal)	基準入力と主フィードバック量との差で制御系の動作（制御動作）を起こさせるもとになる信号，**制御偏差**（control error）ともいう．
(d)	操作量 (manipulated variable)	制御量を支配するために制御装置が制御対象に与える量．
(e)	制御量 (controlled variable)	制御すべき量で測定され，制御されるもの．
(f)	主フィードバック量 (primary feedback variable(signal))	基準入力と比較するために制御量から，それと一定の関係を持ってフィードバックされる信号．
(g)	外乱 (disturbance)	制御量を目標値からずれさせようとする，システムの外部からの望ましくない影響で，不連続に変化するものが多い．たとえば負荷出力の変動や負荷トルクの変動などでエネルギーを伴うもの．
(h)	雑音 (noise)	外部からの望ましくない影響で，目標値やフィードバック要素に加わるもの．たとえば，電磁雑音や音響雑音などエネルギーを伴わないもの．

表1.2 制御システムの構成要素の名称と意味

記号	用語（追記英語）	意味
(A)	基準入力要素 (reference input element)	目標値を主フィードバック量と比較できるように挿入された変換要素．
(B)	制御装置 (controller)	基準入力と主フィードバック量との差に種々の操作をほどこし，制御を満足に行い得るような操作量として出力する装置，信号増幅部とパワー増幅部から構成される．
(C)	制御対象 (controlled system)	制御を受ける対象で，物体，化学プロセス，機械などにおいて制御の対象となる部分．
(D)	フィードバック（帰還）要素 (feedback element)	制御量と基準入力を比較するのに都合の良い主フィードバック量に変換するもので制御量を検出する検出器とそれを伝送する伝送器などから構成される．
(E)	比較部 (comparator)	基準入力と主フィードバック量を比較し代数和を出力するもの．

1.3 フィードバック制御の効果と影響

フィードバック制御による主な効果は
(1) 外乱と雑音の影響を抑制すること，
(2) 制御系を安定化できること，
(3) 制御系を構成する各要素のパラメータの感度を低減すること
である．

実際の制御系では各構成要素の製品ばらつき，温度や湿度などの環境や経時変化などによって，制御系各部の入力と出力の関係を表す伝達関数のパラメータが最初に考えていた値から変化することがあり，制御系の性能の低下をもたらす．このパラメータの変化による制御系の影響を**パラメータ感度**と呼んでおり，フィードバック制御にはパラメータ変化による性能の低下を抑制する効果がある．このようなパラメータ変化が制御系の特性にどのような影響を与えるかは制御系の設計上重要な指標となる．

一方，フィードバック制御の影響は開ループ系の**利得**（gain）が変化することであり，適切な対策を講じる必要がある．

1.4 目標値と外乱に同時に対応する制御システムの構成

前述の制御系の目的を達成するため,フィードフォワード制御(FF 制御器)では目標値に対する応答をよくし,フィードバック制御(FB 制御器)では主に外乱に対する応答をよくするために使用される.これらの目的を同時に達成するシステムを図 1.8 に示す.この制御システムは,**2 自由度制御系**と呼ばれている.

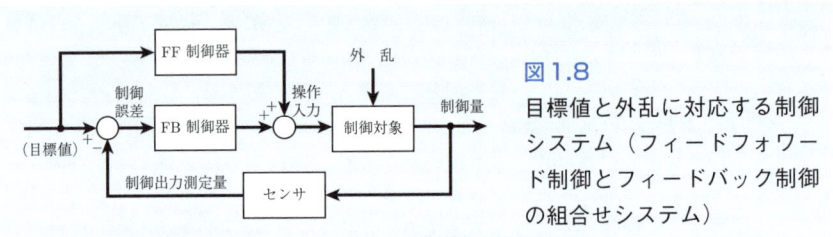

図 1.8 目標値と外乱に対応する制御システム(フィードフォワード制御とフィードバック制御の組合せシステム)

1.5 制御システムの分類

制御システムは,目標値の時間的変化,制御量や動作信号の種類,制御要素の線形性などにより分類される.

(1) **目標値** 表 1.3 には目標値の時間的な変化の種類による分類を示している.**定値制御**と**追値制御**に分けられ,追値制御はさらに**追従制御**,**比率制御**,**プログラム制御**がある.

表 1.3 目標値の時間的変化による分類

名称	意味
(a) 定値制御 (constant value control)	一定の目標値に対し,外乱や雑音の印加にもかかわらず制御量が常に一定値に保たれるように制御する方式
(b) 追値制御 (follow-up control)	変化する目標値に忠実に制御量が追従するように制御する方式
(ⅰ) 追従制御 (自動追尾)	目標値が時間的に不規則に変化し,完全には予測できないものである追従制御
(ⅱ) 比率制御	目標値がある他の量と一定の比率の関係で変化する追従制御
(ⅲ) プログラム制御	目標値が定められたプログラムに従って時間的に変化する追従制御

(2) **制御量** 表1.4 には制御量の種類による分類を示している．制御量としては，圧力，温度，水位，流量，濃度，pH などの工業プロセスの状態量，物体の位置，回転角度，速度，回転速度，および電圧，電流，周波数などがあり，応用分野による分類ともいえる．また，制御量がオン，オフの繰返しなどの状態を制御するシーケンス制御の**定性的制御**と数値を制御するフィードバック制御の**定量的制御**とに分けられる．

表1.4 制御量による分類（応用分野による）

名称	意味
(a) プロセス制御 (process control)	制御量が工業プロセスの状態量（圧力，温度，水位，流量など）の場合で，一般には定値制御であるが，比率制御やプログラム制御もある．環境や流れの制御．
(b) サーボ機構 (servo mechanism)	制御量が運動体の位置，回転角度などの追従制御．工作機械の輪郭制御や位置決め制御，運動体の船舶，航空機のオートパイロット，ロケットの姿勢制御，方向制御など．
(c) 自動調整系 (automatic regulation)	制御量が電気量および速度，回転数などの定値制御でサーボ機構に自動調整系を含めて**サーボ系（システム）**と呼ぶ．

(3) **動作信号** 物理現象（動作）はほとんどが時間的にも空間的にも連続に変化するとみなせるが，ランプを点灯したり，窓を開けるなどの動作は，1つ1つ区別できることであるので離散事象であるとみなせる．前者のような制御は，システムを流れる信号が連続な制御である**連続時間制御**と呼び，一般にアナログ制御である．後者は，時間的に一定期間ごとにサンプルして，その値を用いて制御する，すなわちシステムを流れる信号が不連続な制御を**サンプル値（離散値）制御**と呼んでいて，ディジタル制御である．また，システムに不規則に変化する信号がある場合は**確率制御**と呼んでいる．

(4) **線形性** 実存する現象は厳密にいえばすべて非線形であるが，動作の範囲を限定すると実用的には線形で近似して扱うことも可能である．では線形，非線形とはどのようなものであろうか．線形とは，線形要素の入出力の対応関係に加法（重ね合わせの定理）が成立することである．たとえば，入力 x_1 に対して出力 y_1 があり，入力 x_2 に対して出力 y_2 があれば，入力 $x_1 + x_2$ に対しては出力が $y_1 + y_2$ となることである．システムの要素がすべて**線形要素**で構成

されているシステムを**線形システム**と呼び，線形システムである制御システムを**線形制御システム**と呼んでいる．

非線形要素は，線形性が成立しない要素に対して呼ばれ，非線形要素を持つ制御システムを**非線形制御システム**と呼んでいる．たとえば，(a) ジュール熱と電流の関係や磁化特性の飽和現象など現在の出力が現時点の入力のみによって決まる静的な非線形特性を持つ場合，(b) 入出力関係の曲線がループを描いて，そのどちらの値を取るかはそれまでの変化の経歴を与えないと定まらない特性であって，現在の出力が現在の入力と過去の変化の経歴によって決まるヒステリシス特性を持つ場合，および (c) 水槽の供給流量と水との関係や遠心振り子の回転角速度と腕木の開き角度は微分方程式で表現されるなど，現在の出力が過去の任意の時刻におけるシステムの状態とその後に加わった入力から決まる動的非線形特性を持つ場合などがある．

1.6 制御システム特性設計の標準的プロセス

制御システムの設計は，「要求された特性を満足する制御系の構成を決定し，各部の定数を決定する特性設計」と，このようにして決定された構成や定数を実現するために，「経済性や重量，大きさなどの諸条件を考慮し電気・電子・機械部品や材料・素材などを選定し，配線図や配置を決め，実際の寸法を算出して製作図面を描く製作設計」とに分けられる．種々の制御システムをそれぞれの目的に沿って設計することになるが，ここでは特性設計について基本となる標準的な設計プロセス（流れ）の例を図1.9に示す．ここに記載されているそれぞれの用語と内容は第2章以下で詳細に説明するため，重複を避けプロセスの概要を述べる．

(1) 制御システムの機能・課題設定（事前調査と準備）；設計の事前情報とデータとして制御対象の 1) 名称，種類，形式，2) 操作量と制御量（制御装置，検出装置），3) 制御対象の内容概略（ブロック線図ほか），4) 外乱（性質，入力箇所），5) 非線形性や制御条件など，6) その他の予備知識（おおよその時定数）を調査する．

次に制御に関する諸事項として a) 制御目的，b) 対処すべき不確定要因（外乱，基準値変動，パラメータ変動など），c) 制御方式の概略とその採用理由を明確にする．

(2) 性能指標の設定と動的数式モデル化；事前準備調査に基づく情報から性能指標を検討し設定する．同時に動的数式モデルを設定する．
(3) 制御系の要求条件・仕様を満たす指標を設定
(4) 数量的システムモデルを設計
(5) 線形シミュレーション実験の実行；MATLAB, PSIM などシミュレーションソフトの選択とプログラム作成実行
(6) 非線形要素を加味したシミュレーション実験の実行；MATLAB, PSIM などシミュレーションソフトの再選択とプログラム作成実行
(7) シミュレーション結果の可視化
(8) シミュレーションの結果を設計製作に適用；制御用計算機（CPU），信号処理方式の選定と制御装置の設計製作他
(9) 装置への実装実現，パラメータの調整
(10) システム実施テスト，総合評価
(11) 数量的な指標の目標値を満たすとシステム設計の完了
(12) 満たさなければ再設計に戻る

以上の各段階における手法と内容は制御対象の規模，機能の複雑さ，応用分野の違いなど多岐にわたるのでそれぞれの用途で適切に選択される．

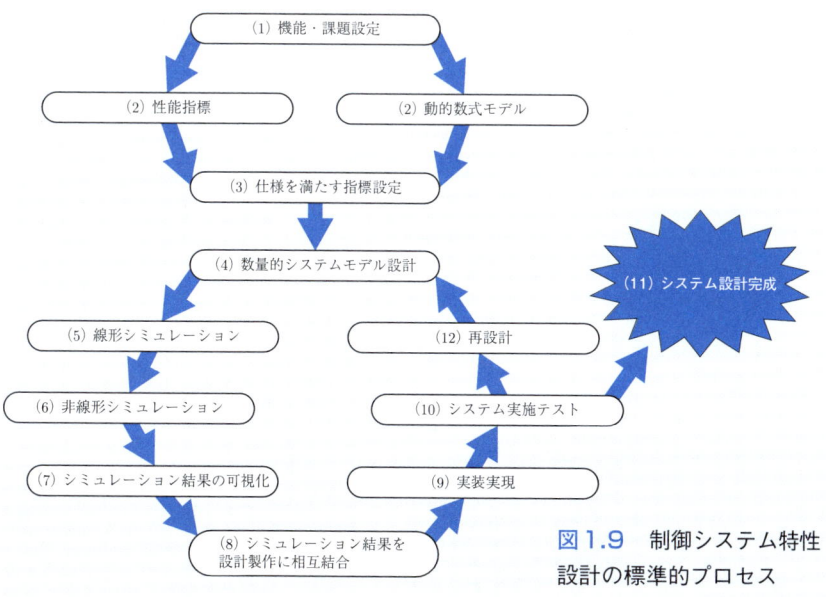

図 1.9 制御システム特性設計の標準的プロセス

1章の問題

- **1.1** 制御の3要素をあげ，説明せよ．
- **1.2** 制御の目的を述べよ．
- **1.3** 外乱と雑音を説明せよ．
- **1.4** フィードバック制御の効果について説明せよ．
- **1.5** 定値制御と追値制御について説明せよ．
- **1.6** 特性設計と製作設計の違いについて述べよ．

第2章

伝達関数による制御系の表現

　制御システムを伝達関数を用いて表現する方法について述べる．本章では信号を変換し伝える役割を持つ伝達要素と，ブロック図で示した各要素間の信号の流れを系統図で説明する．次に入力と出力との関係を示す伝達関数を説明し，その性質を調べる．また，伝達関数表示に用いるラプラス変換法，制御系の信号の流れを強調して示す信号流れ線図を説明する．

2.1 信号伝達とブロック線図

制御システムはいくつかの構成要素から成り立っている．全体の入力と出力の関係は，その各構成要素の入力と出力の関係から求められる．各構成要素は，一種の信号変換器であり，これを**信号伝達要素**または**伝達要素**と呼んでいる．この伝達要素は一方的に入力信号を出力信号に変えるもので出力信号の変化は入力信号に影響を与えない．

いま，制御系がすべて線形要素で構成されているとする．入力信号と出力信号の因果関係は代数計算で表現されるとして上記の関係を図式的にブロックで示すと，**図2.1**に示すように伝達要素に入る入力信号 X は，変換されて出力信号 Y になる．すなわち，各要素の入力 X と出力 Y との因果関係は

$$Y = GX \quad (2.1)$$

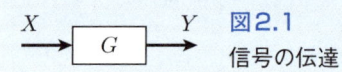

図2.1 信号の伝達

表2.1 ブロック線図のシンボル

名称	シンボル	式	意味
(1) 信号線	$\xrightarrow{\begin{array}{c}x(t)\\X(s)\end{array}}$		信号の伝達方向を矢印で示し，信号の時間関数またはそのラプラス変換形を添記したもの．
(2) 伝達要素	$\xrightarrow{\begin{array}{c}x(t)\\X(s)\end{array}}\boxed{G(s)}\xrightarrow{\begin{array}{c}y(t)\\Y(s)\end{array}}$	$Y(s)=G(s)X(s)$	信号を受け取り，これを他の信号に変換する要素．通常，伝達関数を記入する．
(3) 加算(減算)点	$\begin{array}{c}u(t)\\U(s)\end{array}\to\bigcirc\to\begin{array}{c}z(t)\\Z(s)\end{array}$ ± $\uparrow\begin{array}{c}y(t)\\Y(s)\end{array}$	$Z(s)=U(s)\pm Y(s)$ $z(t)=u(t)\pm y(t)$	二つの信号の代数和(差)を作ることを示す．
(4) 分岐点	$\begin{array}{c}u(t)\\U(s)\end{array}\to\bullet\to\begin{array}{c}u_1(t)\\U_1(s)\end{array}$ $\downarrow\begin{array}{c}u_2(t)\\U_2(s)\end{array}$	$U_1(s)=U_2(s)$ $\quad=U(s)$ $u_1(t)=u_2(t)$ $\quad=u(t)$	一つの信号を二系統に分岐して取り出すことを示す．信号を取り出すのであり，エネルギーを取り出すわけではないから信号の量は変化減少しない．

ただし，$x(t)$：時間の関数，$X(s)$：複素数の関数

となる.ここで,G は入出力の比であり,伝達要素または制御系の入力信号と出力信号との関係を数量的に規定し表現する量である.この数学モデルを**伝達関数**(transfer function)と呼んでいる.

制御系がいくつかの伝達要素で結合しているとすれば,これらのブロックを単につなぎ合わせて表現できる.つまり,制御系を信号の流れを示すシステムとみなすことができて,図2.1 のブロックをつなぎ合わせて**ブロック線図**を描くことができる.

表2.1 にブロック線図の基本的な記号,**信号線**,**伝達要素**,**加算**(減算)**点**,および**分岐点**を示す.

表2.2 にブロック線図の変換を示す.伝達要素が縦続(直列)に結合しているとき,全体のブロックは

$$G_1 = \frac{E}{U}, \quad G_2 = \frac{Y}{E} \quad \therefore \quad \frac{Y}{U} = G_1 G_2$$

と求められ,G_1 と G_2 の積になる.並列結合は

$$Y = Y_1 \pm Y_2$$
$$= G_1 U \pm G_2 U = (G_1 \pm G_2)U$$

のように G_1 と G_2 の代数和になることがわかる.また,制御系に伝達要素のフィードバックがある場合は,各信号の間には

$$E = U \mp C, \quad Y = GE, \quad C = HY$$

の関係があるので整理して1個のブロックにまとめた全体の伝達関数は,次式が成り立つ.

$$Y = G(U \mp C) = G(U \mp HY)$$

ゆえに

$$\frac{Y}{U} = \frac{G}{1 \pm GH}$$

表2.2 ブロック線図の変換

		変換前	変換後
(1)	縦続結合	$U \to \boxed{G_1} \xrightarrow{E} \boxed{G_2} \to Y$	$U \to \boxed{G_1 G_2} \to Y$
(2)	並列結合	U が G_1 と G_2 に分岐し,Y_1, Y_2 が $\pm$ で合流して Y	$U \to \boxed{G_1 \pm G_2} \to Y$

表2.2 （続き）

		変換前	変換後
(3)	FB 結合		$\dfrac{G}{1\pm GH}$
(4)	伝達要素と引き出し点の変換 (I)		
(5)	伝達要素と引き出し点の変換 (II)		$\dfrac{1}{G}$
(6)	伝達要素と加え合わせ点の変換 (I)		$\dfrac{1}{G}$
(7)	伝達要素と加え合わせ点の変換 (II)		
(8)	引き出し点の変換		
(9)	加え合わせ点 (I)		
(10)	加え合わせ点 (II)		
(11)	加え合わせ点の分岐 (I)		
(12)	加え合わせ点の分岐 (II)		

■ **例題2.1** ■
下図に示すブロック線図を簡素化せよ．

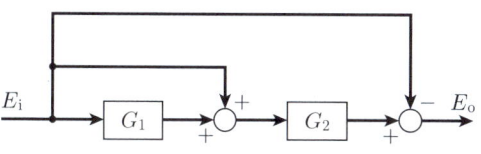

【解答】 図示のように表2.2の関係を適用し内部のブロックから変換してゆく．
下図に示す G を求めることができる．

$$G = \frac{E_o}{E_i} = G_1 G_2 + G_2 - 1$$

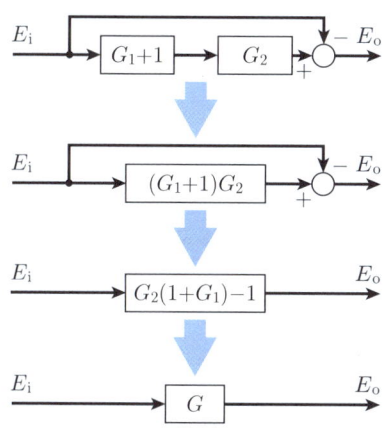

注意：以後，例題解答の終りの右下に ■ 印を示す．

■ **例題2.2** ■
下図に示すブロック線図を簡素化して全体の伝達関数 G を求めよ．

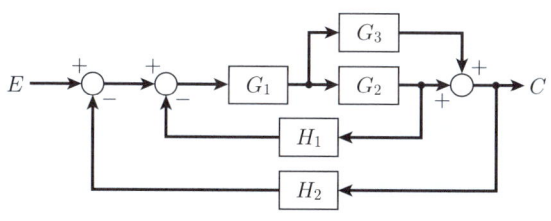

【解答】 例題2.2図の内部を下図の図(a)に取り出す．図(a)を変換し図(b)を得る．さらに変換して図(c)のようにする．このブロックを例題2.2図に適用して順次変換すると，最終的に下図が得られる．

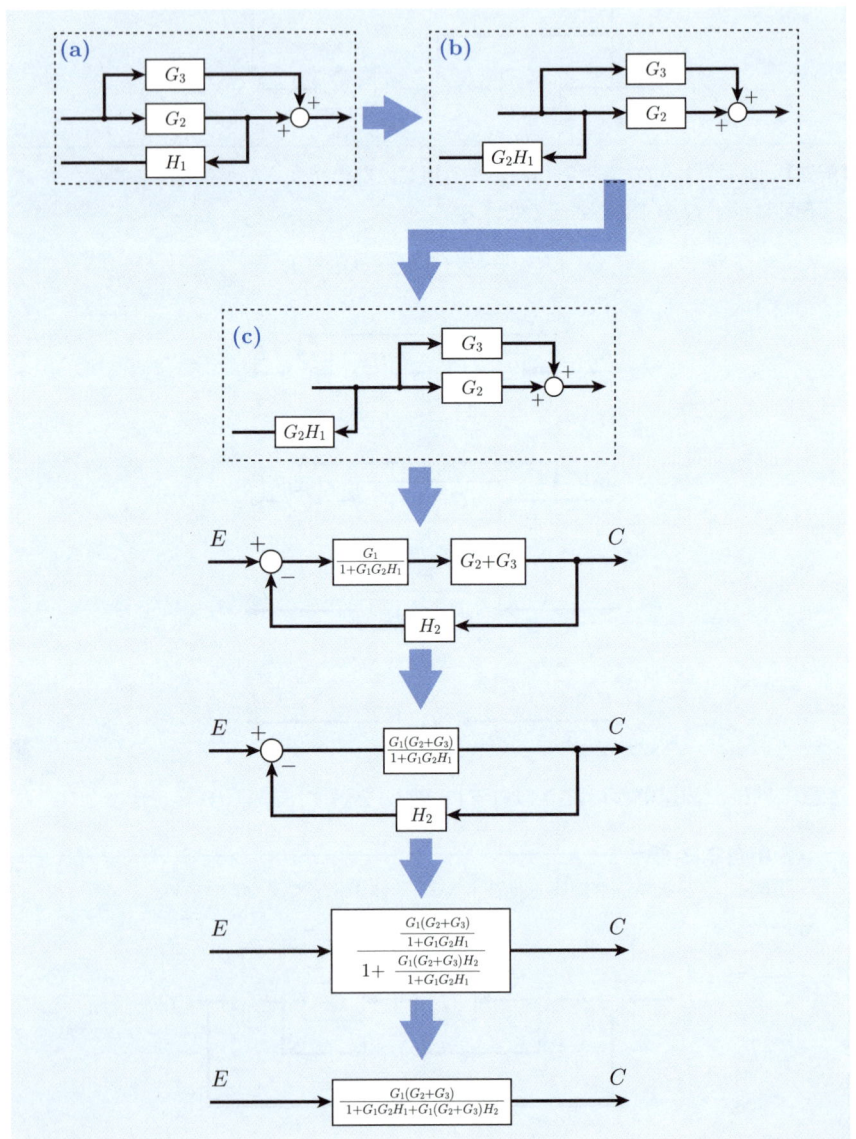

2.2 ラプラス変換と伝達関数

2.2.1 ラプラス変換

一般に，線形システムの伝達要素の過渡状態と定常状態を表す動作が，入力関数を $x(t)$，出力変数または従属変数を $y(t)$ として微分方程式

$$a_n \frac{d^n y(t)}{dt^n} + a_{n-1} \frac{d^{n-1} y(t)}{dt^{n-1}} + \cdots + a_1 \frac{dy(t)}{dt} + a_0 y(t)$$
$$= b_m \frac{d^m x(t)}{dt^m} + b_{m-1} \frac{d^{m-1} x(t)}{dt^{m-1}} + \cdots + b_1 \frac{dx(t)}{dt} + b_0 x(t) \quad (2.2)$$

で表されるとする．ただし，$t \geq 0$ とする．ここで

線形定係数微分方程式：$a_0 \sim a_n, b_0 \sim b_m$ が時間に無関係で一定である場合

非線形微分方程式：　　　$a_0 \sim a_n$ が $y(t)$ により変化する場合

ラプラス変換法は線形定係数微分方程式に利用できて，**ラプラス変換**とは時間領域における変数を複素数領域の変数に変換するものである．この関係とラプラス変換を用いた解析に利用する場合を図式的に示すと図2.2のように説明できる．

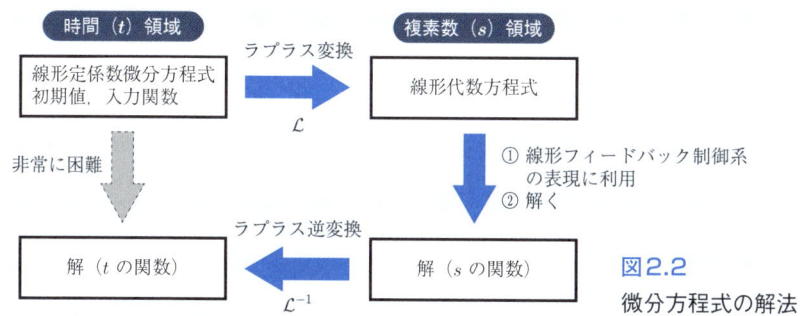

図2.2 微分方程式の解法

上図 に示すように線形定係数微分方程式はラプラス変換により線形代数方程式に変換できる．したがって，代数方程式になった入力信号と出力信号の関係は代数計算ができることになり，ブロック線図が適用できることになる．次に，変換された複素数領域の線形代数方程式を解くことにより解を得る．その解をラプラス逆変換して時間領域の解を得ることができる．一般に，時間領域の微分方程式の解法が困難な場合でもラプラス変換を適用すれば比較的簡単に微分方程式を解くことができるようになる．

したがって,ラプラス変換法は,線形フィードバック制御系の表現,たとえばブロック線図や伝達関数に適用でき,さらに過渡現象や不安定現象の解析に応用ができる非常に便利な数学手法であるといえる.

時間関数 $x(t)$ のラプラス変換は

$$X(s) = \int_0^{+\infty} x(t)\varepsilon^{-st} dt = \mathcal{L}[x(t)] \tag{2.3}$$

のように定積分を行い複素数領域の関数 $X(s)$ に変換するものであると定義されている.ただし,s は複素数,$\varepsilon = 2.7182\cdots$ はネイピア数であり信号 $e(t)$ と区別するために ε とする.

なお,関数 $X(s)$ の**ラプラス逆変換**は,複素数の関数を時間関数に変換する

$$x(t) = \frac{1}{2\pi j} \int_{c-j\infty}^{c+j\infty} X(s)\varepsilon^{st} ds \equiv \mathcal{L}^{-1}[X(s)] \tag{2.4}$$

で定義され,複素積分である.ただし,c は任意の実数とする.$y(t)$ についてもラプラス変換をほどこすと

$$Y(s) = \int_0^{+\infty} y(t)\varepsilon^{-st} dt = \mathcal{L}[y(t)] \tag{2.5}$$

また,$y(t)$ の導関数については部分積分法を適用して

$$\int_0^{+\infty} \frac{dy(t)}{dt} \varepsilon^{-st} dt = sY(s) - [y(t)]_{t=+0} \tag{2.6}$$

が得られる.この式の右辺第 2 項は初期値で $t = 0$ のときの $y(t)$ の値である.もし,初期値が 0 であれば式 (2.6) は

$$\mathcal{L}\left[\frac{dy(t)}{dt}\right] = sY(s) \tag{2.7}$$

同様にして,$y(t)$ の高次導関数のラプラス変換は順次部分積分を繰り返して得られ,n 次の導関数のラプラス変換は

$$\mathcal{L}\left[\frac{d^n y(t)}{dt^n}\right] = s^n Y(s) \tag{2.8}$$

となる.ここで初期値はすべて 0 とおいている.

まったく同様に $x(t)$ の m 次導関数のラプラス変換は,式 (2.9) となる.

$$\mathcal{L}\left[\frac{d^m x(t)}{dt^m}\right] = s^m X(s) \tag{2.9}$$

2.2.2 伝達関数

式 (2.2) に式 (2.3) の定義式と導関数のラプラス変換を適用すると簡単な

代数式

$$a_n s^n Y(s) + a_{n-1} s^{n-1} Y(s) + \cdots + a_1 s Y(s) + a_0 Y(s)$$
$$= b_m s^m X(s) + b_{m-1} s^{m-1} X(s) + \cdots + b_1 s X(s) + b_0 X(s)$$

を得る．結局，出力 $Y(s)$ と入力 $X(s)$ との比は

$$G(s) = \frac{Y(s)}{X(s)} = \frac{b_m s^m + b_{m-1} s^{m-1} + \cdots + b_1 s + b_0}{a_n s^n + a_{n-1} s^{n-1} + \cdots + a_1 s + a_0}$$

この式の形は，式 (2.1) の形と等しいので，図2.1 の G を改めて $G(s)$ と考えると 2.1 節で述べたブロック線図の決まりはすべて適用されることになる．また，ここで示された数学モデルの $G(s)$ を一般に**伝達関数**と呼んでいる．

2.2.3 関数のラプラス変換

ここで，基本的な関数のラプラス変換を求める．

<u>ステップ関数</u>　ラプラス変換の定義式から導いた表2.3 に示す大きさ 1 の単位ステップ関数のラプラス変換は

$$\mathcal{L}[u(t)] = \int_{0_-}^{\infty} u(t) \varepsilon^{-st} dt = \left[\frac{1}{s} \varepsilon^{-st}\right]_{\infty}^{0_-} = \frac{1}{s} - \frac{1}{s} \lim_{t \to \infty} \varepsilon^{-st} = \frac{1}{s}$$

ただし，$\mathrm{Re}[s] > 0$ したがって $\lim_{t \to \infty} \varepsilon^{-st} \approx 0$

<u>デルタ関数</u>　デルタ関数は高さと幅の積が 1，すなわち関数の面積が 1 である関数である．

$$\mathcal{L}[\delta(t)] = \int_{0_-}^{\infty} \delta(t) \varepsilon^{-st} dt = \int_{0_-}^{0_+} \delta(t) dt = 1$$

$$\delta(t) = \begin{cases} \infty & (t = 0) \\ 0 & (t \neq 0) \end{cases} \quad \text{したがって} \quad \int_{-\infty}^{\infty} \delta(t) dt = 1$$

<u>指数関数</u>

$$y(t) = \varepsilon^{at}$$
$$Y(s) = \int_{0_-}^{\infty} \varepsilon^{at} \varepsilon^{-st} dt = \int_{0_-}^{\infty} \varepsilon^{(a-s)t} dt = \left[\frac{1}{a-s} \varepsilon^{(a-s)t}\right]_{0_-}^{\infty}$$
$$= \frac{1}{s-a} - \frac{1}{s-a} \left[\lim_{t \to \infty} \varepsilon^{(a-s)t}\right]$$

$\mathrm{Re}[a-s] < 0$ のとき $\lim_{t \to \infty} \varepsilon^{(a-s)t} \approx 0$

$$Y(s) = \frac{1}{s-a} \tag{2.10}$$

表2.3 主な関数のラプラス変換

	時間関数	波形表示	ラプラス変換形
(1)	$\delta(t)$		1
(2)	$\delta(t-nT)$		ε^{-nTs}
(3)	$n(t)=0 \quad t<0$ $n(t)=1 \quad t \geq 0$		$\dfrac{1}{s}$
(4)	t		$\dfrac{1}{s^2}$
(5)	$\varepsilon^{-\alpha t}$		$\dfrac{1}{s+\alpha}$
(6)	$t\varepsilon^{-\alpha t}$		$\dfrac{1}{(s+\alpha)^2}$
(7)	$1-\varepsilon^{-\alpha t}$ $(\alpha>0)$		$\dfrac{\alpha}{s(s+\alpha)}$

以上の結果をまとめて，**表2.3** に時間関数，波形表示，およびラプラス変換形を示す．

関数の積分 ラプラス変換の定義式による導出過程とその結果を示す．

$$\tfrac{d}{dt}\int y(t)dt = y(t)$$

$$\mathcal{L}\left[\tfrac{d}{dt}\int y(t)dt\right] = s\mathcal{L}\left[\int y(t)dt\right] - \left[\int y(t)dt\right]_{t=0}$$

$$\mathcal{L}\left[\int y(t)dt\right] = \tfrac{Y(s)}{s} + \tfrac{\left[\int y(t)dt\right]_{t=0}}{s}$$

導関数　ラプラス変換は定義式に部分積分を適用して，以下に示すように求めることができる．定義式は次式であるので

$$X(s) = \int_{0_-}^{\infty} x(t)\varepsilon^{-st}dt$$

$u=x(t), v=\varepsilon^{-st}$ とすると $u'=x'(t), v'=-s\varepsilon^{-st}$ であるので部分積分を行うと $uv = \int u'v\,dt + \int uv'\,dt$ であるので

$$\left[x(t)\varepsilon^{-st}\right]_0^\infty = \int_0^\infty x'(t)\varepsilon^{-st}dt - s\int_0^\infty x(t)\varepsilon^{-st}dt$$

いま $\left[x(t)\varepsilon^{-st}\right]_0^\infty = 0 - x(0)$ である．したがって $-x(0) = \mathcal{L}\left[\tfrac{dx(t)}{dt}\right] - sX(s)$ となり結局

$$\mathcal{L}\left[\tfrac{dx(t)}{dt}\right] = sX(s) - x(0)$$

ラプラス変換の性質として次の関係がある．

線形性

$$\mathcal{L}[x_1(t) + x_2(t)] = \mathcal{L}[x_1(t)] + \mathcal{L}[x_2(t)]$$
$$\mathcal{L}[ax(t)] = a\mathcal{L}[x(t)] \quad (a：定係数)$$

表推移

$$\mathcal{L}[x(t-\tau)] = \varepsilon^{-\tau s}\mathcal{L}[x(t)]$$

ただし，$x(t-\tau)$ は $x(t)$ を右に τ だけ推移させた関数である．

裏推移

$$\mathcal{L}[\varepsilon^{at}x(t)] = X(s-a) \quad (X(s) = \mathcal{L}[x(t)])$$

■ **例題2.3** ■

次式のラプラス変換を求めよ．

$$f(t) = \sin\omega t$$

【解答】　指数関数形で表現すると

$$f(t) = \sin \omega t = \tfrac{1}{j2}(\varepsilon^{j\omega t} - \varepsilon^{-j\omega t})$$

となる．指数関数のラプラス変換式 (2.10) を用いて上式の最右辺をそれぞれラプラス変換して整理すると次式が得られる．

$$\mathcal{L}[\varepsilon^{j\omega t}] = \tfrac{1}{s-j\omega}, \quad \mathcal{L}[\varepsilon^{-j\omega t}] = \tfrac{1}{s+j\omega}$$

$$\mathcal{L}[\sin \omega t] = \tfrac{1}{j2}\left(\mathcal{L}[\varepsilon^{j\omega t}] - \mathcal{L}[\varepsilon^{-j\omega t}]\right) = \tfrac{1}{j2}\left(\tfrac{1}{s-j\omega} - \tfrac{1}{s+j\omega}\right)$$

$$= \tfrac{s+j\omega-(s-j\omega)}{j2(s^2+\omega^2)} = \tfrac{\omega}{s^2+\omega^2}$$

■ **例題2.4** ■

次式のラプラス変換を求めよ．

$$f(t) = t \quad (t > 0)$$

【解答】 ラプラス変換の定義式 (2.3) に上式を代入して演算すると

$$\mathcal{L}[t] = \int_0^\infty t\varepsilon^{-st}dt = \left[-t\tfrac{\varepsilon^{-st}}{s}\right]_0^\infty + \int_0^\infty \tfrac{\varepsilon^{-st}}{s}dt$$

$$= \tfrac{1}{s}\int_0^\infty \varepsilon^{-st}dt = \tfrac{1}{s^2}$$

が得られる．ただし，$\lim_{t\to\infty}\tfrac{t}{s}\varepsilon^{-st} = \tfrac{1}{s}\lim_{t\to\infty}\tfrac{t}{\varepsilon^{st}} \approx 0$

2.2.4 ラプラス逆変換

ラプラス逆変換の定義式は式 (2.4) で与えられたが，ラプラス逆変換の線形性を利用してラプラス逆変換を求めることができる．ラプラス逆変換の線形性とは

(i) $\mathcal{L}^{-1}\{\mathcal{L}[x(t)]\} = x(t), \quad \mathcal{L}\{\mathcal{L}^{-1}[X(s)]\} = X(s)$ （形式的に）

(ii) $\mathcal{L}^{-1}[a_1 X_1(s) + a_2 X_2(s)] = a_1 \mathcal{L}^{-1}[X_1(s)] + a_2 \mathcal{L}^{-1}[X_2(s)]$

$(a_1, a_2$ は定係数$)$

が成り立つことである．また，ラプラス逆変換の重要な性質に次の定理がある．

(iii) 初期値定理

$$x(0_+) = \lim_{s\to\infty} sX(s) \tag{2.11}$$

(iv) 最終値定理

$$x(\infty) = \lim_{s\to 0} sX(s) \tag{2.12}$$

(v) 展開定理　複素関数 $X(s)$ が

$$X(s) = \tfrac{N(s)}{D(s)} = \tfrac{b_0 s^m + b_1 s^{m-1} + \cdots + b_{m-1}s + b_m}{s^n + a_1 s^{n-1} + \cdots + a_{n-1}s + a_n} \quad (m \le n)$$

で与えられたとする．この式を部分分数に展開してそれぞれの係数 A を求めると，線形性を利用してラプラス逆変換式を次のように求めることができる．

分母が因数分解されたとすると

$$X(s) = \frac{b_0 s^m + b_1 s^{m-1} + \cdots + b_{m-1} s + b_m}{(s-p_1)^l (s-p_{1+l}) \cdots (s-p_n)}$$

$p_1 \sim p_n$：$E(s)$ の極と呼ばれる．p_1 は l 重極，$p_{1+l}, \ldots, p_n$ は単極という．上式は次のように展開される．

$$X(s) = A_\infty + \left\{ \frac{A_{11}}{(s-p_1)^l} + \cdots + \frac{A_{1j}}{(s-p_1)^{l-j+1}} + \cdots + \frac{A_{1l}}{s-p_1} \right\}$$
$$+ \frac{A_{1+l}}{s-p_{1+l}} + \cdots + \frac{A_n}{s-p_n} \qquad (2.13)$$

$$A_\infty = X(\infty) \quad \begin{cases} m < n \text{ ならば} \quad A_\infty = 0 \\ m = n \text{ ならば} \quad A_\infty = b_0 \end{cases}$$

$A_{1+l} \sim A_n$, A_{1j} は

$$A_{1+l} = \lim_{s \to p_{1+l}} \{(s - p_{1+l}) X(s)\}$$

$$A_{1j} = \frac{1}{(j-1)!} \lim_{s \to p_1} \frac{d^{j-1}(s-p_1)^l X(s)}{ds^{j-1}}$$

ラプラス逆変換は

$$x(t) = \mathcal{L}^{-1}[X(s)]$$
$$= A_\infty \delta(t) + \left[\left\{ \frac{A_{11}}{(l-1)!} t^{l-1} + \cdots + \frac{A_{1j}}{(l-j)!} t^{l-j} + \cdots + A_{1l} \right\} \varepsilon^{p_1 t} \right.$$
$$\left. + A_{1+l} \varepsilon^{p_{1+l} t} + \cdots + A_n \varepsilon^{p_2 t} \right] u(t)$$

■ **例題2.5** ■

式 (2.13) の A_∞, A_{1+l}, A_{1j} を求めよ．

【解答】 A_∞ は $m < n$ の場合，$s \to \infty$ とすると $X(s)$ は A_∞ だけ残るので $A_\infty = 0$ となる．$m = n$ の場合，$A_\infty = b_0$ である．

A_{1+l} は式 (2.13) の両辺に $s - p_{1+l}$ を掛け，s に p_{1+l} を代入すると

$$A_{1+l} = \lim_{s \to p_{1+l}} [(s - p_{1+l}) X(s)]$$

上式に $X(s)$ を代入すると

$$A_{1+l} = \frac{(b_0 p_{1+l}^m + b_1 p_{1+l}^{m-1} + \cdots + b_{m-1} p_{1+l} + b_m)(p_{1+l} - p_{1+l})}{(p_{1+l} - p_{1+l})(p_{1+l} - p_{1+l+1})(p_{1+l} - p_{1+l+2}) \cdots (p_{1+l} - p_m)}$$

A_{1j} は式 (2.13) の両辺に $(s-p_1)^l$ を掛けると

$$(s-p_1)^l X(s) = A_\infty (s-p_1)^l + A_{11} + A_{12}(s-p_1) + A_{13}(s-p_1)^2$$
$$+ \cdots + A_{1l}(s-p_1)^{l-1}$$
$$+ (s-p_1)^l \left(\frac{A_{1+l}}{s-p_{1+l}} + \cdots + \frac{A_n}{s-p_n} \right)$$

ここで $s \to p_1$ とすると右辺は A_{11} だけ残り

$$A_{11} = \lim_{s \to p_1} \{(s-p_1)^l X(s)\}$$

上式を s で微分すると

$$\frac{d(s-p_1)^l X(s)}{ds} = l A_\infty (s-p_1)^{l-1} + A_{12} + 2A_{13}(s-p_1)$$
$$+ \cdots + (l-1)A_{1l}(s-p_1)^{l-2} + \frac{dX_r(s)}{ds}$$

ただし,$X_r(s) = (s-p_1)^l \left(\frac{A_{1+l}}{s-p_{1+l}} + \cdots + \frac{A_n}{s-p_n} \right)$ である.ここで $s = p_1$ とすると

$$A_{12} = \lim_{s \to p_1} \frac{d(s-p_1)^l X(s)}{ds}$$

以下,同様にして

$$A_{1j} = \frac{1}{(j-1)!} \lim_{s \to p_1} \frac{d^{j-1}(s-p_1)X(s)}{ds^{j-1}}$$ ∎

■ 例題2.6 ■

$X(s) = \frac{10}{(s+1)^3(s+2)}$ のラプラス逆変換を求めよ.

【解答】

$$X(s) = \frac{A_{11}}{(s+1)^3} + \frac{A_{12}}{(s+1)^2} + \frac{A_{13}}{(s+1)} + \frac{A_4}{(s+2)}$$

したがって

$$A_{11} = \lim_{s \to -1}(s+1)^3 X(s) = \frac{10}{(-1+2)} = 10$$

$$(s+1)^3 X(s) = A_{11} + (s+1)A_{12} + (s+1)^2 A_{13} + \frac{(s+1)^3 A_4}{s+2}$$

s で1回微分すると

$$\frac{d(s+1)^3 X(s)}{ds} = A_{12} + 2(s+1)A_{13} + A_4 \frac{3(s+1)^2(s+2)-(s+1)^3}{(s+2)^2}$$

$s \to -1$ とすると

$$A_{12} = \lim_{s \to -1}\left[\frac{d(s+1)^3 X(s)}{ds} \right] = \lim_{s \to -1}\left[\frac{d\left(\frac{10}{s+2}\right)}{ds} \right] = \left[\frac{-10}{(s+2)^2} \right]_{s=-1} = -10$$

同様に s で 2 回微分して

$$A_{13} = \frac{1}{2!} \lim_{s \to -1} \left[\frac{d^2(s+1)^3 X(s)}{ds^2} \right] = 10$$

$$A_4 = \lim_{s \to -2} [(s+2)X(s)] = -10$$

したがって

$$x(t) = \left\{ \left(\frac{10}{2!} t^2 - 10t + 10 \right) \varepsilon^{-t} - 10\varepsilon^{-2t} \right\} u(t)$$

■ **例題2.7** ■

$F(s) = \frac{2}{s(s^2+2s+2)}$ のラプラス逆変換を求めよ．

【解答】 極は $s = 0, -1 \pm j$ であるので

$$F(s) = \frac{2}{s(s+1+j)(s+1-j)}$$

$$\begin{aligned}
\mathcal{L}^{-1}[F] &= [sF(s)]_{s \to 0} + [(s+1+j)F(s)]_{s \to -1-j}\, \varepsilon^{(-1-j)t} \\
&\quad + [(s+1-j)F(s)]_{s \to -1+j}\, \varepsilon^{(-1+j)t} \\
&= 1 + \frac{2}{(-1-j)(-2j)} \varepsilon^{(-1-j)t} + \frac{2\varepsilon^{(-1+j)t}}{(-1+j)(2j)} \\
&= 1 + \varepsilon^{-t} \left\{ \frac{\varepsilon^{-jt}}{j(1+j)} + \frac{\varepsilon^{jt}}{j(j-1)} \right\} \\
&= 1 + \varepsilon^{-t} \left[\frac{1}{-2j} \{(1+j)\varepsilon^{jt} + (j-1)\varepsilon^{-jt}\} \right] \\
&= 1 + \varepsilon^{-t} \left\{ \frac{j(\varepsilon^{jt} + \varepsilon^{-jt})}{-2j} + \frac{\varepsilon^{jt} - \varepsilon^{-jt}}{-2j} \right\} \\
&= 1 - \varepsilon^{-t} (\cos t + \sin t)
\end{aligned}$$

2.2.5 伝達関数の物理的意味

(i) **インパルス応答（impulse response）と伝達関数** 初期値がすべて 0 の状態にある線形要素（制御システム）に時点 t_0 で単位インパルスを入力信号として印加したときの出力信号 $g(t, t_0)$ を**単位インパルス応答**（または単に**インパルス応答**）という．入力信号が単位インパルスという基準信号であるのでその出力信号は，線形要素の特性を表すことになる．

図2.3 にインパルス応答の概形を示す．

伝達要素 $G(s)$ に入力信号 $e(t)$ としてデルタ関数 $\delta(t)$ が印加されたときの出力信号を $c(t)$ とすると

$$c(t) = \mathcal{L}^{-1}[G(s)E(s)] = \mathcal{L}^{-1}[G(s)] = g(t) \tag{2.14}$$

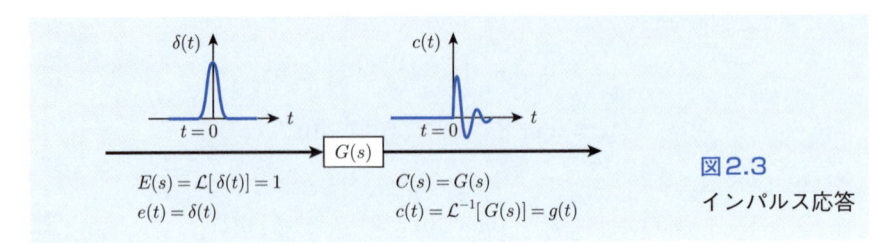

図 2.3 インパルス応答

が成り立つ．ただし，$\delta(t) = \infty : t = 0, \delta(t) = 0 : t \neq 0, \int_{-\infty}^{+\infty} \delta(t)dt = 1$．したがって

$$C(s) = G(s)E(s)$$
$$= G(s)$$

が成り立つ．この式は，伝達関数とはインパルス応答をラプラス変換したものであることを示している．

(ii) **インディシャル応答**（indtitial response） すべての初期値が 0 の状態の線形要素（制御システム）に単位ステップ関数を印加したときのシステムの応答を**インディシャル応答**と呼んでいる．**図 2.4** にインディシャル応答の概形を示す．伝達関数の定義からインディシャル応答のラプラス変換は

$$c(t) = \mathcal{L}^{-1}[G(s)E(s)]$$
$$= \mathcal{L}^{-1}\left[\frac{G(s)}{s}\right]$$

に示すように $\frac{G(s)}{s}$ であり，この値のラプラス逆変換がインディシャル応答であることがわかる．

インパルス応答とインディシャル応答は，制御システムの**過渡応答**（transient response）と呼ばれ，制御システムの特性を調べるためによく用いられる．

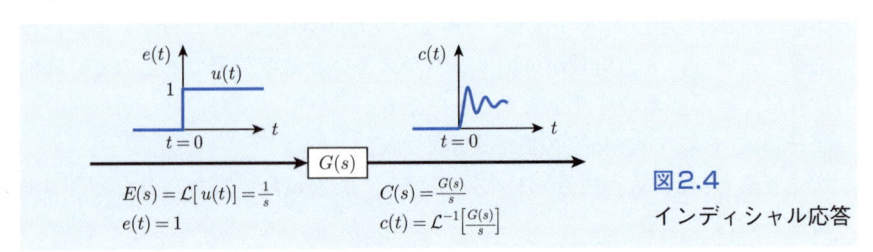

図 2.4 インディシャル応答

2.3 伝達関数の求め方

2.3.1 代表的な伝達関数とその要素

基本的な伝達要素とその伝達関数を表2.4に示す．比例要素，積分要素，微分要素，一次遅れ要素，二次遅れ要素，そしてむだ時間要素がある．

表2.4 基本的要素と伝達関数

名称	伝達関数（$G(s)$）	説明
(1) 比例要素	$G(s) = K_\mathrm{p}$	K_p：比例係数 出力は入力に比例
(2) 積分要素	$G(s) = \dfrac{1}{T_\mathrm{I} s}$	T_I：定数（積分時間） 出力は入力が積分された量
(3) 微分要素	$G(s) = T_\mathrm{D} s$	T_D：定数（微分時間） 出力は入力が微分された量
(4) 一次遅れ要素	$G(s) = \dfrac{K}{1+sT}$	K：定数 T：時定数 分母が s に関する一次の式
(5) 二次遅れ要素	$G(s) = \dfrac{K\omega_\mathrm{n}^2}{s^2+2\zeta\omega_\mathrm{n} s+\omega_\mathrm{n}^2}$	ω_n：固有角周波数 ζ：減衰係数 分母が s に関する二次の式
(6) むだ時間要素	$G(s) = \varepsilon^{-Ls}$	L：むだ時間 $C(s) = \varepsilon^{-Ls}E(s)$ $c(t) = e(t-L)$

2.3.2 伝達関数の求め方

図2.5に示す電気回路で印加電圧 $e_\mathrm{i}(t)$ を入力，コンデンサの電圧 $e_\mathrm{o}(t)$ を出力としたときの伝達関数を求める．ここで $e_\mathrm{i}(t)$, $e_\mathrm{o}(t)$ はどのような波形であるかは不明の状態である．

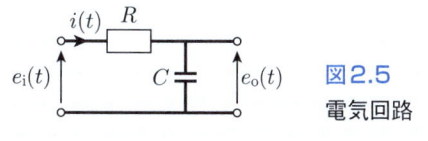

図2.5 電気回路

回路方程式を求めると

$$Ri(t) + \frac{1}{C}\int i(t)dt = e_\mathrm{i}(t)$$

$$e_\mathrm{o}(t) = \frac{1}{C}\int i(t)dt$$

となり，整理すると入力と出力の関係を表す微分方程式は

$$RC\frac{de_\mathrm{o}(t)}{dt} + e_\mathrm{o}(t) = e_\mathrm{i}(t)$$

となる．上式をラプラス変換して，初期値を0とすると

$$RCsE_\mathrm{o}(s) + E_\mathrm{o}(s) = E_\mathrm{i}(s)$$

となる．したがって，次式の伝達関数が求められる．

$$G(s) = \frac{E_\mathrm{o}(s)}{E_\mathrm{i}(s)} = \frac{1}{1+RCs}$$

次に図2.6に示す直線運動系の入力を力 $f(t)$，力 $f(t)$ に対する質量 M の変位 $x(t)$ を出力として伝達関数を求めよう．ただし，K：バネ定数，D：制動係数（摩擦係数），M：質量．

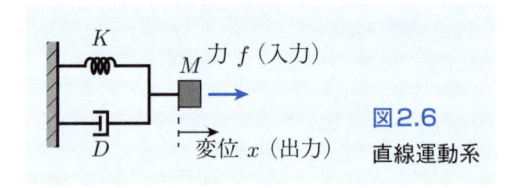

図2.6 直線運動系

ニュートンの運動方程式は

$$M\frac{d^2x(t)}{dt^2} = f(t) - Kx(t) - D\frac{dx(t)}{dt}$$

で与えられる．ただし，反抗力はばね K：$f_K(t) = Kx(t)$，ダッシュポット D：$f_D(t) = D\frac{dx(t)}{dt}$，質量 M：$f_M(t) = M\frac{d^2x(t)}{dt^2}$．

上式をラプラス変換して，すべての初期値を0とおくと

$$Ms^2X(s) = F(s) - KX(s) - DsX(s)$$

が得られ，結局，伝達関数は次式となる．

$$G(s) = \frac{X(s)}{F(s)} = \frac{1}{Ms^2+Ds+K}$$

図2.7に示す回転運動系では

$$J\frac{d^2\theta}{dt^2} = T - D\frac{d\theta}{dt}$$

が成り立つ．ただし，J：回転体の慣性モーメント，D：回転摩擦係数，反

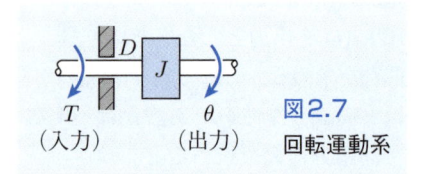

図2.7 回転運動系

抗力は慣性モーメント力：$J\frac{d\omega}{dt} = J\frac{d^2\theta}{dt^2}$，制動力：$D\omega = D\frac{d\theta}{dt}$．ラプラス変換を行い，初期値をすべて 0 とすると

$$Js^2\Theta(s) = T(s) - Ds\Theta(s)$$

となり，次式の伝達関数が得られる．

$$G(s) = \frac{\Theta(s)}{T(s)} = \frac{1}{s(Js+D)}$$

2.4 伝達関数の性質と利点

伝達関数の性質として次の 4 点があげられる．
(i) 時不変係数の線形システムにだけ複素数（s）領域で定義される．
(ii) 入力信号と出力信号の間の伝達関数は，ラプラス変換した入力に対する出力信号の比である．
(iii) システムのすべての初期値は 0．したがって信号が入った時刻には関係しない．
(iv) 入力信号の波形には無関係で，伝達要素の性質だけに依存する．

また，利点として次の 4 項目があげられる．
(i) 制御システムを表す微分方程式から直接伝達関数を求め得る．
(ii) 入力と出力の関係が簡単な代数式で表現できる．
(iii) 伝達関数が直列（縦続）に数多く接続されたとしても，全体の入力・出力に対する伝達関数は個々の伝達関数の積である．複雑なシステムのブロック図であっても等価変換で簡単化できる．
(iv) インパルス応答やインディシャル応答との関連が明らかにできる．

例題2.8

演算増幅器（オペアンプ）を用いた制御装置の反転増幅回路，積分回路，微分回路，加算・減算増幅回路を求めよ．

【解答】 オペアンプ内部の等価回路は 図 (a) で示される．ただし，A：電圧利得（増幅率），Z_i：入力インピーダンス，Z_o：出力インピーダンス，演算増幅器の理想特性は $A \to \infty, Z_i \to \infty, Z_o \to 0$ とする．

オペアンプに $Z_1(s)$ と $Z_f(s)$ を 図 (b) のように接続し演算回路を作成する．同図 (a) についてキルヒホフの電流則を適用して回路方程式を求めると次式となる．

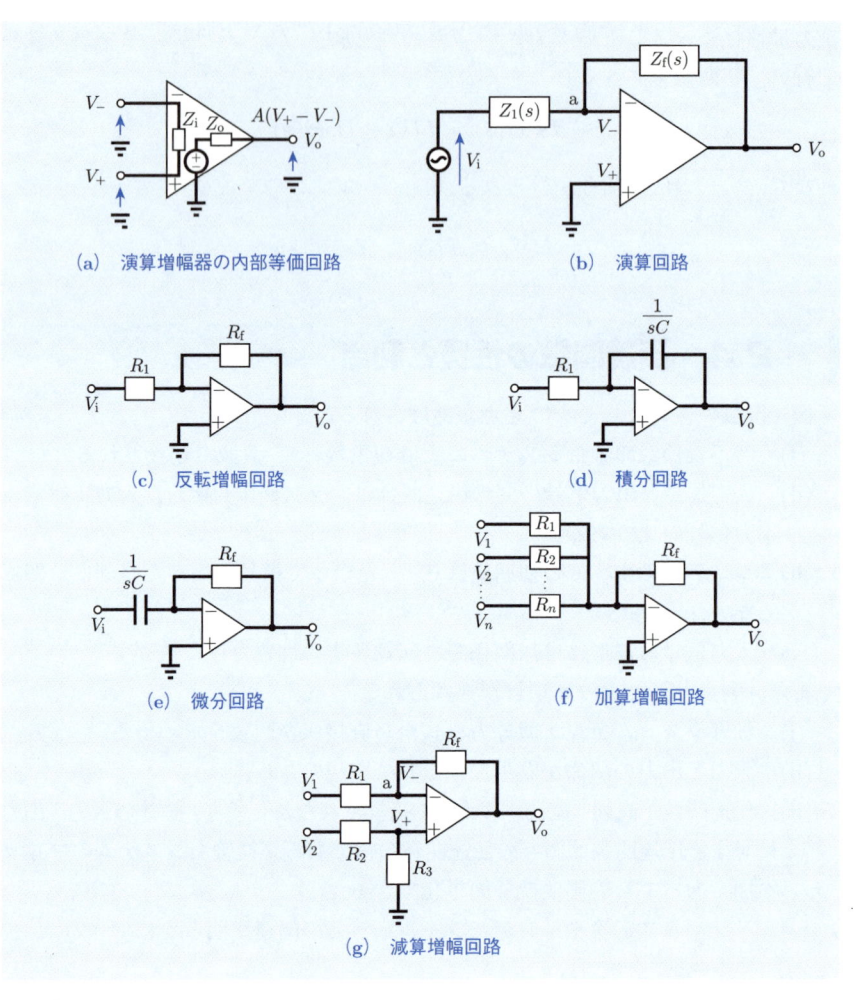

32　第 2 章　伝達関数による制御系の表現

(a)　演算増幅器の内部等価回路

(b)　演算回路

(c)　反転増幅回路

(d)　積分回路

(e)　微分回路

(f)　加算増幅回路

(g)　減算増幅回路

a 点について

$$\frac{V_\mathrm{i}-V_-}{Z_1(s)} + \frac{V_\mathrm{o}-V_-}{Z_\mathrm{f}(s)} + \frac{V_+-V_-}{Z_\mathrm{i}} = 0$$

$V_+ = 0$, $Z_\mathrm{o} = 0$ だから $V_\mathrm{o} = -AV_-$ とおける.

$$\frac{V_\mathrm{i}-\left(\frac{V_\mathrm{o}}{-A}\right)}{Z_1(s)} + \frac{V_\mathrm{o}-\left(\frac{V_\mathrm{o}}{-A}\right)}{Z_\mathrm{f}(s)} = 0$$

$$\frac{V_\mathrm{i}}{Z_1(s)} + \frac{V_\mathrm{o}}{AZ_1(s)} + \frac{V_\mathrm{o}}{Z_\mathrm{f}(s)} + \frac{V_\mathrm{o}}{AZ_\mathrm{f}(s)} = 0$$

$$\frac{V_\mathrm{o}}{V_\mathrm{i}} = \frac{-Z_\mathrm{f}(s)}{Z_1(s)\left\{1+\frac{1}{A}+\frac{Z_\mathrm{f}(s)}{AZ_1(s)}\right\}}$$

$\frac{1}{A} \ll 1$, $\frac{Z_\mathrm{f}(s)}{A Z_1(s)} \ll 1$ であれば

$$\frac{V_\mathrm{o}}{V_\mathrm{i}} = -\frac{Z_\mathrm{f}(s)}{Z_1(s)}$$

(i) $Z_1(s) = R_1$, $Z_\mathrm{f}(s) = R_\mathrm{f}$ の場合：次式となり反転増幅回路となる（図 **(c)**）.

$$V_\mathrm{o} = -\frac{R_\mathrm{f}}{R_1} V_\mathrm{i}$$

(ii) $Z_1(s) = R_1$, $Z_\mathrm{f}(s) = \frac{1}{sC}$（コンデンサ）の場合：積分回路となる（図 **(d)**）.

$$V_\mathrm{o} = -\frac{1}{CRs} V_\mathrm{i}$$

(iii) $Z_1(s) = \frac{1}{sC}$（コンデンサ）, $Z_\mathrm{f}(s) = R_\mathrm{f}$ の場合：微分回路となる（図 **(e)**）.

$$V_\mathrm{o} = -CRs V_\mathrm{i}$$

(iv) $\frac{V_\mathrm{i}}{Z_1(s)} = \frac{V_1}{R_1} + \frac{V_2}{R_2} + \cdots + \frac{V_n}{R_n}$, $Z_\mathrm{f}(s) = R_\mathrm{f}$ の場合：加算増幅回路となる（図 **(f)**）.

$$V_\mathrm{o} = -R_\mathrm{f} \left(\frac{V_1}{R_1} + \frac{V_2}{R_2} + \cdots + \frac{V_n}{R_n} \right)$$

(v) V_+ と V_- の間には次式が成り立つ．

$$V_+ = \frac{R_3}{R_2 + R_3} V_2 = V_-$$

図 **(g)** の a 点については次式となる．

$$\frac{V_1 - V_-}{R_1} + \frac{V_\mathrm{o} - V_-}{R_\mathrm{f}} = 0$$

したがって

$$V_\mathrm{o} = -\frac{R_\mathrm{f}}{R_1} V_1 + \frac{R_\mathrm{f} R_3}{R_1(R_2 + R_3)} V_2 + \frac{R_3}{(R_2 + R_3)} V_2$$

$$V_\mathrm{o} = -\frac{R_\mathrm{f}}{R_1} \left\{ V_1 - \left(\frac{1 + \frac{R_1}{R_\mathrm{f}}}{1 + \frac{R_2}{R_3}} \right) V_2 \right\}$$

ここで $\frac{R_1}{R_\mathrm{f}} = \frac{R_2}{R_3}$ ならば $V_\mathrm{o} = -\frac{R_\mathrm{f}}{R_1}(V_1 - V_2)$

図 **(g)** は減算増幅回路となる．

2.5　信号流れ線図

2.5.1　信号流れ線図の構成単位

信号流れ線図（**S.F.G.**：signal flow graph）は，線形システムのなかで信号の流れとその量的関係を代数的な因果関係として扱える複素数（s）領域において線図で表したものである．ブロック線図と本質的には同じであるが，システムの内部状態を細かく表す場合に便利である．

表2.5 に信号流れ線図の構成単位を示す．信号を意味する**節**，信号間の関係を表す**枝**，信号伝達の程度を表す伝達関数と同等の**トランスミッタンス**などがある．図2.8 に節と枝，加算と分枝の記号と数式の関係を示す．

表2.5　構成単位

名称	意味
(1) 節（node）	信号を意味し，○で表す（図2.8 (a) 参照）．
(2) 枝（branch）	信号間の関係を示すもので→で表す．矢印は信号の流れる方向を意味し，枝は必ず節の間にある（図2.8 (a) 参照）．
(3) トランスミッタンス（transmittance）	信号伝達の程度を表すもので，伝達関数と考えてよい（当然符号をも含んでいる．図2.8 (a) 参照）．
(4) 加算（addition）	1つの節に複数本の枝が入る場合である（図2.8 (b)）．
(5) 分枝（break away）	1つの節から複数本の枝が出る場合をいう（図2.8 (c)）．
(6) 入力節（input node source）	出る枝だけを持つ節
(7) 出力節（output node sink）	入る枝だけを持つ節

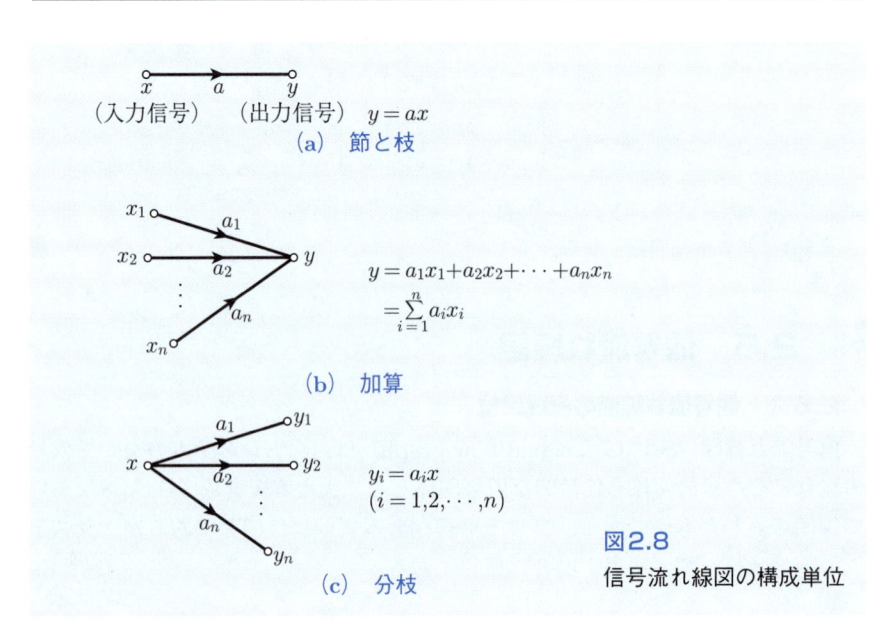

x　　a　　y
（入力信号）　（出力信号）　$y = ax$

(a) 節と枝

$y = a_1 x_1 + a_2 x_2 + \cdots + a_n x_n = \sum_{i=1}^{n} a_i x_i$

(b) 加算

$y_i = a_i x$
$(i = 1, 2, \cdots, n)$

(c) 分枝

図2.8　信号流れ線図の構成単位

2.5.2 信号流れ線図の構成と等価変換

信号流れ線図を構成するためには因果関係を示す代数式を作り，これより求める．一般に，式の左辺に結果，右辺には原因を書いている．

たとえば，式 (2.15) に示された一連の代数式 y_1 から y_5 の関係を信号流れ線図に描く場合，ステップ1からステップ5に至る順序で描くと系統だって求められる．それぞれのステップに対応した作図を 図2.9 に示す．

$$\begin{aligned} y_2 &= a_{12}y_1 + a_{32}y_3 & \cdots ① \\ y_3 &= a_{23}y_2 + a_{43}y_4 & \cdots ② \\ y_4 &= a_{24}y_2 + a_{34}y_3 + a_{44}y_4 & \cdots ③ \\ y_5 &= a_{25}y_2 + a_{45}y_4 & \cdots ④ \end{aligned} \quad (2.15)$$

> ステップ1　節（信号）$y_1 \sim y_5$ と書く．
> ステップ2　式①を S.F.G. 化する．
> ステップ3　式②をさらに付加する．
> ステップ4　式③を加える．
> ステップ5　式④を加えて完成．

等価変換の関係を 表2.6 に示す．信号の反転以外はブロック線図の等価変換と同様である．

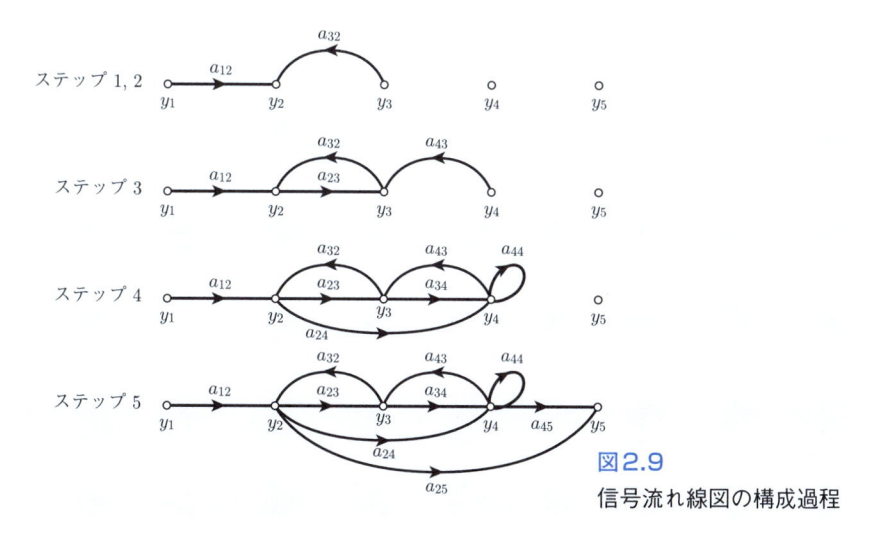

図2.9
信号流れ線図の構成過程

表2.6 等価変換

		変換前	変換後
(1)	直列接続（節の消去）	$x \xrightarrow{a} \circ \xrightarrow{b} z$ $y = ax \quad z = by$	$x \xrightarrow{ab} z$
(2)	並列接続（枝の消去）	上枝 a、下枝 b $y = ax + bx$	$x \xrightarrow{a+b} y$ $y = (a+b)x$
(3)	節の消去	$x_1 \xrightarrow{a_1} \circ \xleftarrow{a_2} x_2$、中央ノードから $b_1 \uparrow z_1$, $b_2 \downarrow z_2$ $y = a_1 x_1 + a_2 x_2$ $z_1 = b_1 y \quad z_2 = b_2 y$	z_1 は $a_1 b_1$, $a_2 b_1$ の枝、z_2 は $a_1 b_2$, $a_2 b_2$ の枝 $z_1 = a_1 b_1 x_1 + a_2 b_1 x_2$ $z_2 = a_1 b_2 x_1 + a_2 b_2 x_2$
(4)	FB ループの消去	$x \xrightarrow{a} \circ \xrightarrow{b} \circ \xrightarrow{d} z$、戻り c $y_1 = ax + cy_2$ $y_2 = by_1 \quad z = dy_2$	$x \xrightarrow{\frac{abd}{1-cb}} z$ $z = \frac{abd}{1-cb} x$
(5)	自己ループの消去	$x \xrightarrow{a} \circ \xrightarrow{b} z$、自己ループ c $y = ax + cy$ $z = by$	$x \xrightarrow{\frac{ab}{1-c}} z$ $z = \frac{ab}{1-c} x$
(6)	信号流れの反転	$x_1 \xrightarrow{a} \circ \xrightarrow{c} z$、$x_2 \xrightarrow{b} \circ$（中央ノード y） $y = ax_1 + bx_2$ $z = cy$	$x_1 \xleftarrow{1/a} y \xleftarrow{1/c} z$、$-b/a$ から x_2 $x_1 = \frac{1}{a} y - \frac{b}{a} x_2$ $y = \frac{1}{c} z$
(7)	枝の消去	$x_1 \xrightarrow{a} \circ \xrightarrow{c} z_1$、$x_2 \xrightarrow{b} \circ \xrightarrow{d} z_2$（中央 y） $y = ax_1 + bx_2$ $z_1 = cy$ $z_2 = dy$	$x_1 \xrightarrow{ac} z_1$、$y - ax_1$、$x_2 \xrightarrow{ad} z_2$、中央 b, c, d $z_2 = acx_1 + c(y - ax_1)$ $y = bx_2$ $z_2 = adx_1 + d(y - ax_1)$

2.5 信号流れ線図

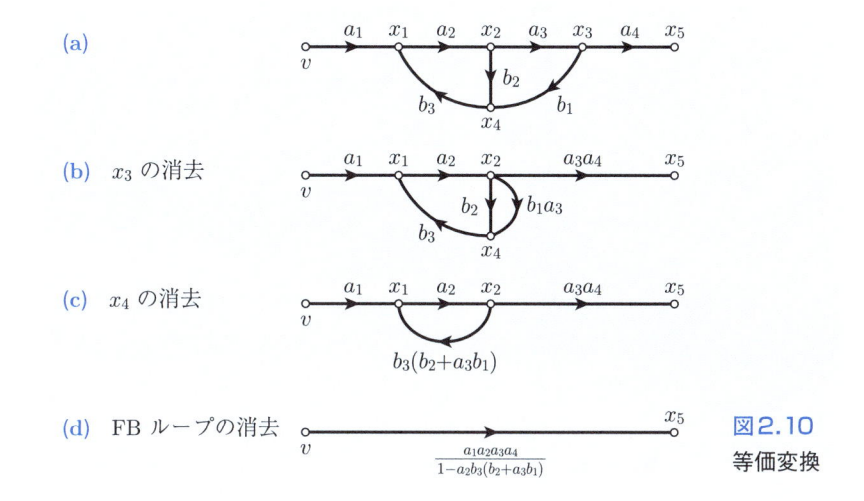

(a)

(b) x_3 の消去

(c) x_4 の消去

(d) FB ループの消去

図2.10 等価変換

図2.10 の (a) に示す信号流れ線図の等価変換は 同図 (b) にまず変換して順次変換して最終的には 同図 (d) を得る．同図 (a) の代数式は次式である．

$$\begin{cases} x_1 = a_1 v + b_3 x_4, \quad x_2 = a_2 x_1, \quad x_3 = a_3 x_2, \\ x_4 = b_2 x_2 + b_1 x_3, \quad x_5 = a_4 x_3 \end{cases}$$

$$\therefore \quad x_5 = \frac{a_1 a_2 a_3 a_4}{1 - a_2 b_3 (b_2 + a_3 b_1)} v$$

2.5.3 グラフトランスミッタンス

入力節から出力節までを等価変換して，1本の枝にまとめたとき，その枝のトランスミッタンスを**グラフトランスミッタンス**（graph transmittance）と呼ぶ．

S.F.G. のグラフ的構造に関する用語の定義

(1) <u>パス（path）</u>　S.F.G. において，入力節から出発し，枝の矢印の方向に進み，同じ節を2度通ることなく出力節に達する通路をいう．p_i で表す．パス上にある枝のトランスミッタンスの積を**パストランスミッタンス**と呼び，P_i で表す．

(2) <u>ループ（loop）</u>　S.F.G. において，ある節から出発し，枝の矢印の方向に進み，同じ節を2度通ることなくもとの節に戻る経路をいい，l_i で表す．ループ上にある枝のトランスミッタンスの積を**ループトランスミッタンス**と呼び L_i で表す．

(3) <u>ループの独立性</u>　複数個のループが互いに共通の節を含んでいないとき<u>互いに独立</u>という．

入力節から出力節までのグラフトランスミッタンス T は

$$T = \frac{\sum_i P_i \Delta_i}{\Delta}$$

で与えられる（メイソン（Mason）の公式）．

Δ：グラフデターミナントといわれ

$$\Delta = 1 - \sum L_i + \sum L_i L_j - \sum L_i L_j L_k + \cdots + (-1)^n \sum \overbrace{L_i L_j \cdots}^{n}$$

$\sum L_i$ ：S.F.G. 中のすべてのループトランスミッタンスの総和
$\sum L_i L_g$ ：S.F.G. 中の互いに独立な二つのループのループトランスミッタンスの積の総和
$\sum L_i L_g L_k$ ：S.F.G. 中の互いに独立な三つのループのループトランスミッタンスの積の総和
P_i ：S.F.G. の一つのパス p_i のパストランスミッタンス
Δ_i ：パス p_i とこれに付着する枝をもとの S.F.G. が除去した残りの S.F.G. のグラフデターミナント
$\sum_i p_i \Delta_i$ ：$P_i \Delta_i$ をすべてのパスについて加え合わせることを意味する．

2.5.4 信号流れ線図とブロック線図

ブロック線図と信号流れ線図は，それぞれの制御システムの制御要素と信号を1対1に対応させて表現する方法である．ブロック線図は制御要素を重点に，信号流れ線図は信号の流れに重点をおいた方法といえる．表2.7 にブロック線図と信号流れ線図の対応関係を示す．

表2.7　ブロック線図と信号流れ線図の対応関係

		ブロック線図	信号流れ線図
(1)	伝達関数	$X(s) \to \boxed{G(s)} \to Y(s)$	$X(s) \xrightarrow{G(s)} Y(s)$
(2)	減算点	$x, y \to \bigcirc(+, -) \to z = x-y$	$x \xrightarrow{1} \circ \xleftarrow{-1} y$, $z = x-y$
(3)	加算点	$x, y \to \bigcirc(+, +) \to z = x+y$	$x \xrightarrow{1} \circ \xleftarrow{1} y$, $z = x+y$

例題2.9

下図の信号流れ線図のグラフトランスミッタンスを求めよ．

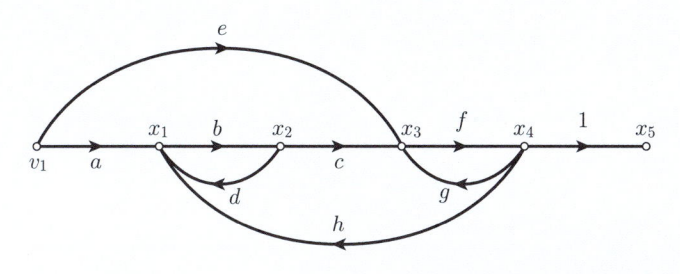

【解答】 グラフトランスミッタンスの求め方に従い以下のように求められる．

パス
$$\begin{cases} p_1: v_1 \xrightarrow{a} x_1 \xrightarrow{b} x_2 \xrightarrow{c} x_3 \xrightarrow{f} x_4 \xrightarrow{1} x_5 & P_1 = abcf \\ p_2: v_1 \xrightarrow{e} x_3 \xrightarrow{f} x_4 \xrightarrow{1} x_5 & P_2 = ef \end{cases}$$

ループ
$$\begin{cases} l_1: x_1 \xrightarrow{b} x_2 \xrightarrow{d} x_1 & L_1 = bd \\ l_2: x_3 \xrightarrow{f} x_4 \xrightarrow{g} x_3 & L_2 = fg \\ l_3: x_1 \xrightarrow{b} x_2 \xrightarrow{c} x_3 \xrightarrow{f} x_4 \xrightarrow{h} x_1 & L_3 = bcfh \end{cases}$$

ループは l_1, l_2, l_3

$$\sum L_i = L_1 + L_2 + L_3$$
$$= bd + fg + bcfh$$

l_1 と l_2：互いに独立．

$$\sum L_i L_j = L_1 L_2 = bdfg$$

3つ独立なループなし．

$$\sum L_i L_j L_k = 0$$

したがって

$$\therefore \Delta = 1 - (bd + fg + bcfh) + bdfg$$

$$\sum_i P_i \Delta_i = P_1 \Delta_1 + P_2 \Delta_2$$
$$= abcf + ef(1 - bd)$$

$$\Delta_1 = 1, \quad \Delta_2 = 1 - bd$$

$$\therefore T = \frac{abcf + ef(1 - bd)}{1 - (bd + fg + bcfh) + bdfg}$$

例題2.10

下図のブロック線図を信号流れ線図に等価変換せよ．

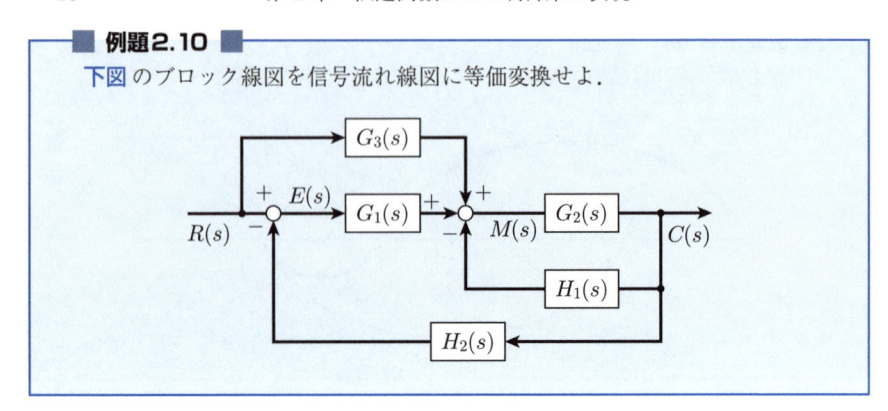

【解答】 ブロック線図と信号流れ線図の対応関係から下図が得られる．

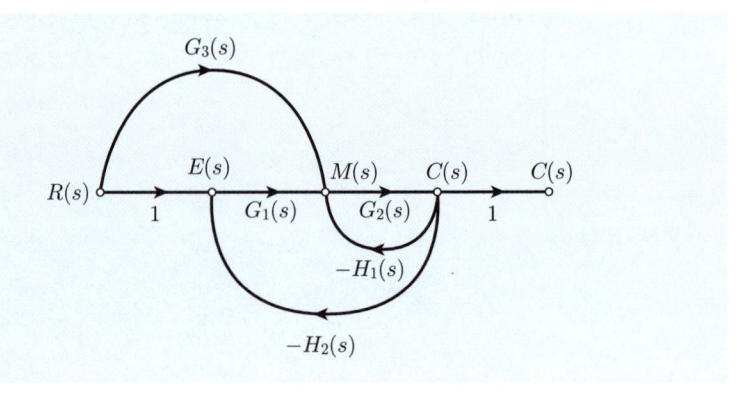

2章の問題

2.1 表2.2 の (7) と (9) を証明せよ．

2.2 下図 **(1)**, **(2)** を簡素化し全体の伝達関数 $\left(\frac{C}{R}\right)$ を求めよ．

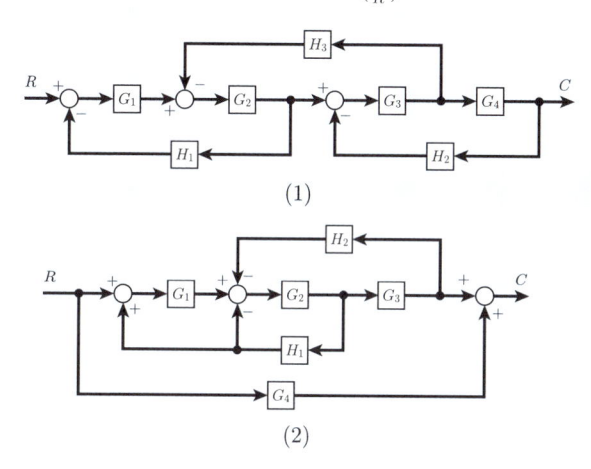

(1)

(2)

2.3 表2.3 の (6) と (7) を求めよ．

2.4 次式のラプラス逆変換を求めよ．
(1) $F(s) = \frac{1}{1+sT}$ (2) $F(s) = \frac{1}{s(sT+1)}$ (3) $F(s) = \frac{1}{s^2-a^2}$

2.5 次の電気回路の伝達関数を求めよ．ただし，$e(t)$ は電圧，$i(t)$ は電流とする．

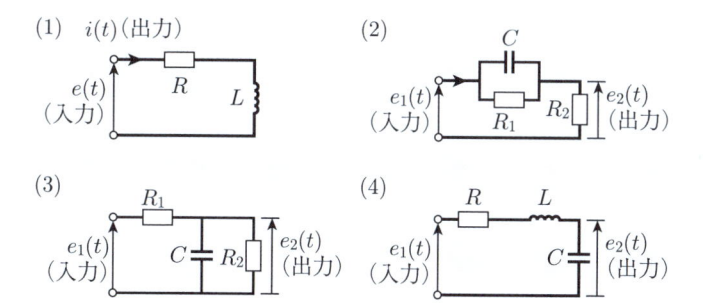

(1) $i(t)$（出力）　$e(t)$（入力）　R, L

(2) $e_1(t)$（入力）　$e_2(t)$（出力）　C, R_1, R_2

(3) $e_1(t)$（入力）　$e_2(t)$（出力）　R_1, C, R_2

(4) $e_1(t)$（入力）　$e_2(t)$（出力）　R, L, C

2.6 問題 2.2 のブロック線図 (1), (2) を信号流れ線図に等価変換し，入力から出力までのグラフトランスミッタンスを求めよ．

第3章
状態変数による制御系の表現

状態変数を用いて制御システムを表現する方法について述べる．本章では，時間領域で制御システムを数式的に表現し，多入力・多出力システムの制御システム内部の状態の推移に注目した表現法の概要と考え方を中心に説明する．

3.1 制御系の状態変数表示

3.1.1 状態変数法とは

制御システムのもう一つの表現法が，**状態変数法**である．状態変数法は，表3.1に伝達関数法と対比して記述しているように，制御システム内部の状態の時間的推移に注目して時間（t）領域で取り扱い，初期値を考慮した多入力・多出力のシステムに適用する方法である．

表3.1 伝達関数法と状態変数法

伝達関数法（transfer function method）	状態変数法（state variable method）
① s 領域（複素数領域）	① t 領域（時間領域）
② 入力信号 → 伝達関数 → 出力信号	② 入力 $u_1, u_2, \ldots, u_l$ → 内部状態（状態変数） → 出力 $y_1, y_2, \ldots, y_m$，初期状態 $x_1(0_+), x_2(0_+), \ldots, x_n(0_+)$；$u$ → システム → y，$x(0_+)$
③ 初期値はすべて 0	③ 初期状態を考慮
④ 信号の伝達	④ 内部状態の推移
⑤ 一入力・一出力についての入出力特性から伝達要素や制御系の性質を把握しようとする．	⑤ 多入力・多出力について内部状態の推移をみる．それが外部にどのような形での変化となるかをみる．そして入力に出力の変化を伝え最適制御問題を解ける．
⑥ 線形系の安定判別（s 領域における特性方程式の根の性質より）	⑥ リャプノフ（Liapunov）の方法（時間領域で制御系のエネルギーの変化の仕方を調べて安定判別を行う．）
⑦ 古典的制御理論（conventional control theory）	⑦ 現代制御理論（modern control theory）
⑧ 伝達関数が主体であるので呼ばれている．	⑧ 内部状態を変数として取り扱うという意味であるので呼ばれている．

数式モデルは制御システムの内部状態を示し得る時間の関数を状態変数として定義し，n 個の状態変数で記述される n 変数の 1 階連立微分方程式で構成する．基本的な性質を表3.1 に示しているが，コンピュータおよびそのプログラミングの進歩とともに発展し，その特徴を利用して，連続線形制御システムだけでなくデジタル制御システムや非線形制御システム，時変系システムなど，**CPU**（Central Processing Unit（コンピュータ））搭載制御システムの表現や解析，設計などに適用されている．以上のように，状態変数法とは

① プラント（制御対象）の内部状態を示す状態変数を定義する．
② プラントの入力信号，初期値に対しての状態変数の推移をみる．
③ これにより出力信号が外部にどのように影響するかを見る．
④ 制御対象を状態空間で取り扱い解析，設計に応用する．

数学的手法であるといえる．

3.1.2 状態変数と状態方程式

まず，図3.1 の電気回路をもとに**状態変数**（state variable）と**状態方程式**（state equation）を説明する．回路のループ方程式は

$$e(t) = Ri(t) + L\frac{di(t)}{dt}$$

となる．電流に関する導関数を左辺に移項して変形すると次のようになる．

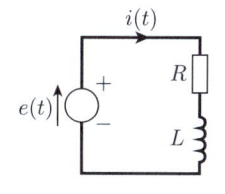

図3.1　RL 直列回路

$$\frac{di(t)}{dt} = -\frac{R}{L}i(t) + \frac{1}{L}e(t)$$

いま，電荷量 $q(t)$（$= x_1(t)$）と電流 $i(t)$（$= x_2(t) = \dot{x}_1(t)$）を状態変数に選び，入力電圧 $e(t)$（$= u(t)$）として整理すると状態方程式は

$$\dot{x}_1(t) = x_2(t) \qquad \left(\frac{dq}{dt} = i\right)$$
$$\dot{x}_2(t) = -\frac{R}{L}x_2(t) + \frac{1}{L}u(t)$$

マトリックス形式で書くと

$$\begin{bmatrix} \dot{x}_1(t) \\ \dot{x}_2(t) \end{bmatrix} = \begin{bmatrix} 0 & 1 \\ 0 & -\frac{R}{L} \end{bmatrix} \begin{bmatrix} x_1(t) \\ x_2(t) \end{bmatrix} + \begin{bmatrix} 0 \\ \frac{1}{L} \end{bmatrix} u(t)$$

で表現できる．これらの式が $x_1(t), x_2(t)$ を状態変数とした状態方程式である．

次に，図3.2の直線運動系について考える．ただし，M：質量，D：制動係数，$f(t)$：外力，$x(t)$：変位，$v(t)$：速度とする．運動方程式は

$$M\frac{dv(t)}{dt} + Dv(t) = f(t)$$
$$M\frac{d^2x(t)}{dt^2} + D\frac{dx(t)}{dt} = f(t)$$

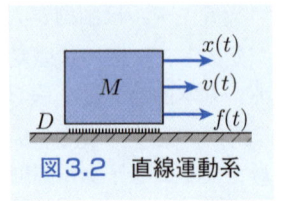

図3.2 直線運動系

と求められる．ここで，質量 M の変位 $x(t)$（$= x_1(t)$），速度 $v(t)$（$= x_2(t) = \dot{x}_1(t)$）を状態変数に選び，力 $f(t)$（$= u(t)$）を入力とすると，状態方程式は

$$\dot{x}_1(t) = x_2(t)$$
$$\dot{x}_2(t) = -\frac{D}{M}x_2(t) + \frac{u(t)}{M}$$

マトリックス形式で書くと

$$\begin{bmatrix} \dot{x}_1(t) \\ \dot{x}_2(t) \end{bmatrix} = \begin{bmatrix} 0 & 1 \\ 0 & -\frac{D}{M} \end{bmatrix} \begin{bmatrix} x_1(t) \\ x_2(t) \end{bmatrix} + \begin{bmatrix} 0 \\ \frac{1}{M} \end{bmatrix} u(t)$$

■ 例題3.1 ■

図2.6に示される直線運動系の状態方程式を求めよ．

【解答】 運動方程式は次式となる．

$$M\frac{d^2x(t)}{dt^2} + D\frac{dx(t)}{dt} + Kx(t) = f(t)$$

状態変数 $x_1(t), x_2(t)$ を次のように選び入力：$u(t) = f(t)$ とする．

$$x_1(t) = x(t), \quad x_2(t) = \dot{x}_1(t)$$

運動方程式を状態変数によって書き替えると状態方程式は

$$\dot{x}_1(t) = x_2(t)$$
$$\dot{x}_2(t) = -\frac{K}{M}x_1(t) - \frac{D}{M}x_2(t) + \frac{1}{M}u(t)$$

マトリックス形式で書くと

$$\begin{bmatrix} \dot{x}_1(t) \\ \dot{x}_2(t) \end{bmatrix} = \begin{bmatrix} 0 & 1 \\ -\frac{K}{M} & -\frac{D}{M} \end{bmatrix} \begin{bmatrix} x_1(t) \\ x_2(t) \end{bmatrix} + \begin{bmatrix} 0 \\ 1 \end{bmatrix} u(t)$$

3.2 状態方程式と出力方程式

状態方程式は，次の 3 変数で記述される．(1) システムへの入力を表す**入力変数**，すなわち考えている制御システムに加わってそれに影響を与える変数，次に (2) システムの出力を表す**出力変数**，すなわち制御の目的に直接関係のある変数，および (3) システムの内部状態を表す必要最小限の数の**状態変数**で制御システムの内部の振る舞いを表す量である．これらの変数は多変数であるので，一般には

$$\boldsymbol{u}(t) = \begin{bmatrix} u_1 \\ u_2 \\ \vdots \\ u_l \end{bmatrix}, \quad \boldsymbol{y}(t) = \begin{bmatrix} y_1 \\ y_2 \\ \vdots \\ y_m \end{bmatrix}, \quad \boldsymbol{x}(t) = \begin{bmatrix} x_1 \\ x_2 \\ \vdots \\ x_n \end{bmatrix} \quad (3.1)$$

入力ベクトル　　出力ベクトル　　状態ベクトル

に表すようにそれぞれ**入力ベクトル** $\boldsymbol{u}(t)$，**出力ベクトル** $\boldsymbol{y}(t)$，**状態ベクトル** $\boldsymbol{x}(t)$ として取り扱う．図 3.3 に制御システムの 3 変数との関係を示している．

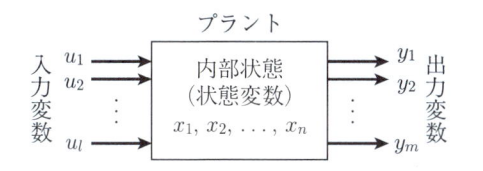

図 3.3 制御システムの表現

ある時刻 t におけるシステムの状態ベクトル $\boldsymbol{x}(t)$ は

$$\boldsymbol{x}(t) = \boldsymbol{F}\{\boldsymbol{x}(t_0), \boldsymbol{u}(t_0, t)\} \quad (3.2)$$

で表される．ただし，$\boldsymbol{F}$：一価関数，$\boldsymbol{x}(t_0)$：初期状態ベクトル，$\boldsymbol{u}(t_0, t)$：t_0 より t までに加えられた入力ベクトルであり，$\boldsymbol{F}$ は初期状態ベクトルおよび入力ベクトルの一価関数で，状態変数の数はエネルギー蓄積素子の数に相当する．

時刻 t における出力ベクトル $\boldsymbol{y}(t)$（または，観測方程式）は

$$\boldsymbol{y}(t) = \boldsymbol{G}\{u(t_0, t), \boldsymbol{u}(t_0, t)\} \quad (3.3)$$

で表され，状態ベクトルおよび入力ベクトルの一価関数である．

式 (3.2) および (3.3) はそれぞれシステムの**状態方程式**および**出力方程式** (output equation) と呼ばれている．

一般に，制御系やシステムが微分方程式で表されることが多いので，状態方程式は状態変数の1階微分方程式の形式

$$\dot{\boldsymbol{x}}(t) = \boldsymbol{f}[\boldsymbol{x}(t), \boldsymbol{u}(t)]$$

および出力方程式は次式で表される．

$$\boldsymbol{y}(t) = \boldsymbol{g}[\boldsymbol{x}(t), \boldsymbol{u}(t)]$$

システムが線形微分方程式で表される場合には，状態方程式は状態変数の1階連立微分方程式の

$$\frac{d\boldsymbol{x}(t)}{dt} = A\boldsymbol{x}(t) + B\boldsymbol{u}(t) \tag{3.4}$$

出力方程式は

$$\boldsymbol{y}(t) = C\boldsymbol{x}(t) + D\boldsymbol{u}(t) \tag{3.5}$$

の形式で表示される．ここで，マトリックス A, B, C, D は以下に示すように，**係数（システム）行列，制御行列，出力行列，**および**伝達関数行列**と呼ばれている．

A：係数行列（coefficient matrix）　$A = [a_{ij}]_{n \times n}$

B：制御行列（control matrix）　$B = [b_{ij}]_{n \times l}$

C：出力行列（output matrix）　$C = [c_{ij}]_{m \times n}$

D：伝達行列（transfer matrix）　$D = [d_{ij}]_{m \times l}$

これらの式が時間の関数であるシステムと時間に無関係なシステムとがある．

図3.4 に状態方程式と出力方程式による制御システムのブロック線図を示す．

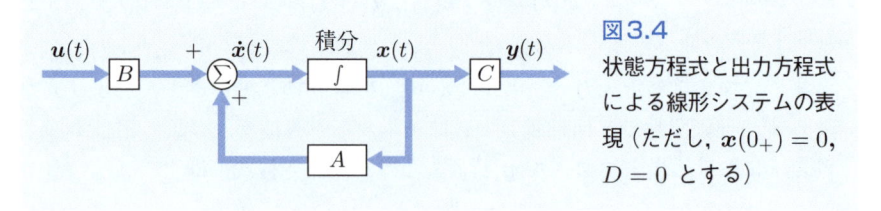

図3.4 状態方程式と出力方程式による線形システムの表現（ただし，$\boldsymbol{x}(0_+) = 0$，$D = 0$ とする）

いま，例として次式に示される3階微分方程式の状態方程式と出力方程式を求める．

$$a\frac{d^3 x(t)}{dt^3} + b\frac{d^2 x(t)}{dt^2} + c\frac{dx(t)}{dt} + dx(t) = u(t) \tag{3.6}$$

状態変数 $x_1(t), x_2(t), x_3(t)$ を次のように選び，入力：$u(t)$，出力：$y_1(t) = x_1(t)$，

3.2 状態方程式と出力方程式

$y_2(t) = x_2(t)$，係数 a, b, c, d は定数とする．

$$x_1(t) = x(t)$$
$$x_2(t) = \dot{x}_1(t) = \dot{x}(t)$$
$$x_3(t) = \dot{x}_2(t) = \ddot{x}(t)$$

状態変数を用いて式 (3.6) を書くと

$$a\dot{x}_3(t) + bx_3(t) + cx_2(t) + dx_1(t) = u(t)$$

整理すると状態方程式は

$$\dot{x}_1(t) = x_2(t)$$
$$\dot{x}_2(t) = x_3(t)$$
$$\dot{x}_3(t) = -\tfrac{d}{a}x_1(t) - \tfrac{c}{a}x_2(t) - \tfrac{b}{a}x_3(t) + \tfrac{u(t)}{a}$$

出力方程式は

$$y_1(t) = x_1(t), \quad y_2(t) = x_2(t)$$

マトリックス形式で書くと

状態方程式
$$\begin{bmatrix} \dot{x}_1(t) \\ \dot{x}_2(t) \\ \dot{x}_3(t) \end{bmatrix} = \begin{bmatrix} 0 & 1 & 0 \\ 0 & 0 & 1 \\ -\tfrac{d}{a} & -\tfrac{c}{a} & -\tfrac{b}{a} \end{bmatrix} \begin{bmatrix} x_1(t) \\ x_2(t) \\ x_3(t) \end{bmatrix} + \begin{bmatrix} 0 \\ 0 \\ \tfrac{1}{a} \end{bmatrix} u(t)$$

出力方程式
$$\begin{bmatrix} y_1(t) \\ y_2(t) \end{bmatrix} = \begin{bmatrix} 1 & 0 & 0 \\ 0 & 1 & 0 \end{bmatrix} \begin{bmatrix} x_1(t) \\ x_2(t) \\ x_3(t) \end{bmatrix}$$

上式を式 (3.4), (3.5) の形式で表現すると下式になる．

$$\dot{\boldsymbol{x}}(t) = A\boldsymbol{x}(t) + B\boldsymbol{u}(t)$$
$$\boldsymbol{y}(t) = C\boldsymbol{x}(t) + D\boldsymbol{u}(t)$$
$$A = \begin{bmatrix} 0 & 1 & 0 \\ 0 & 0 & 1 \\ -\tfrac{d}{a} & -\tfrac{c}{a} & -\tfrac{b}{a} \end{bmatrix}, \quad B = \begin{bmatrix} 0 \\ 0 \\ \tfrac{1}{a} \end{bmatrix},$$
$$C = \begin{bmatrix} 1 & 0 & 0 \\ 0 & 1 & 0 \end{bmatrix}, \qquad D = 0$$

例題3.2

下図に示す台車の位置制御システムの状態方程式と出力方程式を求めよ．ここで K_1, K_2：バネ定数，D：摩擦係数，M：台車の質量，u_1, u_2：位置入力，$v(t)$：台車の速度，$x(t)$：台車の変位である．ただし，入力は，台車の両側から押したり引いたりして，台車の位置を制御するものとし，出力は台車の変位と速度とする．

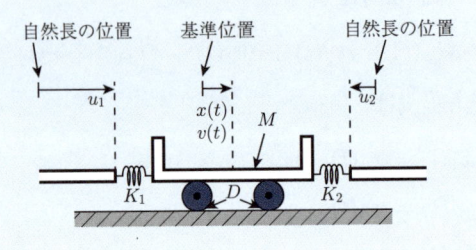

【解答】台車の変位を $x(t)$，速度を $v(t)$ とすると運動方程式は次式となる．

$$M\frac{d^2x(t)}{dt^2} + D\frac{dx(t)}{dt} = K_1(u_1(t) - x(t)) + K_2(u_2(t) - x(t))$$

いま，状態変数を $x_1(t) = x(t), x_2(t) = v(t)$ とすると

$$x_1(t) = x$$
$$x_2(t) = \dot{x}_1(t)$$
$$= v(t)$$

となるので，状態方程式と出力方程式を求めると

$$\dot{x}_1(t) = x_2(t)$$
$$\dot{x}_2(t) = -\frac{D}{M}x_2(t) - \frac{K_1+K_2}{M}x_1(t) + \frac{1}{M}(K_1u_1(t) + K_2u_2(t))$$
$$y_1(t) = x_1(t)$$
$$y_2(t) = x_2(t)$$

マトリックス形式では次式となる．

$$\begin{bmatrix} \dot{x}_1(t) \\ \dot{x}_2(t) \end{bmatrix} = \begin{bmatrix} 0 & 1 \\ -\frac{K_1+K_2}{M} & -\frac{D}{M} \end{bmatrix} \begin{bmatrix} x_1(t) \\ x_2(t) \end{bmatrix} + \begin{bmatrix} 0 & 0 \\ \frac{K_1}{M} & \frac{K_2}{M} \end{bmatrix} \begin{bmatrix} u_1(t) \\ u_2(t) \end{bmatrix}$$

$$\begin{bmatrix} y_1(t) \\ y_2(t) \end{bmatrix} = \begin{bmatrix} 1 & 0 \\ 0 & 1 \end{bmatrix} \begin{bmatrix} x_1(t) \\ x_2(t) \end{bmatrix}$$

■ 例題3.3 ■

下図に示す電気回路の状態方程式と出力方程式を求めよ．ただし，入力：$u(t) = e_\mathrm{i}(t)$，出力：$y_1(t) = e_R(t)$, $y_2(t) = e_C(t)$

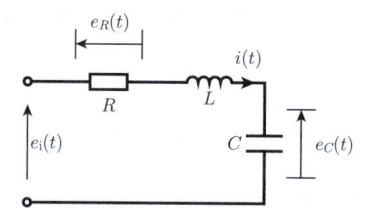

【解答】 回路方程式は次式となる．

$$L\frac{di(t)}{dt} + Ri(t) + \frac{1}{C}\int i(t)dt = e_\mathrm{i}(t)$$

$$e_R(t) = Ri(t)$$

$$e_C(t) = \frac{1}{C}\int idt$$

状態変数として

$$x_1(t) = q(t) = \int idt$$

$$x_2(t) = i(t) = \dot{x}_1(t)$$

とする．出力変数は

$$y_1(t) = e_R = Rx_2(t)$$

$$y_2(t) = e_C = \frac{1}{C}x_1(t)$$

となる．状態方程式と出力方程式は

$$\dot{x}_1(t) = x_2(t)$$

$$\dot{x}_2(t) = -\frac{1}{LC}x_1(t) - \frac{R}{L}x_2(t) + \frac{1}{L}u(t)$$

$$y_1(t) = Rx_2(t)$$

$$y_2(t) = \frac{1}{C}x_1(t)$$

マトリックス形式では次式となる．

$$\begin{bmatrix} \dot{x}_1(t) \\ \dot{x}_2(t) \end{bmatrix} = \begin{bmatrix} 0 & 1 \\ -\frac{1}{LC} & -\frac{R}{L} \end{bmatrix} \begin{bmatrix} x_1(t) \\ x_2(t) \end{bmatrix} + \begin{bmatrix} 0 \\ \frac{1}{L} \end{bmatrix} u(t)$$

$$\begin{bmatrix} y_1(t) \\ y_2(t) \end{bmatrix} = \begin{bmatrix} 0 & R \\ \frac{1}{C} & 0 \end{bmatrix} \begin{bmatrix} x_1(t) \\ x_2(t) \end{bmatrix}$$

3.3 状態方程式の解き方

状態方程式を 2 段階に分けて解く.

(1) **入力変数がすべて 0 で,初期値だけがある場合**　入力変数がすべて 0 である線形斉次方程式は

$$\frac{d\boldsymbol{x}(t)}{dt} = A\boldsymbol{x}(t) \tag{3.7}$$

となる.上式の両辺をラプラス変換すると

$$s\boldsymbol{X}(s) - \boldsymbol{x}(0_+) = A\boldsymbol{X}(s) \tag{3.8}$$

ただし

$$\boldsymbol{X}(s) = \begin{bmatrix} \mathcal{L}[x_1(t)] \\ \mathcal{L}[x_2(t)] \\ \vdots \\ \mathcal{L}[x_n(t)] \end{bmatrix}, \quad \boldsymbol{x}(0_+) = \begin{bmatrix} x_1(0_+) \\ x_2(0_+) \\ \vdots \\ x_n(0_+) \end{bmatrix}$$

同様に

$$\boldsymbol{U}(s) = \begin{bmatrix} \mathcal{L}[u_1(t)] \\ \mathcal{L}[u_2(t)] \\ \vdots \\ \mathcal{L}[u_l(t)] \end{bmatrix}, \quad \boldsymbol{Y}(s) = \begin{bmatrix} \mathcal{L}[y_1(t)] \\ \mathcal{L}[y_2(t)] \\ \vdots \\ \mathcal{L}[y_m(t)] \end{bmatrix}$$

となる.式 (3.8) を $\boldsymbol{X}(s)$ について整理して求めると

$$\boldsymbol{X}(s) = (sI - A)^{-1}\boldsymbol{x}(0_+)$$

が得られる.ここで,$sI - A$ は正則であると仮定し,I は $n \times n$ の単位行列,$\boldsymbol{x}(0_+)$ は初期状態ベクトルを示す.

上式のラプラス逆変換を行うと,初期値に対する応答 $\boldsymbol{x}(t)$ の

$$\boldsymbol{x}(t) = \mathcal{L}^{-1}[(sI - A)^{-1}]\boldsymbol{x}(0_+) = \mathcal{L}^{-1}\left[\frac{\mathrm{Adj}(sI - A)}{|sI - A|}\right]\boldsymbol{x}(0_+) \tag{3.9}$$

が得られる.ただし $t \geq 0$ で $\mathrm{Adj}(sI - A)$ はマトリックス $(sI - A)$ の**余因子行列** (adjoint matrix) で $|sI - A|$ はマトリックス $(sI - A)$ の**行列式** (determinant) である.ここで,$\varPhi(t)$ を次式のように定義する.

$$\varPhi(t) = \mathcal{L}^{-1}[(sI - A)^{-1}] \tag{3.10}$$

式 (3.10) は**状態推移行列** (state transition matrix)(または**遷移行列**)と呼ば

れている．$\varPhi(t)$ を用いると式 (3.9) は次式のように置き換えることができる．

$$\boldsymbol{x}(t) = \varPhi(t)\boldsymbol{x}(0_+)$$

また，出力方程式は

$$\boldsymbol{y}(t) = C\varPhi(t)\boldsymbol{x}(0_+)$$

(2) **入力変数があり，初期値もある場合**　次に入力変数が 0 でない場合の解を求める．式 (3.4) の状態方程式と式 (3.5) の出力方程式についてそれぞれの両辺をラプラス変換し整理すると式 (3.11) および (3.12) を得る．

$$(sI - A)\boldsymbol{X}(s) = \boldsymbol{x}(0_+) + B\boldsymbol{U}(s) \tag{3.11}$$

$$\boldsymbol{Y}(s) = C\boldsymbol{X}(s) + D\boldsymbol{U}(s) \tag{3.12}$$

ただし，I は $n \times n$ の単位行列である．式 (3.10) の両辺に左から $(sI - A)^{-1}$ を掛けると

$$\boldsymbol{X}(s) = (sI - A)^{-1}\boldsymbol{x}(0_+) + (sI - A)^{-1}B\boldsymbol{U}(s)$$

が得られる．この式の両辺をラプラス逆変換すると，初期値と入力を考慮した時間領域の状態変数ベクトル

$$\boldsymbol{x}(t) = \mathcal{L}^{-1}[(sI - A)^{-1}]\boldsymbol{x}(0_+) + \mathcal{L}^{-1}[(sI - A)^{-1}B\boldsymbol{U}(s)] \tag{3.13}$$

を求めることができる．

また，上式を状態推移行列と**合成積**（convolution integral）を用いて表すと

$$\boldsymbol{x}(t) = \varPhi(t)\boldsymbol{x}(0_+) + \int_0^t \varPhi(t-\tau)B\boldsymbol{U}(\tau)d\tau \tag{3.14}$$

になる．式 (3.13) および (3.14) は**状態推移方程式**（state transition equation）と呼ばれている．出力方程式は，時間領域の出力変数を用いて

$$\boldsymbol{y}(t) = C\varPhi(t)\boldsymbol{x}(0_+) + C\int_0^t \varPhi(t-\tau)B\boldsymbol{U}(\tau)d\tau + D\boldsymbol{u}(t)$$

として求めることができる．ただし $t \geq 0$．図 3.5 に線形制御システムのブロック線図を示す．

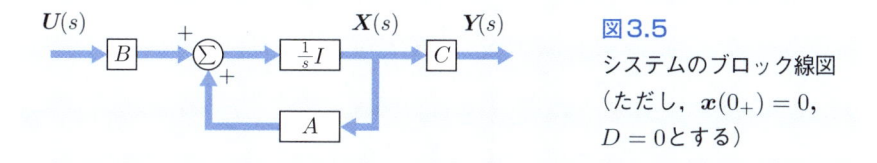

図 3.5
システムのブロック線図
（ただし，$\boldsymbol{x}(0_+) = 0$，$D = 0$ とする）

■ **例題3.4** ■

次式で示される状態方程式を解き，時間領域の状態変数ベクトルを求めよ．

$$\begin{bmatrix} \frac{dx_1(t)}{dt} \\ \frac{dx_2(t)}{dt} \end{bmatrix} = \begin{bmatrix} 0 & 1 \\ -2 & -3 \end{bmatrix} \begin{bmatrix} x_1(t) \\ x_2(t) \end{bmatrix} + \begin{bmatrix} 0 \\ 1 \end{bmatrix} u(t)$$

$$A = \begin{bmatrix} 0 & 1 \\ -2 & -3 \end{bmatrix}, \quad B = \begin{bmatrix} 0 \\ 1 \end{bmatrix}$$

ここで，初期値を $\boldsymbol{x}(0_+)$ として入力 $u(t) = 1$（単位ステップ関数）をする．

【解答】 まず，状態推移行列を求める．

$$sI - A = s\begin{bmatrix} 1 & 0 \\ 0 & 1 \end{bmatrix} - \begin{bmatrix} 0 & 1 \\ -2 & -3 \end{bmatrix} = \begin{bmatrix} s & -1 \\ 2 & s+3 \end{bmatrix}$$

$sI - A$ の逆行列は $\mathrm{Adj}(sI - A) = \begin{bmatrix} s+3 & 1 \\ -2 & s \end{bmatrix}$ であるので次式となる．

$$(sI - A)^{-1} = \frac{1}{s(s+3)+2}\begin{bmatrix} s+3 & 1 \\ -2 & s \end{bmatrix} = \frac{\begin{bmatrix} s+3 & 1 \\ -2 & s \end{bmatrix}}{(s+1)(s+2)}$$

$$\Phi(t) = \mathcal{L}^{-1}[(sI - A)^{-1}] = \begin{bmatrix} 2\varepsilon^{-t} - \varepsilon^{-2t} & \varepsilon^{-t} - \varepsilon^{-2t} \\ -2\varepsilon^{-t} + 2\varepsilon^{-2t} & -\varepsilon^{-t} + 2\varepsilon^{-2t} \end{bmatrix}$$

$$\boldsymbol{x}(t) = \begin{bmatrix} x_1(t) \\ x_2(t) \end{bmatrix}$$

$$= \Phi(t)\boldsymbol{x}(0_+) + \int_0^t \begin{bmatrix} 2\varepsilon^{-(t-\tau)} - \varepsilon^{-2(t-\tau)} & \varepsilon^{-(t-\tau)} - \varepsilon^{-2(t-\tau)} \\ -2\varepsilon^{-(t-\tau)} + 2\varepsilon^{-2(t-\tau)} & -\varepsilon^{-(t-\tau)} + 2\varepsilon^{-2(t-\tau)} \end{bmatrix} \begin{bmatrix} 0 \\ 1 \end{bmatrix} d\tau$$

$$= \begin{bmatrix} 2\varepsilon^{-t} - \varepsilon^{-2t} & \varepsilon^{-t} - \varepsilon^{-2t} \\ -2\varepsilon^{-t} + 2\varepsilon^{-2t} & -\varepsilon^{-t} + 2\varepsilon^{-2t} \end{bmatrix} \boldsymbol{x}(0_+) + \begin{bmatrix} \frac{1}{2} - \varepsilon^{-t} + \frac{1}{2}\varepsilon^{-2t} \\ \varepsilon^{-t} - \varepsilon^{-2t} \end{bmatrix} \quad (t \geq 0)$$

【上式右辺第 2 項 の別解】

$$\mathcal{L}^{-1}[(sI - A)^{-1}B\boldsymbol{U}(s)] = \mathcal{L}^{-1}\left\{\frac{1}{s^2+3s+2}\begin{bmatrix} s+3 & 1 \\ -2 & s \end{bmatrix}\begin{bmatrix} 0 \\ 1 \end{bmatrix}\frac{1}{s}\right\}$$

$$= \mathcal{L}^{-1}\left\{\frac{1}{s^2+3s+2}\begin{bmatrix} \frac{1}{s} \\ 1 \end{bmatrix}\right\}$$

$$= \begin{bmatrix} \frac{1}{2} - \varepsilon^{-t} + \frac{1}{2}\varepsilon^{-2t} \\ \varepsilon^{-t} - \varepsilon^{-2t} \end{bmatrix}$$

3.4 状態推移行列の性質

式 (3.10) に示した状態推移行列 $\Phi(t)$ の性質を調べよう．式 (3.10) は A の固有値の実数部が負であれば次式のように展開できる．

$$
\begin{aligned}
(sI - A)^{-1} &= \tfrac{1}{s}\left(I - \tfrac{A}{s}\right)^{-1} \\
&= \tfrac{1}{s}\left(I + \tfrac{A}{s} + \tfrac{A^2}{s^2} + \cdots\right) \\
&= \tfrac{1}{s}I + \tfrac{A}{s^2} + \tfrac{A^2}{s^3} + \tfrac{A^3}{s^4} + \cdots
\end{aligned}
\tag{3.15}
$$

ここで

$$
\tfrac{1}{s-a} = \tfrac{1}{s} + \tfrac{a}{s^2} + \tfrac{a^2}{s^3} + \tfrac{a^3}{s^4} + \cdots
$$

に展開できることと同様に考える．この式をラプラス逆変換すると，右辺は

$$
\mathcal{L}^{-1}[(sI-A)^{-1}] = I + At + \tfrac{A^2}{2!}t^2 + \tfrac{A^3}{3!}t^3 + \cdots \quad (t \geq 0)
$$

となる．いま，一般の指数関数は無限級数に展開できて

$$
\varepsilon^{at} = 1 + at + \tfrac{(at)^2}{2!} + \cdots + \tfrac{(at)^n}{n!} + \cdots
$$

であるので，行列の指数関数に適用して無限級数で

$$
I + At + \tfrac{A^2}{2!}t^2 + \cdots + \tfrac{A^n}{n!}t^n + \cdots = \varepsilon^{At}
\tag{3.16}
$$

のように定義する．式 (3.16) は**行列指数関数**と呼ばれている．

したがって，式 (3.15) は

$$
\mathcal{L}^{-1}[(sI-A)^{-1}] = \varepsilon^{At}
$$

となる．結局，式 (3.10) の状態推移行列は

$$
\begin{aligned}
\Phi(t) &= \varepsilon^{At} \\
&= \mathcal{L}^{-1}[(sI-A)^{-1}]
\end{aligned}
\tag{3.17}
$$

に示すように行列指数関数の形式で表現できる．

状態推移行列は，以下に示す基本的な性質がある．

(1) $\Phi(0) = I$ \hfill (3.18)

(2) $\Phi(t_2 - t_1)\Phi(t_1 - t_0) = \Phi(t_2 - t_0)$ \hfill (3.19)

(3) $\Phi(t + t_1) = \Phi(t)\Phi(t_1) = \Phi(t_1)\Phi(t)$ \hfill (3.20)

(4) $\Phi^{-1}(t) = \Phi(-t)$ \hfill (3.21)

(5) $(\Phi(t))^n = \Phi(nt)$ \hfill (3.22)

■ 例題 3.5 ■

$\boldsymbol{x}(t) = \varepsilon^{At}\boldsymbol{x}(0)$ が式 (3.7) の解であることを証明せよ．

【解答】 式 (3.16) の両辺を t について微分すると，次式となる．
$$\frac{d(\varepsilon^{At})}{dt} = A + A^2 t + \cdots + A^n \frac{t^{n-1}}{(n-1)!} + \cdots = A\varepsilon^{At}$$

したがって，式 (3.7) より次式となる．
$$\boldsymbol{x}(t) = \varepsilon^{At}$$

上式は $\boldsymbol{x}(0_+) = I$ の初期条件での式 (3.7) の解となっていることがわかる．ただし，$\varepsilon^{A\cdot 0} = I$ である．また
$$\frac{d}{dt}(\varepsilon^{At}\boldsymbol{x}_0) = A\varepsilon^{At}\boldsymbol{x}_0$$

であるから $\boldsymbol{x}(t) = \varepsilon^{At}\boldsymbol{x}_0$ は $\boldsymbol{x}(0_+) = \boldsymbol{x}_0$ を満足する式 (3.7) の解である． ∎

■ 例題 3.6 ■

式 (3.18)〜(3.22) を証明せよ．

【解答】 (1) 式 (3.16) で $t=0$ とおく．
$$\Phi(0) = \varepsilon^0 = I$$

(2) 式 (3.17) で
$$\Phi(t_2 - t_1) = \varepsilon^{A(t_2-t_1)}, \quad \Phi(t_1 - t_0) = \varepsilon^{A(t_1-t_0)}$$
$$\therefore \ \Phi(t_2 - t_1)\Phi(t_1 - t_0) = \varepsilon^{A(t_2-t_1)}\varepsilon^{A(t_1-t_0)}$$
$$= \varepsilon^{A(t_2-t_1+t_1-t_0)} = \varepsilon^{A(t_2-t_0)}$$

したがって
$$\Phi(t_2 - t_1)\Phi(t_1 - t_0) = \Phi(t_2 - t_0)$$

(3) $\Phi(t + t_1) = \varepsilon^{A(t+t_1)} = \varepsilon^{At}\varepsilon^{At_1} = \Phi(t)\Phi(t_1) = \Phi(t_1)\Phi(t)$
したがって
$$\Phi(t + t_1) = \Phi(t)\Phi(t_1)$$

(4) $\Phi^{-1}(t) = (\varepsilon^{At})^{-1} = \varepsilon^{-At} = \varepsilon^{A(-t)} = \Phi(-t)$
したがって
$$\Phi^{-1}(t) = \Phi(-t)$$

(5) $\{\Phi(t)\}^n = (\varepsilon^{At})^n = \varepsilon^{nAt} = \varepsilon^{Ant} = \Phi(nt)$
したがって
$$\{\Phi(t)\}^n = \Phi(nt)$$

∎

3.5 状態変数線図と伝達関数行列

3.5.1 状態変数線図

入力変数，状態変数，および出力変数の間の因果関係を信号流れ線図で示したものを**状態変数線図**（state variable diagram）という．式 (3.11) と (3.12) を再掲する．

$$s\boldsymbol{X}(s) - \boldsymbol{x}(0_+) = A\boldsymbol{X}(s) + B\boldsymbol{U}(s) \quad \cdots (3.11)$$
$$\boldsymbol{Y}(s) = C\boldsymbol{X}(s) + D\boldsymbol{U}(s) \quad \cdots (3.12)$$

変形して

$$\boldsymbol{X}(s) = \tfrac{I}{s}\{s\boldsymbol{X}(s) - \boldsymbol{x}(0_+)\} + \tfrac{I}{s}\boldsymbol{x}(0_+)$$
$$s\boldsymbol{X}(s) - \boldsymbol{x}(0_+) = A\boldsymbol{X}(s) + B\boldsymbol{U}(s)$$
$$\boldsymbol{Y}(s) = C\boldsymbol{X}(s)$$

ただし，$D=0$ とする．上の3式を状態変数線図に描くと **図3.6** のように描ける．

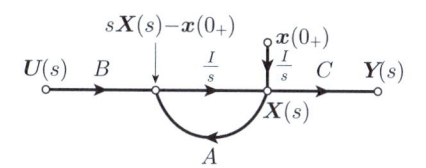

図3.6 状態変数線図

3.5.2 伝達関数行列と状態方程式の関係

式 (3.11) と (3.12) の初期値をすべて 0 として整理すると

$$s\boldsymbol{X}(s) = A\boldsymbol{X}(s) + B\boldsymbol{U}(s)$$
$$\boldsymbol{Y}(s) = C\boldsymbol{X}(s)$$

となる．この式から $\frac{出力}{入力}$ を求めると**伝達関数行列**（transfer function matrix）の式 (3.23) が得られる．

$$\boldsymbol{X}(s) = (sI - A)^{-1} B \boldsymbol{U}(s)$$
$$\therefore \ \boldsymbol{Y}(s) = C(sI - A)^{-1} B \boldsymbol{U}(s)$$

伝達関数行列 $G(s)$ は次式となる．

$$G(s) = \frac{\boldsymbol{Y}(s)}{\boldsymbol{U}(s)} = C(sI - A)^{-1}B \tag{3.23}$$

いま，[例題3.4]のシステムの状態変数線図を求めよう．システムの状態方程式は

$$s\begin{bmatrix} X_1(s) \\ X_2(s) \end{bmatrix} - \begin{bmatrix} x_1(0_+) \\ x_2(0_+) \end{bmatrix} = \begin{bmatrix} 0 & 1 \\ -2 & -3 \end{bmatrix} \begin{bmatrix} X_1(s) \\ X_2(s) \end{bmatrix} + \begin{bmatrix} 0 \\ 1 \end{bmatrix} U(s)$$

で示される．この方程式を分解した1行目を次のように書き換える．

$$sX_1(s) - x_1(0_+) = X_2(s)$$

したがって

$$X_1(s) = \frac{X_2(s)}{s} + \frac{x_1(0_+)}{s} \tag{3.24}$$

同様に

$$sX_2(s) - x_2(0_+) = -2X_1(s) - 3X_2(s) + U(s)$$

上式から $sX_2(s) - x_2(0_+)$ は得られているので

$$sX_2(s) = sX_2(s) - x_2(0_+) + x_2(0_+)$$

したがって $X_2(s)$ は上式の両辺を s で割って次式となる．

$$X_2(s) = \frac{sX_2(s) - x_2(0_+)}{s} + \frac{x_2(0_+)}{s} \tag{3.25}$$

状態変数線図は，まず入力のノードを左端に描き，右端には X_1，その左に X_2 のノードを描く．まず，式(3.24)から X_1 には X_2 と $x_1(0_+)$ の積分された量が入力される．同様に式(3.25)から X_2 には，$sX_2 - x_2(0_+)$ および $x_2(0_+)$ をそれぞれ積分した量が入力される．以上を状態変数線図として作成すると図3.7が描ける．

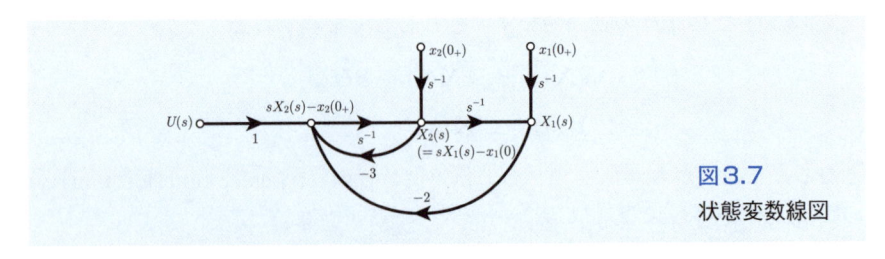

図3.7 状態変数線図

3.5.3 伝達関数から状態方程式および出力方程式を求める方法

(i) **直接分解法** 伝達関数の分母が因数分解できない場合に適用が可能である．伝達関数が

3.5 状態変数線図と伝達関数行列

$$G(s) = \frac{a_0 s^2 + a_1 s + a_2}{b_0 s^2 + b_1 s + b_2} = \frac{Y(s)}{U(s)}$$

で与えられたとする．次のステップ1から6に従って状態変数線図と状態方程式が求められる．

ステップ1 分母（または分子）の s の最高次数の逆数を分母分子に掛ける．

ステップ2 ダミー変数（みせかけの変数）$X(s)$ を分母分子に掛ける．

$$\frac{Y(s)}{U(s)} = \frac{a_0 + a_1 s^{-1} + a_2 s^{-2}}{b_0 + b_1 s^{-1} + b_2 s^{-2}} \times \frac{X(s)}{X(s)}$$

ステップ3 両辺の分母分子はそれぞれ等しいとおく．

$$Y(s) = (a_0 + a_1 s^{-1} + a_2 s^{-2}) X(s)$$
$$U(s) = (b_0 + b_1 s^{-1} + b_2 s^{-2}) X(s)$$

ステップ4 上式を因果関係の式にまとめる．

$$X(s) = \frac{1}{b_0} U(s) - \frac{b_1}{b_0} s^{-1} X(s) - \frac{b_2}{b_0} s^{-2} X(s)$$
$$Y(s) = (a_0 + a_1 s^{-1} + a_2 s^{-2}) X(s)$$

ステップ5 ここで，$X_1(s) = s^{-2} X(s)$，$X_2(s) = s^{-1} X(s)$ とおいて整理する．

$$\left. \begin{array}{l} sX_2(s) = \frac{1}{b_0} U(s) - \frac{b_1}{b_0} X_2(s) - \frac{b_2}{b_0} X_1(s) \\ Y(s) = a_0 X(s) + a_1 X_2(s) + a_2 X_1(s) \end{array} \right\} \quad (3.26)$$

上式から図3.8の状態変数線図が得られる．

ステップ6 式(3.26)を時間関数の式に書き換え，マトリックス形式で書くと

$$\begin{bmatrix} \frac{dx_1(t)}{dt} \\ \frac{dx_2(t)}{dt} \end{bmatrix} = \begin{bmatrix} 0 & 1 \\ -\frac{b_2}{b_0} & -\frac{b_1}{b_0} \end{bmatrix} \begin{bmatrix} x_1(t) \\ x_2(t) \end{bmatrix} + \begin{bmatrix} 0 \\ \frac{1}{b_0} \end{bmatrix} u(t)$$

$$y(t) = a_0 \left(\frac{1}{b_0} u(t) - \frac{b_1}{b_0} x_2(t) - \frac{b_2}{b_0} x_1(t) \right) + a_1 x_2(t) + a_2 x_1(t)$$
$$= \left(a_2 - \frac{a_0 b_2}{b_0} \right) x_1(t) + \left(a_1 - \frac{a_0 b_1}{b_0} \right) x_2(t) + \frac{a_0}{b_0} u(t)$$

の状態方程式が得られる．

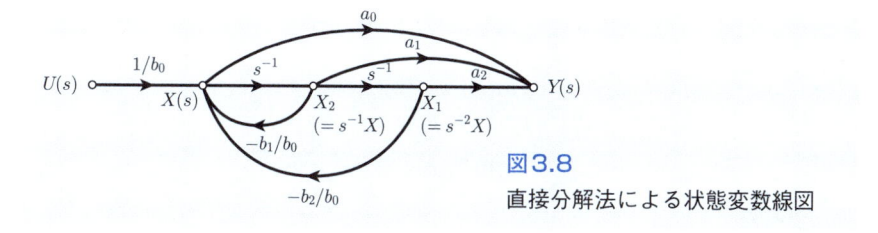

図3.8 直接分解法による状態変数線図

(ii) **縦続（直列）分解法** 伝達関数の分母と分子がともに因数分解が可能なときに適用が可能である．いま

$$\frac{Y(s)}{U(s)} = \frac{a_0}{b_0} \frac{(s+z_1)(s+z_2)}{(s+p_1)(s+p_2)} \tag{3.27}$$

のように分母分子ともに因数分解ができるとする．ただし，$a_0, b_0, z_1, z_2, p_1, p_2$ は実定数とする．ステップ 1 から 5 までの順に分解，仮の状態変数，および仮の中間出力の設定，中間出力と出力を求め状態変数線図と状態方程式および出力方程式が求められる．

ステップ 1 式 (3.27) を次式のように分解する．

$$\frac{Y(s)}{U(s)} = \frac{a_0}{b_0}\left(\frac{s}{s+p_1} + \frac{z_1}{s+p_1}\right)\left(\frac{s}{s+p_2} + \frac{z_2}{s+p_2}\right) = \frac{a_0}{b_0} G_1 G_2$$

$$\frac{P}{U} = \frac{a_0}{b_0} G_1 = \frac{a_0}{b_0}\frac{s+z_1}{s+p_1} = \frac{a_0}{b_0}\left(\frac{s}{s+p_1} + \frac{z_1}{s+p_1}\right)$$

$$\frac{Y}{P} = G_2 = \frac{s+z_2}{s+p_2} = \frac{s}{s+p_2} + \frac{z_2}{s+p_2}$$

ステップ 2 状態変数 X_1, X_2 を次式のようにおく．

$$\frac{X_1}{P} = \frac{1}{s+p_2}$$

したがって

$$X_1(s+p_2) = P, \qquad sX_1 = P - p_2 X_1$$

$$\frac{X_2}{U} = \frac{a_0}{b_0}\frac{1}{s+p_1}$$

したがって

$$X_2(s+p_1) = \frac{a_0}{b_0} U, \quad sX_2 = \frac{a_0}{b_0} U - p_1 X_2$$

ステップ 3 中間出力 P と出力 Y を求めるとステップ 1, 2 より

$$P = \frac{a_0}{b_0}\left(\frac{s}{s+p_1} + \frac{z_1}{s+p_1}\right)U$$

$$= \frac{a_0}{b_0}\frac{s}{s+p_1}U + \frac{a_0}{b_0}\frac{z_1}{s+p_1}U = sX_2 + z_1 X_2$$

$$Y = \frac{s}{s+p_2}P + \frac{z_2}{s+p_2}P = sX_1 + z_2 X_1$$

状態変数線図はステップ 3 より 図 3.9 のように描ける．

ステップ 4 ステップ 2 と 3 より

$$sX_1 = P - p_2 X_1 = sX_2 + z_1 X_2 - p_2 X_1$$

$$= \frac{a_0}{b_0} U - p_1 X_2 + z_1 X_2 - p_2 X_1$$

したがって

$$sX_1 = -p_1 X_2 + (z_1 - p_1)X_2 + \frac{a_0}{b_0}U$$
$$sX_2 = -p_1 X_2 + \frac{a_0}{b_0}U$$

ステップ 5 上式をラプラス逆変換し，マトリックス形式で書くと

$$\begin{bmatrix} \frac{dx_1(t)}{dt} \\ \frac{dx_2(t)}{dt} \end{bmatrix} = \begin{bmatrix} -p_2 & z_1 - p_1 \\ 0 & -p_1 \end{bmatrix} \begin{bmatrix} x_1(t) \\ x_2(t) \end{bmatrix} + \begin{bmatrix} \frac{a_0}{b_0} \\ \frac{a_0}{b_0} \end{bmatrix} u(t)$$

$$y(t) = (z_2 - p_2)x_1(t) + (z_1 - p_1)x_2(t) + \frac{a_0}{b_0}u(t)$$

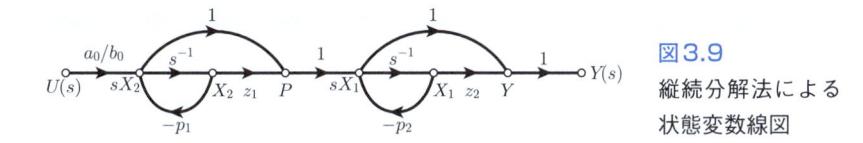

図 3.9
縦続分解法による状態変数線図

(iii) **並列分解法** 分母だけが因数分解が可能な場合に用いられる．いま

$$\frac{Y(s)}{U(s)} = \frac{P(s)}{(s+p_1)(s+p_2)}$$

が与えられたとする．ただし，$P(s)$ は 2 次以下の s についての多項式であるとする．上式を次式のように分解する．

$$\frac{Y(s)}{U(s)} = \frac{K_1}{s+p_1} + \frac{K_2}{s+p_2}$$

ただし，K_1, K_2 は定数とする．上式は 1 次遅れ伝達関数の並列接続であるので状態変数線図は**図 3.10** のようになる．状態方程式と出力方程式は次式となる．

$$\begin{bmatrix} \frac{dx_1(t)}{dt} \\ \frac{dx_2(t)}{dt} \end{bmatrix} = \begin{bmatrix} -p_1 & 0 \\ 0 & -p_2 \end{bmatrix} \begin{bmatrix} x_1(t) \\ x_2(t) \end{bmatrix} + \begin{bmatrix} 1 \\ 0 \end{bmatrix} u(t)$$

$$y(t) = \begin{bmatrix} K_1 & K_2 \end{bmatrix} \begin{bmatrix} x_1(t) \\ x_2(t) \end{bmatrix}$$

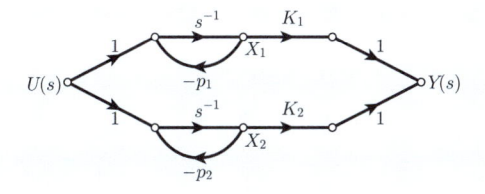

図 3.10
並列分解法による状態変数線図

■ 例題3.7 ■

次式の状態変数線図と状態方程式および出力方程式を求めよ．

$$\frac{Y(s)}{U(s)} = \frac{s^2+5s+6}{s^3+9s^2+20s}$$

【解答】

$\frac{Y(s)}{U(s)} = \frac{K_1}{s} + \frac{K_2}{s+4} + \frac{K_3}{s+5}$

$K_1 = \frac{3}{10}, \quad K_2 = -\frac{1}{2}, \quad K_3 = \frac{6}{5}$

状態方程式と出力方程式は次式となる．

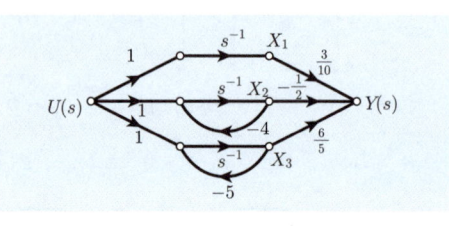

$$\begin{bmatrix} \frac{dx_1(t)}{dt} \\ \frac{dx_2(t)}{dt} \\ \frac{dx_3(t)}{dt} \end{bmatrix} = \begin{bmatrix} 0 & 0 & 0 \\ 0 & -4 & 0 \\ 0 & 0 & -5 \end{bmatrix} \begin{bmatrix} x_1(t) \\ x_2(t) \\ x_3(t) \end{bmatrix} + \begin{bmatrix} 1 \\ 1 \\ 1 \end{bmatrix} u(t)$$

$$y(t) = \begin{bmatrix} \frac{3}{10} & -\frac{1}{2} & \frac{6}{5} \end{bmatrix} \begin{bmatrix} x_1(t) \\ x_2(t) \\ x_3(t) \end{bmatrix}$$

したがって状態変数線図は上図となる． ■

3.5.4　多変数制御システムと伝達関数行列

次に多入力・多出力の多変数制御システムについての伝達関数行列を述べる．

$$\left. \begin{array}{l} \frac{d^2q_1}{dt^2} + 4\frac{dq_1}{dt} - 3q_2 = u_1 \\ \frac{dq_2}{dt} + \frac{dq_1}{dt} + q_1 + 2q_2 = u_2 \end{array} \right\} \quad (3.28)$$

で示される連立微分方程式で記述される場合を例にとって伝達関数行列を考える．ただし，入力は u_1, u_2 とし，出力は q_1, q_2 とする．システムの状態変数 x_1, x_2, x_3 を次のように指定する．

$$x_1 = q_1, \quad x_2 = \frac{dq_1}{dt}, \quad x_3 = q_2$$

式 (3.28) を変形して整理すると次式となる．

$$\frac{d^2q_1}{dt^2} = -4\frac{dq_1}{dt} + 3q_2 + u_1$$

$$\frac{dq_2}{dt} = -\frac{dq_1}{dt} - q_1 - 2q_2 + u_2$$

この式に状態変数を代入して，マトリックス形式で表現した状態方程式は次式となる．

3.5 状態変数線図と伝達関数行列

$$\begin{bmatrix} \frac{dx_1}{dt} \\ \frac{dx_2}{dt} \\ \frac{dx_3}{dt} \end{bmatrix} = \begin{bmatrix} 0 & 1 & 0 \\ 0 & -4 & 3 \\ -1 & -1 & -2 \end{bmatrix} \begin{bmatrix} x_1 \\ x_2 \\ x_3 \end{bmatrix} + \begin{bmatrix} 0 & 0 \\ 1 & 0 \\ 0 & 1 \end{bmatrix} \begin{bmatrix} u_1 \\ u_2 \end{bmatrix}$$

出力方程式は

$$\begin{bmatrix} y_1 \\ y_2 \end{bmatrix} = \begin{bmatrix} q_1 \\ q_2 \end{bmatrix} = \begin{bmatrix} 1 & 0 & 0 \\ 0 & 0 & 1 \end{bmatrix} \begin{bmatrix} x_1 \\ x_2 \\ x_3 \end{bmatrix}$$

となる．次に

$$(sI-A)^{-1} = \frac{1}{|sI-A|} \begin{bmatrix} s^2+6s+11 & s+2 & 3 \\ -3 & s(s+2) & 3s \\ -(s+4) & -s(s+1) & s(s+4) \end{bmatrix}$$

$$|sI-A| = s^3 + 6s^2 + 11s + 3$$

の演算を経て，次の伝達関数行列を求めることができる．

$$G(s) = C(sI-A)^{-1}B = \begin{bmatrix} 1 & 0 & 0 \\ 0 & 0 & 1 \end{bmatrix} (sI-A)^{-1} \begin{bmatrix} 0 & 0 \\ 1 & 0 \\ 0 & 1 \end{bmatrix}$$

$$= \frac{1}{s^3+6s^2+11s+3} \begin{bmatrix} s+2 & 3 \\ -(s+1) & s(s+4) \end{bmatrix} = \begin{bmatrix} G_{11} & G_{12} \\ G_{21} & G_{22} \end{bmatrix}$$

$G_{11} = \frac{Y_1}{U_1} = \frac{s+2}{s^3+6s^2+11s+3}, \quad G_{12} = \frac{Y_1}{U_2} = \frac{3}{s^3+6s^2+11s+3},$
$G_{21} = \frac{Y_2}{U_1} = \frac{-(s+1)}{s^3+6s^2+11s+3}, \quad G_{22} = \frac{Y_2}{U_2} = \frac{s(s+4)}{s^3+6s^2+11s+3}$

この伝達関数行列は，G_{11} が入力 u_1 と出力 q_1 との伝達関数を示し，G_{12} は u_2 と q_1，G_{21} は u_1 と q_2，G_{22} が u_2 と q_2 との間の伝達関数をそれぞれ表している．多入力・多出力制御システムの伝達関数は伝達関数行列（マトリックス形式）で表現できることがわかる．

3.6 可観測性と可制御性

状態変数法の利点は，以下に示すように可観測性および可制御性に関しての情報を得られることにもある．システムを制御する場合，システムの出力を観測して，システムの内部状態をどの程度まで正確に推定できるか（**可観測性**），そして適切な入力を印加して内部状態を望みの状態にどの程度変化させることができるか（**可制御性**）を知ることは重要な要素である．

可観測性と可制御性の意味は以下のとおりである．

可観測性 システムの状態方程式と出力方程式が

$$\dot{x} = Ax + Bu \tag{3.29}$$

$$y = Cx + Du \tag{3.30}$$

で与えられたとき，システムの任意の初期状態 $x(t_0)$ が，ある有限時間区間 $t_0 \leq t \leq t_\mathrm{f}$ における出力 $y(t)$ と入力 $u(t)$ から一意的に決定することができれば，このシステムは**可観測**（observable）であるという．

可制御性 ある有限時間区間 $t_0 \leq t \leq t_\mathrm{f}$ における任意の初期状態 $x(t_0)$ から，任意の最終状態 $x(t_\mathrm{f})$ に遷移させる適切な入力 $u(t)$ が存在すれば，システム式 (3.29) と (3.30) は**可制御**（controllable）であるという．

図 3.11 に可観測と可制御の概念を示す．システムは状態変数の適切な選択で4つの組合せの部分システムに分解ができる．S_co は可制御かつ可観測，S_c は可制御で非可観測，S_o は可観測で非可制御，S_u は非可観測で非可制御の部分システム（サブシステム）を表している．

図 3.11 可観測性と可制御性の概念図

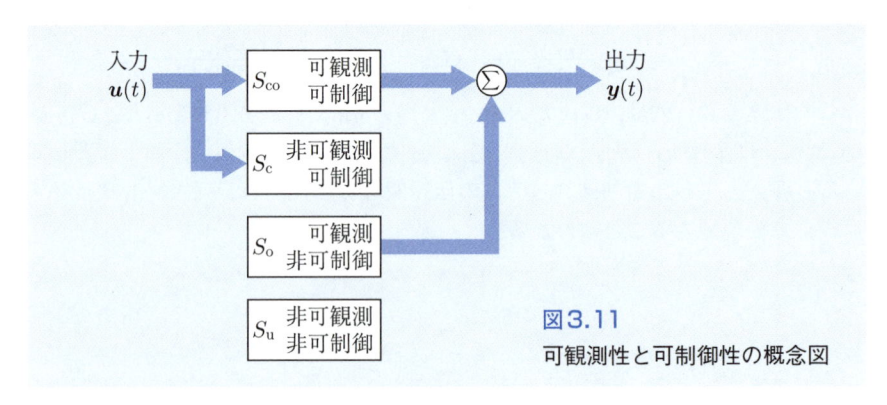

3章の問題

- **3.1** 状態変数法の5つの性質を述べよ．
- **3.2** 次式の状態方程式と出力方程式を求めよ．ただし，出力：y_1, y_2，入力：$u_1(t)$, $u_2(t)$ とし，状態変数 $x_1 = y_1$, $x_2 = \dot{y}_1 = \dot{x}_1$, $x_3 = y_2$ と選ぶ．

$$\begin{cases} \frac{d^2 y_1}{dt^2} + 4\frac{dy_1}{dt} - 3y_2 = u_1(t) \\ \frac{dy_2}{dt} + \frac{dy_1}{dt} + y_1 + 2y_2 = u_2(t) \end{cases}$$

- **3.3** 下図に示す（図2.6 と同じ）直線運動系の (1) 状態方程式と出力方程式を求めよ．ただし，入力：$f(t)$（力），出力：x（変位）とし，状態変数を $x_1 = x$（変位），$x_2 = \dot{x}_1$（速度）とし，パラメータは図2.6 と同様とする．
  (2) また，$\frac{K}{M} = 3$, $\frac{D}{M} = 4$, $\frac{1}{M} = 1$ のときの自由応答を計算せよ．

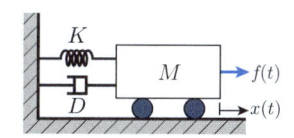

- **3.4** 次の方程式の状態変数線図を求めよ．ただし，a, c は定数．

$$\begin{cases} \dot{x} + ax = u(t) \\ y = cx \end{cases}$$

- **3.5** 問題 3.3 の伝達関数行列を求めよ．
- **3.6** 直接分解法で次式の状態変数線図，状態方程式および出力方程式を求めよ．

$$\frac{Y(s)}{U(s)} = \frac{s^2 + 5s + 6}{s^3 + 9s^2 + 20s}$$

- **3.7** 縦続分解法で問題 3.6 の式の状態変数線図，状態方程式および出力方程式を求めよ．

第4章
制御系の時間応答
― 過渡特性 ―

　制御システムの現象や特性を調べ解析する方法に，任意の指令信号に対する過渡状態および定常状態の時間領域における応答（時間応答）と，定常状態における正弦波入力に対する出力の周波数領域の応答（周波数応答）がある．ここでは，時間応答の過渡特性を中心に述べる．

4.1 応答とは

制御システムの**応答**（response）とは，図4.1に示すブロック図においてシステムMへの任意の入力信号$r(t)$に対するそのシステムの外部への反応のことをいう．システムの特性を調べ解析するため，任意の入力波形の信号に対する時間領域での応答と正弦波入力に対しシステムの定常状態における出力信号の周波数領域での応答を調べる解析法がある．

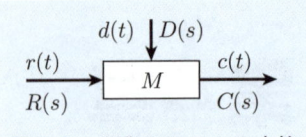

図4.1 制御システムの応答

4.1.1 時間応答

図4.1において任意の入力信号がシステムに印加されたとき，出力$c(t)$は

$$c(t) = c_t(t) + c_{ss}(t) \tag{4.1}$$

になる．ただし

$c(t)$：制御システムの時間応答で安定系においてのみ意味がある．

$c_t(t)$：**過渡応答**（transient response）
　　　　時間が大きくなったとき値が0となる応答の部分

$$\lim_{t \to \infty} c_t(t) = 0$$

$c_{ss}(t)$：**定常応答**（steady state response）
　　　　時間応答から過渡応答に関する項を除いた部分

出力信号は過渡応答$c_t(t)$と定常応答$c_{ss}(t)$の和で表され，時間応答は，過渡応答と定常応答に分けて特性を解析することができる．

式(4.1)で過渡応答（現象）を伴うシステムを**動的システム**（dynamic system），伴わないかまたは無視できるシステムを**静的システム**（static system）と呼び，制御系は一般に動的システムである．たとえば，電機システムでは，インダクタンスやキャパシタンスのある場合または質量やばねなどエネルギー保存要素がある場合は動的システムで過渡現象を伴い，電気抵抗または摩擦要素のみで構成される場合は過渡現象を伴わず静的システムであると考えてよい．

制御系の時間応答特性から次の特性または仕様を明らかにできる．

(a) **過渡応答特性**：応答の速さを示す速応性，s平面上の特性根の配置から
　　　　　　　　安定な系であるか不安定な系であるかの安定性
(b) **定常応答特性**：目標値に対する精度と外乱の精度に及ぼす影響

4.1.2 周波数応答

定常応答のなかで特に，正弦波入力信号に対する出力の応答を**周波数応答**（frequency responce）と呼ぶ．周波数応答は，入力信号の周波数が幅広く変化するとき入力信号に対する出力信号の大きさの割合と位相の変化などの周波数特性を解析し明らかにすることができるとともに制御系の安定性を判別することができる．周波数応答には多くの表示方法があるので，第 6 章で詳しく説明する．

4.1.3 入力の目標値および外乱に対する出力の応答（制御量）

フィードバック制御系では，目標入力に対してフィードバックにより制御対象の制御量を正確に追従させることが求められる．この構成を信号伝達に着目して基本的なブロック線図で示すと**図4.2** のようになる．ここで，$r(t)$ および $R(s)$ は目標値，$d(t)$ と $D(s)$ は外乱を示す．$R(s)$ と $D(s)$ は $r(t)$ と $d(t)$ をそれぞれラプラス変換した値で，$G(s)$ は制御部と制御対象の伝達関数を等価変換によってまとめたものであり，**前向き伝達関数**と呼ばれている．

図4.2 基本ブロック線図

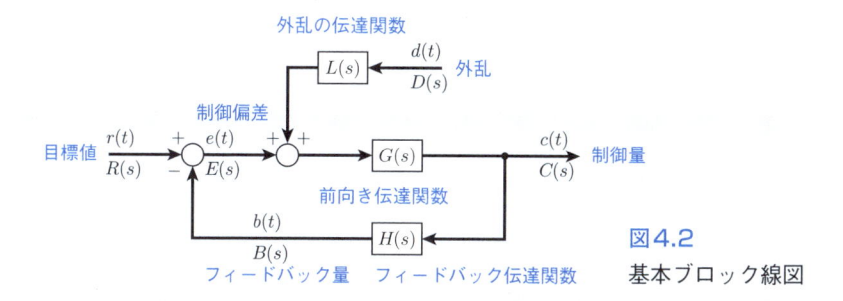

図4.2 は等価変換により**図4.3** の **(a)** 〜 **(c)** のように変形され，目標値と外乱による制御量の応答は**同図 (c)** となる．

目標値と制御量の間の伝達関数は**閉ループ伝達関数**（closed-loop transfer function）と呼ばれ

$$M(s) = \frac{C(s)}{R(s)} = \frac{G(s)}{1+G(s)H(s)} \tag{4.2}$$

となり，目標値と外乱に対する制御量の応答は

$$C(s) = \frac{G(s)}{1+G(s)H(s)}R(s) + \frac{L(s)G(s)}{1+G(s)H(s)}D(s) \tag{4.3}$$

また，目標値と外乱による制御偏差 $E(s)$ は，**図4.4** の **(a)** 〜 **(e)** に示す等価変換により求められる．その制御偏差は

図4.3 目標値および外乱と制御量の関係

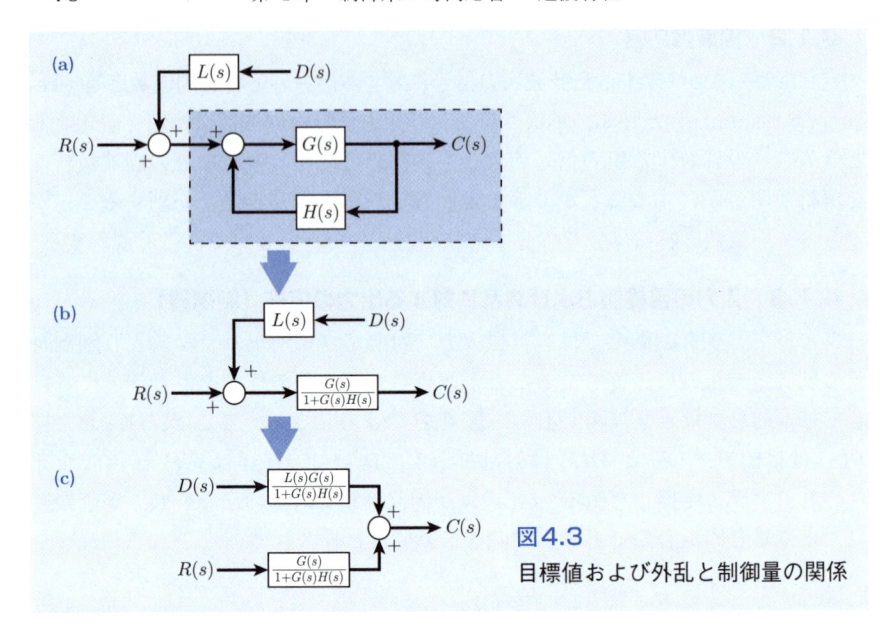

$$E(s) = \frac{1}{1+G(s)H(s)} R(s) - \frac{L(s)G(s)H(s)}{1+G(s)H(s)} D(s) \tag{4.4}$$

制御量および制御偏差への目標値および外乱の応答は，式 (4.2) から (4.4) でわかるように分母に式 $1+G(s)H(s)$ があり，特性に影響を与えることになる．この分母を 0 とおくことによって得られる複素数 s に関する方程式

$$1+G(s)H(s) = 0$$

を，**特性方程式**（characteristic equation）と呼ぶ．特性方程式の根は**特性根**（characteristic root）と呼ばれており，応答に重要な性質を与える．特性方程式にある前向き伝達関数 $G(s)$ とフィードバック伝達関数 $H(s)$ の積 $G(s)H(s)$ を**開ループ（一巡）伝達関数**（open-loop transfer function）と呼んおり，一般に

$$G(s)H(s) = \frac{K\varepsilon^{-sT_\mathrm{d}} \prod_{h=1}^{r}(1+sT_h) \prod_{l=1}^{v}\left\{1+2\left(\frac{\zeta_l}{\omega_{\mathrm{n}l}}\right)s + \left(\frac{1}{\omega_{\mathrm{n}l}}\right)^2 s^2\right\}}{s^k \prod_{i=1}^{p}(1+sT_i) \prod_{j=1}^{q}\left\{1+2\left(\frac{\zeta_j}{\omega_{\mathrm{n}j}}\right)s + \left(\frac{1}{\omega_{\mathrm{n}j}}\right)^2 s^2\right\}} \tag{4.5}$$

で与えられ，乗積記号 Π を使って表す．ただし，K：ゲイン定数，$k+p+2q=n$（分母の次数），$r+2v=m$（分子の次数）．一般に $n>m$ である．分子にある $\varepsilon^{-sT_\mathrm{d}}$ は遅れ要素を表し，分母には s^k の前向き経路の積分，一次遅れ要素，二次遅れ要素などがある．

4.1 応 答 と は

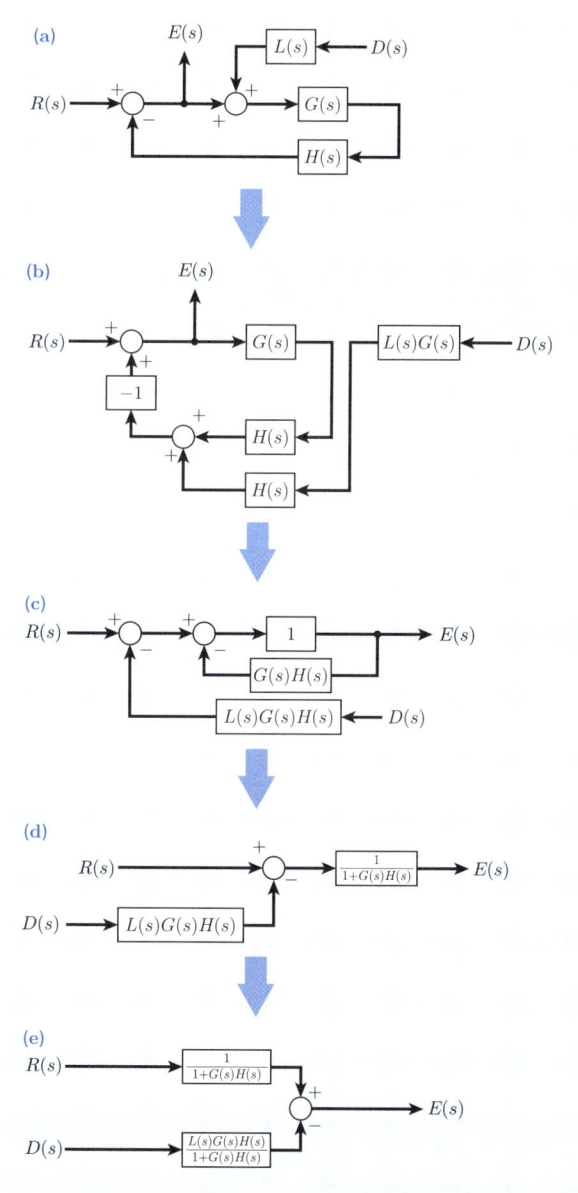

図4.4 目標値および外乱と制御偏差の関係

■ 例題4.1

図4.4 において **(a)** を等価変換すると **(b)** になることを説明せよ．

【解答】 まず外乱 $D(s)$ と偏差 $E(s)$ の加え合わせ点を前向き伝達関数の後に移動する（表2.2 の (7))．次に，その加え合わせ点をさらにフィードバック要素の後に移動する（表2.2 の (7))．そして目標値とフィードバック量の差の減算点をフィードバック量に負の値を付けて加算点とする．

4.2 基本テスト入力信号と時間応答

4.2.1 テスト信号の種類

時間応答の過渡特性と定常特性を調べるための基準となるテスト入力信号には図4.5 **(a)** 〜 **(d)** に示すようにデルタ関数のインパルス信号，ステップ信号，ランプ信号および定加速度信号がある．

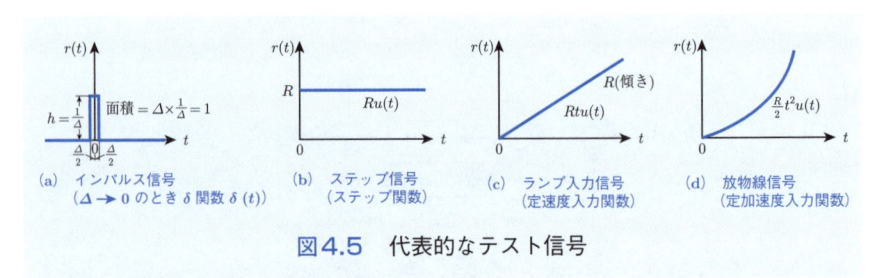

図4.5　代表的なテスト信号

図 **(a)**〜**(d)** のそれぞれの信号は，以下の式で表される．ただし，R：定数．

単位デルタ関数（unit delta function）：$\delta(t)$

$$r(t) = R\delta(t), \quad R(s) = R$$

単位ステップ関数（unit step function）：$u(t)$

$$r(t) = Ru(t), \quad R(s) = \frac{R}{s}$$

ランプ入力関数（定速度入力関数）（ramp input function）：$tu(t)$

$$r(t) = Rtu(t), \quad R(s) = \frac{R}{s^2}$$

定加速度入力関数（parabolic input function）：$\frac{t^2}{2}u(t)$

$$r(t) = \frac{Rt^2}{2}u(t), \quad R(s) = \frac{R}{s^3}$$

図4.5 **(a)** に示すインパルス信号の波形は式 (2.14) に示されるように Δ を限

4.2 基本テスト入力信号と時間応答   **73**

りなく 0 に近づけたときの関数がデルタ関数になることを表している．単位インパルス信号は過渡応答に，単位ステップ信号は過渡応答と定常応答に，そしてランプ信号と定加速度信号は定常応答の入力信号として主に用いられる．

4.2.2 過渡応答と定常応答

インディシャル応答をもとに過渡応答と定常応答を説明する．図4.6 は単位ステップ入力信号に対する代表的な応答波形を示している．応答の初期に現れる過渡部分は時間が ∞ のとき 0 になる応答であり，式 (4.1) の $c_t(t)$ に相当する．過渡応答が消滅した後に定常状態が現れ，定常応答 $c_{ss}(t)$ のみが残る．過渡応答は安定なシステムについてのみ意味があり，次節で説明する．

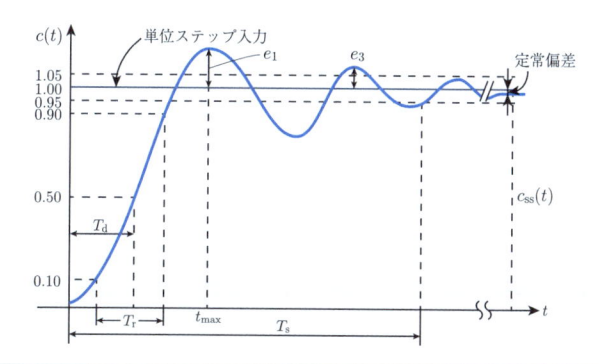

---

(1) 立ち上がり時間（rising time）T_r
(2) 整定時間（settling time）T_s
     最終値の上下にそれぞれ 5% の幅を考え，応答がこの幅も中に入り，以後再び飛び出さないようになる時間
(3) 最大行き過ぎ量（maximum over shoot）e_1
     応答が振動的で，最初の最大値（最終値からの値）A_p の最終値に対する比
     t_{max}：最大値 A_p を生じる時間（行き過ぎ時間）
(3)′ 振幅減衰比 $= \frac{e_3}{e_1}$ 0.25 位が適当
(4) 遅延時間（delay time）T_d
     最終値の 50% に達する時間．
(1), (2) は応答の速さを表す量．
(3) 振動成分の大きさを表す．
(4) むだ時間，遅れ時間を表す．

図4.6　過渡応答と定常応答

4.3　過渡応答

4.3.1　基本要素のインパルス応答

表4.1に基本的は制御要素の伝達関数とインパルス応答波形を示す．表の上から比例要素，積分要素，微分要素，一次遅れ要素，および遅れ要素を示している．一次遅れ要素の応答に示す T は，応答の値が初期値 $\frac{K}{T}$ の $\varepsilon^{-1} = 0.3678$ 倍になる時間で，応答の速さを示す目安となり，**時定数**（time constant）と呼ばれる．時定数が小さいほど応答が速く，大きくなるに従い遅くなることがわかる．

表4.1　基本的な制御要素のインパルス応答

入力信号 （単位インパルス入力）	基本要素と 伝達関数	出力応答波形	応答式
$\delta(t)$, (1)	K_P （比例要素）	$c(t)$	$c(t) = \mathcal{L}^{-1}[K_P \cdot 1]$ $= K_P \delta(t)$
	$\frac{1}{sT_I}$ （積分要素）	$c(t)$，$\frac{1}{T_I}$	$c(t) = \mathcal{L}^{-1}\left[\frac{1}{sT_I} \cdot 1\right]$ $= \frac{1}{T_I} u(t)$
	sT_D （微分要素）	∞，$c(t)$	$c(t) = \pm\infty$
	$\frac{K}{1+Ts}$ （一次遅れ要素）	$c(t)$，$\frac{K}{T}$，$0.368\frac{K}{T}$	$c(t) = \frac{K}{T}\varepsilon^{-(1/T)}u(t)$ T：時定数
	$K\varepsilon^{-sL}$ （遅れ要素）	$c(t)$，$k\delta(t)$	$c(t) = K\delta(t-L)$

4.3.2　基本要素のインディシャル応答

表4.2に基本的な制御要素の伝達関数とインディシャル応答波形を示し，応答式を導く．ここで $u(t)$ は応答が時間が正のときに有効であることを示している．

表4.2 基本的な制御要素のインディシャル応答

入力信号 （単位ステップ入力）	基本要素と 伝達関数	出力応答波形	応答式
$u(t), \left(\frac{1}{s}\right)$	K_P （比例要素）		$c(t) = K_P u(t)$
	$\frac{1}{sT_I}$ （積分要素）		$c(t) = \mathcal{L}^{-1}[c(s)]$ $= \mathcal{L}^{-1}\left[\frac{1}{T_I s^2}\right]$ $= \frac{1}{T_I} t u(t)$
	sT_D （微分要素）		$c(t) = \mathcal{L}^{-1}\left[\frac{1}{s}T_D s\right]$ $= \mathcal{L}^{-1}[T_D]$ $= T_D \delta(t)$
	$K\varepsilon^{-sL}$ （遅れ要素）		$c(t) = K u(t-L)$
	$\frac{K}{1+Ts}$ （一次遅れ要素）		$c(t) = K\{1 - \varepsilon^{-(1/T)t}\}$ $\times u(t)$ T：時定数

■ 例題4.2 ■

表4.1 と 表4.2 の一次遅れ要素のインパルス応答とインディシャル応答を求めよ．

【解答】 インパルス応答：入力信号は $r(t) = \delta(t)$. したがって，$R(s) = 1$. 出力応答は

$$C(s) = \frac{K}{1+Ts} \cdot 1 = \frac{K}{T} \frac{1}{s + \frac{1}{T}}$$

逆ラプラス変換すると出力の時間応答は次式となる．

$$c(t) = \frac{K}{T} \varepsilon^{-(1/T)t} u(t) \quad T：時定数$$

インディシャル応答：入力信号は $r(t) = u(t)$ であるので $R(s) = \frac{1}{s}$. 出力応答は

$$C(s) = \frac{K}{1+Ts}\frac{1}{s} = K\left(\frac{1}{s} - \frac{1}{s+\frac{1}{T}}\right)$$

となるのでラプラス逆変換すると出力の時間応答は次式となる．

$$c(t) = K\{1 - \varepsilon^{-(1/T)t}\}u(t) \quad T：時定数$$

4.3.3 二次遅れ要素の過渡応答

二次遅れ要素の伝達関数 $M(s)$ を式 (4.6) で与える．

$$M(s) = \frac{K\omega_n^2}{s^2 + 2\zeta\omega_n s + \omega_n^2} \tag{4.6}$$

<u>(a) インパルス応答</u>　式 (4.6) の伝達関数に単位インパルス入力を与えると次の応答となる．ただし，$s_1 = -\zeta\omega_n + \omega_n\sqrt{\zeta^2-1}$, $s_2 = -\zeta\omega_n - \omega_n\sqrt{\zeta^2-1}$

$$C(s) = \frac{K\omega_n^2}{s^2+2\zeta\omega_n s+\omega_n^2} = \frac{K\omega_n^2}{(s-s_1)(s-s_2)} \tag{4.7}$$

特性方程式は，式 (4.7) の分母を 0 とする方程式であり，その根は ζ の値によって実数，複素数，または虚数になる．インパルス応答は ζ の値によって様子が異なるので場合分けして解いてゆく．

① $\zeta > 1$ のとき　s_1, s_2 は共に実根であり，式 (4.7) は

$$C(s) = \frac{A_1}{s-s_1} + \frac{A_2}{s-s_2} \tag{4.8}$$

と部分分数展開できる．ここで

$$A_1 = \left[\frac{K\omega_n^2}{(s-s_1)(s-s_2)}(s-s_1)\right]_{s=s_1} = \frac{K\omega_n}{2\sqrt{\zeta^2-1}}$$

$$A_2 = \left[\frac{K\omega_n^2}{(s-s_1)(s-s_2)}(s-s_2)\right]_{s=s_2} = \frac{-K\omega_n}{2\sqrt{\zeta^2-1}}$$

であるから，これらを式 (4.8) に代入して逆変換すると，インパルス応答は

$$c(t) = \frac{K\omega_n}{2\sqrt{\zeta^2-1}}\varepsilon^{-\zeta\omega_n t}(\varepsilon^{\omega_n\sqrt{\zeta^2-1}\,t} - \varepsilon^{-\omega_n\sqrt{\zeta^2-1}\,t})$$

$$= \frac{K\omega_n}{\sqrt{\zeta^2-1}}\varepsilon^{-\zeta\omega_n t}\sinh(\omega_n\sqrt{\zeta^2-1}\,t)$$

となり，単調に減衰する二つの指数関数の差であり $t \to \infty$ のとき $c(t) \to 0$ となる．

② $\zeta = 1$ のとき　$s_1 = s_2 = -\omega_n$ であり

$$C(s) = \frac{K\omega_n^2}{(s+\omega_n)^2}$$

となる．よってラプラス逆変換するとインパルス応答は

4.3 過渡応答

$$c(t) = K\omega_\mathrm{n}^2 t \varepsilon^{-\omega_\mathrm{n} t}$$

となり，$t \to \infty$ で $c(t) \to 0$ となる．

③ $\zeta < 1$ のとき　s_1, s_2 は

$$s_1 = -\alpha + j\omega, \quad s_2 = -\alpha - j\omega$$

ただし $\alpha = \zeta\omega_\mathrm{n}, \omega = \sqrt{1-\zeta^2}\,\omega_\mathrm{n}$ の共役複素根となる．式 (4.7) は

$$C(s) = \frac{B_1}{s-(-\alpha+j\omega)} + \frac{B_2}{s-(-\alpha-j\omega)} \tag{4.9}$$

と部分分数展開できる．ここで

$$B_1 = \left[\frac{K\omega_\mathrm{n}^2}{\{s-(-\alpha+j\omega)\}\{s-(-\alpha-j\omega)\}} \{s-(-\alpha+j\omega)\} \right]_{s=-\alpha+j\omega}$$

$$= \frac{K\omega_\mathrm{n}^2}{2j\omega} = \frac{K\omega_\mathrm{n}^2}{2\omega}\varepsilon^{-j(\pi/2)}$$

$$B_2 = \left[\frac{K\omega_\mathrm{n}^2}{\{s-(-\alpha+j\omega)\}\{s-(-\alpha-j\omega)\}} \{s-(-\alpha-j\omega)\} \right]_{s=-\alpha-j\omega}$$

$$= \frac{K\omega_\mathrm{n}^2}{-2j\omega} = \frac{K\omega_\mathrm{n}^2}{2\omega}\varepsilon^{j(\pi/2)}$$

と求められるので，式 (4.9) に代入すると

$$C(s) = \frac{K\omega_\mathrm{n}^2}{2\omega} \left\{ \frac{\varepsilon^{-j(\pi/2)}}{s-(-\alpha+j\omega)} + \frac{\varepsilon^{+j(\pi/2)}}{s-(-\alpha-j\omega)} \right\}$$

となる．これをラプラス逆変換するとインパルス応答は

$$c(t) = \frac{K\omega_\mathrm{n}^2}{2\omega}\{\varepsilon^{-j(\pi/2)}\varepsilon^{(-\alpha+j\omega)t} + \varepsilon^{j(\pi/2)}\varepsilon^{(-\alpha-j\omega)t}\} = \frac{K\omega_\mathrm{n}^2}{\omega}\varepsilon^{-\alpha t}\sin\omega t$$

または

$$c(t) = \frac{K\omega_\mathrm{n}}{\sqrt{1-\zeta^2}}\varepsilon^{-\zeta\omega_\mathrm{n} t}\sin(\omega_\mathrm{n}\sqrt{1-\zeta^2}\,t)$$

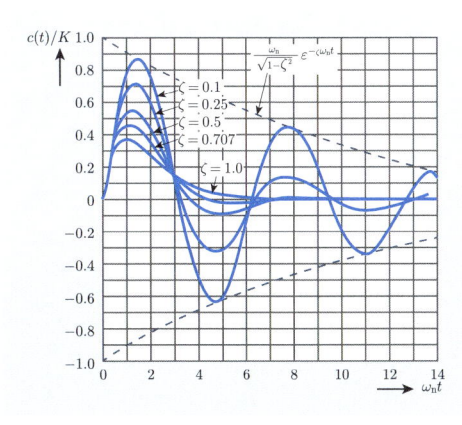

図4.7
二次遅れ要素のインパルス応答

となり，角周波数 $\omega = \omega_n\sqrt{1-\zeta^2}$ の減衰振動となる．

以上，インパルス応答は，ζ の値によって式の上で異なることがわかった．ここで③の場合について応答波形を描くと図4.7のようになり，ζ の値によって様子が異なることがわかる．

(b) <u>インディシャル応答</u>　式 (4.6) の伝達関数に単位ステップ入力を与えると次の応答となる．

$$C(s) = \frac{K\omega_n^2}{s^2+2\zeta\omega_n s+\omega_n^2}\frac{1}{s}$$

インディシャル応答も ζ の値によって様子が異なるので場合分けして解く．

① 　$\zeta > 1$ の場合　$s_1, s_2 < 0$（実数でともに負）

$$s_1 = -\alpha+\gamma,\quad s_2 = -\alpha-\gamma,\quad \alpha = \zeta\omega_n,\quad \gamma = \omega_n\sqrt{\zeta^2-1}$$

$$C(s) = \frac{K\omega_n^2}{s(s+\alpha-\gamma)(s+\alpha+\gamma)} = \frac{K}{s} + \frac{\frac{K\omega_n^2}{2\gamma(-\alpha+\gamma)}}{s+\alpha-\gamma} - \frac{\frac{K\omega_n^2}{2\gamma(-\alpha-\gamma)}}{s+\alpha+\gamma} \quad (4.10)$$

$$\therefore\ c(t) = K\left\{1 + \frac{\omega_n^2}{2\gamma(-\alpha+\gamma)}\varepsilon^{(-\alpha+\gamma)t} - \frac{\omega_n^2}{2\gamma(-\alpha-\gamma)}\varepsilon^{(-\alpha-\gamma)t}\right\}$$

$$= K\left\{1 - \varepsilon^{-\alpha t}\left(\cosh\gamma t + \frac{\alpha}{\gamma}\sinh\gamma t\right)\right\}$$

$$= K\left\{1 - \varepsilon^{-\zeta\omega_n t}\left(\cosh(\omega_n\sqrt{\zeta^2-1})t\right.\right.$$

$$\left.\left. + \frac{\zeta}{\sqrt{\zeta^2-1}}\sinh(\omega_n\sqrt{\zeta^2-1})t\right)\right\}u(t) \quad \cdots[\mathrm{I}] \quad (4.11)$$

①′ 　$\zeta < -1$ の場合　$s_1 = \alpha+\gamma, s_2 = \alpha-\gamma > 0$（実数でともに正）
　　[I] 式で ζ を $-\zeta$ と入れかえる（[VI]）．

② 　$\zeta = 1$ の場合　$s = s_1 = s_2 = -\omega_n$

$$C(s) = \frac{K\omega_n^2}{s(s+\omega_n)^2} = \frac{K}{s} - \frac{K\omega_n}{(s+\omega_n)^2} - \frac{K}{s+\omega_n} \quad (4.12)$$

$$c(t) = K(1 - \omega_n t\varepsilon^{-\omega_n t} - \varepsilon^{-\omega_n t})$$

$$= K\{1 - (\omega_n t + 1)\varepsilon^{-\omega_n t}\}u(t) \quad \cdots[\mathrm{II}] \quad (4.13)$$

②′ 　$\zeta = -1$ の場合　$s = s_1 = s_2 = +\omega_n$

$$c(t) = K(1 + \omega_n t\varepsilon^{\omega_n t} - \varepsilon^{\omega_n t}) \quad \cdots[\mathrm{VII}]$$

③ 　$|\zeta| < 1$ の場合

$$s_1 = -\alpha+j\beta,\quad s_2 = -\alpha-j\beta,\quad \alpha = \zeta\omega_n,\quad \beta = \omega_n\sqrt{1-\zeta^2}$$

$$C(s) = \frac{K\omega_n^2}{s\{(s+\alpha)^2+\beta^2\}} = \frac{K}{s} - \frac{K(s+2\alpha)}{(s+\alpha)^2+\beta^2}$$

$$= \frac{K}{s} - \frac{K(s+\alpha)}{(s+\alpha)^2+\beta^2} - \frac{K\alpha}{\beta}\frac{\beta}{(s+\alpha)^2+\beta^2} \quad (4.14)$$

4.3 過渡応答

$$c(t) = K\left\{1 - \varepsilon^{-\alpha t}\left(\cos\beta t + \frac{\alpha}{\beta}\sin\beta t\right)\right\}$$
$$= K\left\{1 - \frac{\varepsilon^{-\zeta\omega_n t}}{\sqrt{1-\zeta^2}}\sin(\sqrt{1-\zeta^2}\,\omega_n t + \phi)\right\} \quad \cdots [\text{III}] \quad (4.15)$$
$$\phi = \tan^{-1}\frac{\sqrt{1-\zeta^2}}{\zeta}$$

③′ $\zeta = 0$ の場合

$$c(t) = K\left\{1 - \sin\left(\omega_n t + \frac{\pi}{2}\right)\right\} = K(1 - \cos\omega_n t) \quad \cdots [\text{IV}]$$

③″ $0 > \zeta > -1$ の場合　[III] 式で ζ を $-\zeta$ で入れ替えた式となる．$\cdots [\text{V}]$

以上，インディシャル応答でも，ζ の値によって式の上で異なることがわかった．ここで③の場合について応答波形を描くと図4.8のようになり，ζ の値によって様子が異なることがわかる．

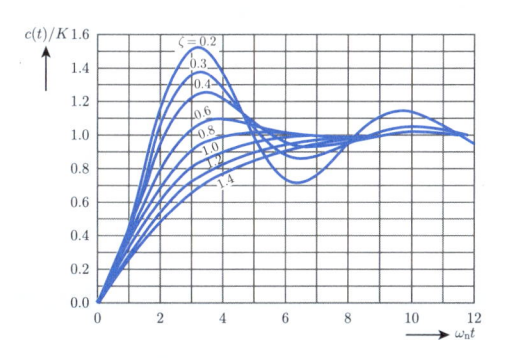

図4.8 二次遅れ制御系のインディシャル応答

■ 例題4.3 ■

インディシャル応答で $\zeta = -1$ のときの応答波形を求めよ．

【解答】 伝達関数 $M(s)$ は次式となる．

$$M(s) = \frac{K\omega_n^2}{s^2 - 2\omega_n s + \omega_n^2}$$

したがって応答は次式となる．

$$C(s) = \frac{M(s)}{s} = \frac{K\omega_n^2}{(s-\omega_n)^2}\frac{1}{s} = \frac{K_1}{s} + \frac{K_{21}}{s-\omega_n} + \frac{K_{22}}{(s-\omega_n)^2}$$

ここで

$$K_1 = C(s)\cdot s\big|_{s=0} = \left.\frac{K\omega_n^2 s}{s(s-\omega_n)^2}\right|_{s=0} = K$$
$$K_{22} = (s-\omega_n)^2 C(s)\big|_{s=\omega_n} = \left.\frac{K\omega_n^2}{s(s-\omega_n)^2}(s-\omega_n)^2\right|_{s=\omega_n} = \left.\frac{K\omega_n^2}{s}\right|_{s=\omega_n} = K\omega_n$$
$$K_{21} = \frac{d}{ds}(s-\omega_n)^2 C(s)\Big|_{s=\omega_n} = \left.\frac{-K\omega_n^2}{s^2}\right|_{s=\omega_n} = -K$$

したがって
$$C(s) = \frac{K}{s} + \frac{K\omega_n}{(s-\omega_n)^2} - \frac{K}{s-\omega_n}$$
結局，インディシャル応答は次式となる．
$$c(t) = K + K\omega_n t \varepsilon^{\omega_n t} - K\varepsilon^{\omega_n t}$$
$$= K\{1 + (\omega_n t - 1)\varepsilon^{\omega_n t}\}u(t)$$

例題4.4

右図に示す電気回路でスイッチSを閉じ，直流電圧 E を入力として電荷 $q(t)$ を出力としたときの伝達関数を求めよ．また，二次遅れ制御系の標準形式の各パラメータとの関係を示せ．

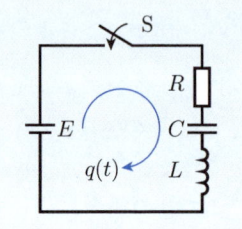

【解答】 スイッチSを閉じた後の回路方程式は次式となる．
$$L\frac{d^2 q(t)}{dt^2} + R\frac{dq(t)}{dt} + \frac{q(t)}{C} = Eu(t)$$
ラプラス変換し，初期値をすべて0とおくと
$$s^2 LQ(s) + RsQ(s) + \frac{Q(s)}{C} = E(s)$$
ただし，$Q(s) = \mathcal{L}[q(t)]$, $E(s) = \mathcal{L}[Eu(t)]$
したがって，伝達関数 $M(s)$ は次式となる．
$$M(s) = \frac{Q(s)}{E(s)} = \frac{1}{Ls^2 + Rs + \frac{1}{C}} = \frac{\frac{1}{L}}{s^2 + \frac{R}{L}s + \frac{1}{LC}}$$
また，標準形式 (4.6) のパラメータとの関係は次式となる．
$$\omega_n = \frac{1}{\sqrt{LC}}, \quad \zeta = \frac{R}{2}\sqrt{\frac{C}{L}}, \quad K = C$$
特性方程式は
$$s^2 + \frac{R}{L}s + \frac{1}{LC} = 0$$

例題4.5

右図に示す機械系で外力 $f(t)$ を入力として変位 $x(t)$ を出力とするときの伝達関数を求め，標準形式のパラメータを求めよ．ただし，D：制動係数，M：物体の質量，K：コンプライアンス．

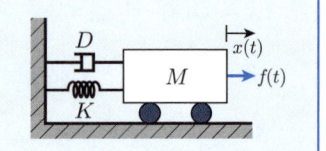

【解答】 問図 の機械系の運動方程式は

$$M\frac{d^2x}{dt^2} + D\frac{dx}{xt} + \frac{x}{K} = f(t)$$

ラプラス変換し，初期値をすべて 0 とおくと

$$Ms^2X(s) + DsX(s) + \frac{X(s)}{K} = F(s)$$

ただし，$X(s) = \mathcal{L}[x(t)]$, $F(s) = \mathcal{L}[f(t)]$. したがって，伝達関数 $G(s)$ は次式となる.

$$G(s) = \frac{X(s)}{F(s)} = \frac{1}{Ms^2 + Ds + \frac{1}{K}} = \frac{\frac{1}{L}}{s^2 + \frac{D}{M}s + \frac{1}{MK}}$$

また，標準形のパラメータとの関係は次式となる．

$$\omega_\mathrm{n} = \frac{1}{\sqrt{MK}}, \quad \zeta = \frac{D}{2}\sqrt{\frac{K}{M}}, \quad K = K$$

特性方程式は

$$s^2 + \frac{D}{M}s + \frac{1}{MK} = 0$$

4.4 過渡特性と特性根の配置

二次遅れ制御系の伝達関数についてその特性根とパラメータ $\alpha, \zeta, \omega_\mathrm{n}, \beta$ の関係は

$$s_1 = -\alpha + j\beta, \quad s_2 = -\alpha - j\beta, \quad \alpha = \zeta\omega_\mathrm{n}, \quad \beta = \omega_\mathrm{n}\sqrt{1-\zeta^2} \quad (=\omega)$$

であり，複素平面では図4.9になる．ここで，ζ：減衰比，減衰係数または制動係数 (damping ratio)，ω_n：自然角周波数 (natural frequency)，α：減衰度 (damping factor)，$\beta = \omega$：固有角周波数 (damped natural frequency)，K：ゲイン定数 (gain constant) と呼ぶ．

いま，前節で解析した式 (4.10)〜(4.15)，および式 [I]〜[VII] に基づき，ω_n を一定として ζ の値を変化させるときは表4.3のように分類でき，その応答波形を表4.4に示す．分類した応答は，それぞれ過制動 (overdamped)，臨界制動 (critical damped)，不足制動 (under damped)，非制動 (undamped)，負制動 (negatively damped) などの名称で呼ばれている．

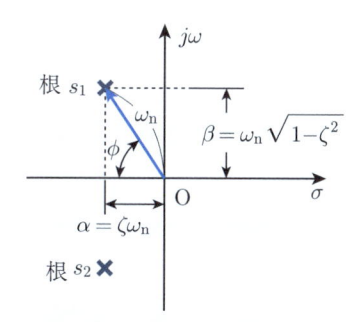

図4.9 二次遅れ制御系の特性根の配置とパラメータ

表4.3 二次遅れ制御系のインディシャル応答の分類と名称

式番号	ζ の値	根の値	応答の名称
[I]	$\zeta > 1$	$s_1, s_2 = -\zeta\omega_n \pm \omega_n\sqrt{\zeta^2-1}$	過制動
[II]	$\zeta = 1$	$s_1, s_2 = -\omega_n$	臨界制動
[III]	$0 < \zeta < 1$	$s_1, s_2 = -\zeta\omega_n \pm j\omega_n\sqrt{1-\zeta^2}$	不足制動
[IV]	$\zeta = 0$	$s_1, s_2 = -j\omega_n$	非制動
[V]	$-1 < \zeta < 0$	$s_1, s_2 = -\zeta\omega_n \pm j\omega_n\sqrt{1-\zeta^2}$	負制動
[VI], [VII]	$\zeta \leq -1$	$s_1, s_2 = \zeta\omega_n \pm \omega_n\sqrt{\zeta^2-1}$	負制動

表4.4 二次遅れ制御系のインディシャル応答と特性根の配置

根配置	応答	根配置	応答
s_1, s_2 は $\zeta > 1$ で負の実数(過制動)	[I]	$\zeta = 0$ で虚数(非制動)	[IV]
$\zeta = 1$ で負の重根(臨界制動)	[II]	$0 > \zeta > -1$ で実数部が正の複素数(負制動)	[V]
$1 > \zeta > 0$ で実数部が負の複素数(不足制動)	[III]	$-1 \geq \zeta$ で正の実数(負制動)	[VI], [VII]

4.4 過渡特性と特性根の配置

■ 例題4.6 ■

右図に示す制御系の特性方程式を求めよ．

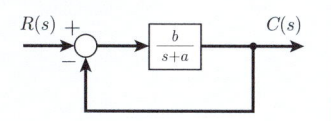

【解答】 全体の伝達関数 $M(s)$ は

$$M(s) = \frac{G(s)}{1+G(s)H(s)}$$

とおける．問図では $G(s) = \frac{b}{s+a}$, $H(s) = 1$ であるので伝達関数は

$$M(s) = \frac{\frac{b}{s+a}}{1+\frac{b}{s+a}}$$

$$= \frac{b}{s+a+b} = \frac{\frac{b}{a+b}}{\frac{1}{a+b}s+1}$$

となる．$M(s) = \frac{K}{Ts+1}$ とおくと $K = \frac{b}{a+b}$, $T = \frac{1}{a+b}$ となる．特性方程式は伝達関数の分母を 0 とする $1+G(s)H(s) = 0$ であるので次式となる．

$$s+a+b = 0$$

■ 例題4.7 ■

右図に示す制御系の伝達関数の標準形のパラメータを求めよ．

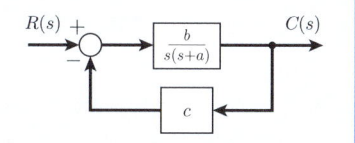

【解答】 全体の伝達関数 $M(s)$ は

$$M(s) = \frac{G(s)}{1+G(s)H(s)}$$

とおけるので問図では $G(s) = \frac{b}{s(s+a)}$, $H(s) = c$ であるので伝達関数は

$$M(s) = \frac{\frac{b}{s(s+a)}}{1+\frac{b}{s(s+a)}c} = \frac{b}{s^2+as+bc}$$

となる．標準形は

$$M(s) = \frac{K\omega_n^2}{s^2+2\zeta\omega_n s+\omega_n^2}$$

であるのでパラメータは次の関係にある．

$$\omega_n = \sqrt{bc}, \quad \zeta = \frac{a}{2\sqrt{bc}}, \quad K = \frac{1}{c}$$

4.5 外乱に対する過渡応答

外乱やノイズに対する過渡応答は，制御系に外乱やノイズが加わる位置により異なる．図4.2 の制御系のように外乱が加わる場合は式 (4.3) の右辺第 2 項より求めることができる．

■ 例題4.8 ■

下図 に示す他励直流サーボモータ系の (a) ブロック線図を描き，(b) 一定励磁の場合の電機子電圧 v_a および外乱 T_l に対する回転速度 ω_m の応答を求めよ．ただし，$\tau_f = \frac{L_f}{R_f}, \tau_a = \frac{L_a}{R_a}, D \approx 0$.

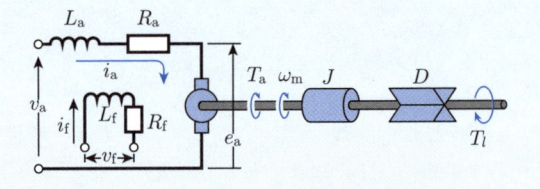

【解答】 (a) 他励直流サーボモータ系の方程式は

$$v_f = R_f i_f + L_f \frac{di_f}{dt}$$

$$v_a = R_a i_a + L_a \frac{di_a}{dt} + pMi_f \omega_m = R_a i_a + L_a \frac{di_a}{dt} + e_a$$

$$T_a = pMi_f i_a = J\frac{d\omega_m}{dt} + D\omega_m + T_l$$

ただし，v_f：励磁（界磁）電圧，i_f：励磁電流，R_f, L_f：界磁回路の抵抗とインダクタンス，v_a：電機子電圧，i_a：電機子電流，R_a, L_a：電機子回路の抵抗とインダクタンス，p：極対数，M：固定子巻線と回転子巻線の相互インダクタンス，ω_m：回転速度，$T_a = pMi_f i_a$：発生トルク，J：回転部分の慣性モーメント，T_l：負荷トルク（外乱），D：制動（摩擦）係数，$e_a = pMi_f \omega_m$：誘導起電力

上記の式をラプラス変換し，他励直流サーボモータ系の駆動系のブロック線図を示すと 下図 になる．

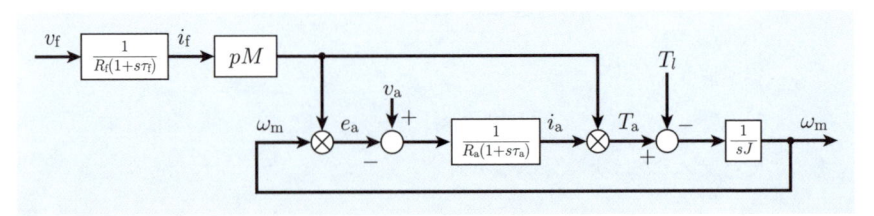

この図には乗算要素 $\otimes$ が含まれているため，ω_m, i_f, i_a などがすべて時間的に変化

4.5 外乱に対する過渡応答

する場合には非線形方程式となり，一般解は求めることができないことがわかる．

(b) $i_f = I_f$（一定）とするとブロック線図は下図となる．

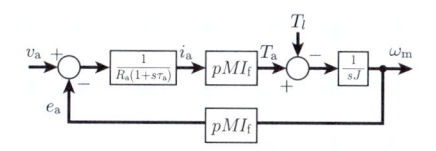

したがって，電機子電圧 v_a および電荷トルク T_l に対する回転速度 ω_m の応答は次式となる．

$$\Omega_m(s) = \frac{pMI_f}{R_a(1+s\tau_a)Js+(pMI_f)^2}V_a(s) - \frac{R_a(1+s\tau_a)}{R_a(1+s\tau_a)Js+(pMI_f)^2}T_l(s)$$

■ 例題 4.9 ■

[例題 4.8](b) の I_f が一定で電機子電圧のステップ状変化に対する回転速度の応答とその波形を求めよ．

【解答】 [例題 4.8] の応答で T_l と I_f を一定とした伝達関数は

$$G(s) = \frac{\Omega_m(s)}{V_a(s)} = \frac{pMI_f}{(R_a+sL_a)Js+(pMI_f)^2}$$

$$= \frac{\frac{1}{\Psi}}{1+s\tau_m+s^2\tau_a\tau_m}$$

ただし，$\Psi = pMI_f$, $\tau_a = \frac{L_a}{R_a}$, $\tau_m = \frac{JR_a}{\Psi^2}$．$\tau_a$ は電機子回路の時定数で，τ_m は機械系の時定数であり τ_a に対して大きいので τ_a が省略できる．電機子電圧 ΔV_a のステップ状の変化に対する応答は

$$\Delta\Omega_m(s) = \frac{\frac{1}{\Psi}}{1+s\tau_m}\frac{\Delta V_a}{s}$$

となるのでこれをラプラス逆変換すると

$$\Delta\omega_m(t) = \frac{\Delta V_a}{\Psi}(1-\varepsilon^{-t/\tau_m})$$

となり，応答の波形は右図となる．

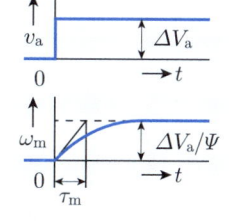

■ 例題4.10 ■

[例題 4.8] で負荷トルク（外乱）T_l がステップ状に変化したときの回転速度の応答を求めよ．

【解答】 電機子電圧 V_a および界磁電流 i_f を一定に保った状態での負荷トルク T_l のステップ状変化に対する応答は，[例題 4.8] の (b) 式の右辺第 2 項より次式となる．

$$G(s) = \frac{\Omega_m(s)}{T_l(s)} = \frac{-R_a(1+s\tau_a)}{R_a(1+s\tau_a)Js+(pMI_f)^2}$$

$$= \frac{\frac{-(1+s\tau_a)\tau_m}{J}}{1+s\tau_m+s^2\tau_a\tau_m}$$

$\tau_m = \frac{JR_a}{\Psi^2}$ である．ここでも τ_m に対して τ_a は小さいので無視できるものとする．負荷トルク（外乱）のステップ状変化に対する応答は

$$\Delta\omega_m(t) = -\Delta T_l \frac{\tau_m}{J}(1-\varepsilon^{-t/\tau_m})$$

となり，応答波形は右図のようになる．　■

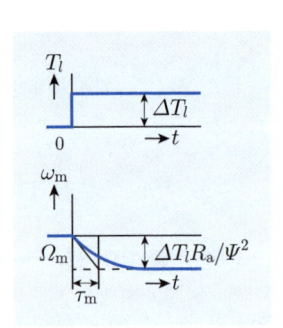

■ 例題4.11 ■

[例題 4.8] で負荷トルク変動の影響を補償するために電機子電圧を変化する方法を述べよ．

【解答】 負荷トルクの変化 ΔT_l に対応する発生トルクの増加によって対応することができる．いま

$$\Delta V_a(t) = \begin{cases} \Delta I_a R_a \frac{t}{\tau_m} & (\tau_m \geq t \geq 0) \\ \Delta I_a R_a & (t \geq \tau_m) \end{cases}$$

となる電圧（ランプ関数状変化電圧）を電機子に加えると，速度応答は $\Delta V_a(t)$ をラプラス変換した

$$\Delta V_a(s) = \frac{\Delta I_a R_a}{\tau_m} \frac{1}{s^2}(1-\varepsilon^{-s\tau_m})$$

となる．τ_a を無視した場合の速度応答は [例題 4.7] と [例題 4.8] から

$$\Delta \Omega_m(s) = \frac{\Delta I_a R_a}{\Psi \tau_m} \frac{1}{s^2} \frac{\frac{1}{\tau_m}}{s+\frac{1}{\tau_m}}(1-\varepsilon^{-s\tau_m}) - \frac{\Delta I_a R_a}{s\Psi} \frac{\frac{1}{\tau_m}}{s+\frac{1}{\tau_m}}$$

ただし $\Psi = pMI_f$．したがってラプラス逆変換すると

$$\Delta\omega_m(t) = \frac{\Delta I_a R_a}{\Psi}\left(\varepsilon^{-t/\tau_m} + \frac{t}{\tau_m} - 1\right)\{u(t)-u(t-\tau_m)\}$$

$$- \frac{\Delta I_a R_a}{\Psi}(1-\varepsilon^{-t/\tau_m})$$

となる．すなわち

$\tau_m \geq t \geq 0$ では $\quad \Delta\omega_m(t) = -\frac{\Delta I_a R_a}{\Psi}\left(2 - \frac{t}{\tau_m} - 2\varepsilon^{-t/\tau_m}\right)$

$t \quad \geq \quad \tau_m$ では $\quad \Delta\omega_m(t) = -\frac{\Delta I_a R_a}{\Psi}\{\varepsilon^{-(t-\tau_m)/\tau_m} - 2\varepsilon^{-t/\tau_m}\}$

となる．したがって回転速度 $\Delta\omega_m$ の応答波形は **右図(c)** の青線のようになる．$t = 0.693\tau_m$ で最低となり，そのときの速度ドロップは $0.307\Delta\Omega_m$ となって指令値に戻るので改善されることがわかる．**同図** で破線は補償がない場合 [例題4.10] の外乱に対する $\Delta\omega_m(t)$ の応答波形である．■

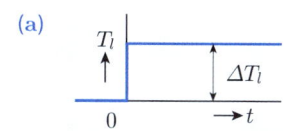

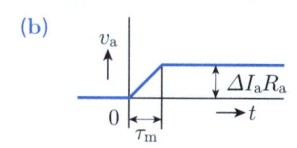

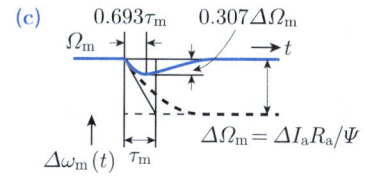

(a)　T_l，ΔT_l，0，t

(b)　v_a，$\Delta I_a R_a$，0，τ_m，t

(c)　$0.693\tau_m$，$0.307\Delta\Omega_m$，Ω_m，t，$\Delta\omega_m(t)$，τ_m，$\Delta\Omega_m = \Delta I_a R_a/\Psi$

4.6　過渡特性と安定性

フィードバック制御系は，**表4.3** および **表4.4** に示すインディシャル応答から，特性根の複素平面上の配置よりその性質と安定性の関係が次のようになる．

(a) 特性根が複素根で左半平面にあるときは，制御量は振動しながら収束する．根の負の実数部が大きいと応答は速く，虚数が大きいときは振動周波数が高い．制御系は安定である．
(b) 根が左半平面の実軸にあるときは，制御量は振動せずに収束する．根の実数が大きいと応答は速く，制御系は安定である．
(c) 根が虚軸上にあるときは，制御量は振動し続ける．虚数が大きければ周波数も高く，制御系は安定限界である．
(d) 根が右半平面の実軸にあるときは，制御量は振動せず大きさは拡大し発散する．制御系は不安定である．
(e) 根が複素根で右半平面にあるときは，制御量は振動し大きさは拡大し発散する．制御系は不安定である．

4章の問題

☐ **4.1** 過渡応答を伴うシステムを述べ，その理由を説明せよ．

☐ **4.2** 特性方程式とはなにか．

☐ **4.3** 基本テスト信号の種類を述べ，なぜテスト信号として使用されるかを説明せよ．

☐ **4.4** インパルス応答，インディシャル応答を説明し．特徴を述べよ．

☐ **4.5** 図4.1で

$$r(t) = \varepsilon^{-t} u(t), \quad M(s) = \frac{6}{(s+2)(s+3)}$$

のとき $c(t)$ を求めよ．

☐ **4.6** 次の伝達関数を持つ制御系のインディシャル応答を求め，その波形の概形を描き，特性根の配置を s 平面上に描け．

$$M(s) = \frac{8}{s^2 + 2s + 4}$$

第5章
制御系の時間応答
― 定常特性 ―

　制御の主な目的は制御量を目標値に追従一致させることである．目標値が時間的に変化する場合を含め，過渡状態でも定常状態でも制御量を目標値に一致させることが理想であるが，少なくとも定常状態でどの程度一致させられるかが重要である．目標値と制御量の差を**制御偏差**と呼び，過渡状態の**過渡偏差**と定常状態の**定常偏差**がある．定常偏差は，過渡状態が終わり制御偏差が一定になった場合をさしており，制御系の基本仕様の**精度**を表している．この章では定常偏差を中心に定常特性を述べる．

5.1 制御偏差と定常偏差

図5.1 の制御系の基本ブロック線図と制御偏差は，図 **(a)** には基本ブロック線図のなかで目標値に対する外乱の印加箇所を，図 **(b)** は目標値入力と外乱に関する制御偏差を示す．目標値の**基準入力** $r(t)$ に対する**制御量** $c(t)$ の誤差信号（error signal）の制御偏差 $e(t)$ は，$H(s)$ が 1 の単位フィードバック系では

$$e(t) = r(t) - c(t)$$

であり，一般には次式で表すことができる．

$$e(t) = r(t) - b(t)$$

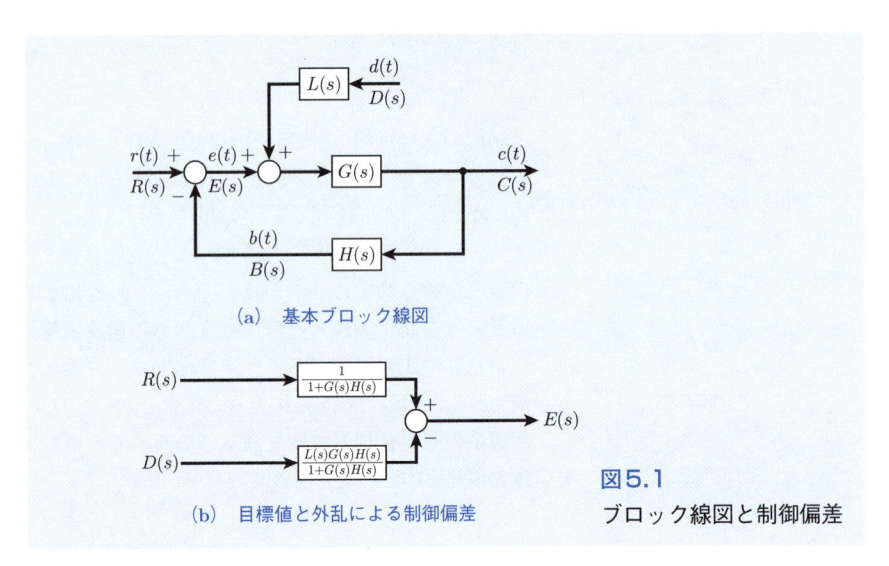

(a) 基本ブロック線図

(b) 目標値と外乱による制御偏差

図5.1 ブロック線図と制御偏差

たとえば，基準入力がランプ関数である場合の制御偏差 $e(t)$ は 図5.2 のように $r(t)$ と $c(t)$ との誤差信号である．

定常偏差（steady state error）は

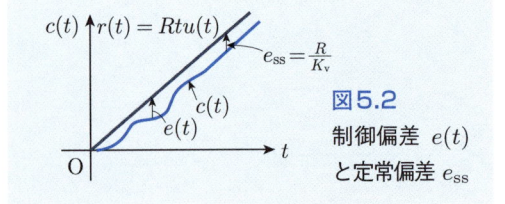

図5.2 制御偏差 $e(t)$ と定常偏差 e_{ss}

$$e_{\mathrm{ss}} = \lim_{t \to \infty} e(t)$$

に示すように時間が ∞ になったときの誤差であると定義されている．定常特性

は過渡項が無視できる程度になるまでの時間を取れば十分であるが数学的には $t \to \infty$ の極限の場合の誤差特性である．これは制御系の**精度**（accuracy）を表している．

図5.1 **(b)** より外乱が 0 のときの制御偏差は

$$E(s) = \frac{1}{1+G(s)H(s)} R(s) \tag{5.1}$$

であり，式 (2.12) の最終値の定理を用いると制御系の定常偏差は

$$e_{\mathrm{ss}} = \lim_{t \to \infty} e(t) = \lim_{s \to 0} sE(s) \tag{5.2}$$

で表すことができる．ただし，$sE(s)$ の分母を 0 とする根は，系を不安定にする複素平面の右半分であってはいけない．

式 (5.2) に式 (5.1) を代入すると定常偏差は次式となる．

$$e_{\mathrm{ss}} = \lim_{s \to 0} \frac{sR(s)}{1+G(s)H(s)} \tag{5.3}$$

■ **例題5.1** ■

図5.1 **(a)** の制御系で $G(s)$, $H(s)$, および $L(s)$ が次式のように与えられるとき目標値 $R(s)$ と外乱 $D(s)$ に対する偏差 $E(s)$ を求めよ．

$$G(s) = \frac{b}{s(s+a)}, \quad H(s) = c, \quad L(s) = 1$$

【解答】 図5.1 **(b)** より

$$G(s)H(s) = \frac{bc}{s(s+a)}$$

したがって

$$E(s) = \frac{1}{1+\frac{bc}{s(s+a)}} R(s) - \frac{\frac{bc}{s(s+a)}}{1+\frac{bc}{s(s+a)}} D(s) = \frac{s(s+a)}{s^2+as+bc} R(s) - \frac{bc}{s^2+as+bc} D(s) \quad ■$$

5.2　制御系のタイプ

定常偏差は式 (5.3) からわかるように，一巡伝達関数 $G(s)H(s)$ と基準入力の関数である．そこで，一般に一巡伝達関数は式 (4.5) のような有理関数で与えられ，再掲すると

$$G(s)H(s) = \frac{K\varepsilon^{-sT_{\mathrm{d}}} \prod_{h=1}^{r}(1+sT_h) \prod_{l=1}^{v}\left\{1+2\left(\frac{\zeta_l}{\omega_{\mathrm{n}l}}\right)s+\left(\frac{1}{\omega_{\mathrm{n}l}}\right)^2 s^2\right\}}{s^k \prod_{i=1}^{p}(1+sT_i) \prod_{j=1}^{q}\left\{1+2\left(\frac{\zeta_j}{\omega_{\mathrm{n}j}}\right)s+\left(\frac{1}{\omega_{\mathrm{n}j}}\right)^2 s^2\right\}} \quad \cdots (4.5)$$

である．K はゲイン定数（gain constant）．分母の s^k の k は積分の回数を示し，この k によって制御系を**表5.1** のようにタイプ分けする．制御系のタイプは $s=0$ での $G(s)H(s)$ の極の次数であり式 (4.5) ではタイプ k である．

表5.1 制御系の形（タイプ）

k の値	制御系の形（タイプ）
$k=0$	0 形制御系（type zero control system）
$k=1$	1 形制御系（type one control system）
$k=2$	2 形制御系（type two control system）
$k=3$	3 形制御系（type three control system）
⋮	⋮

5.3 目標値に対する定常偏差

5.3.1 ステップ関数入力による定常偏差

図5.1 の基準入力が大きさ R のステップ入力であるならば

$$r(t) = Ru(t), \quad R(s) = \frac{R}{s}$$

となり式 (5.3) に代入すると定常偏差は

$$\begin{aligned} e_{ss} &= \lim_{s \to 0} \frac{sR(s)}{1+G(s)H(s)} \\ &= \lim_{s \to 0} \frac{R}{1+G(s)H(s)} \\ &= \frac{R}{1+\lim_{s \to 0} G(s)H(s)} \end{aligned} \quad (5.4)$$

となる．ここで $\lim_{s \to 0} G(s)H(s) = K_p$，$K_p$：位置偏差定数（position error constant）とおく．したがって，定常偏差は位置偏差定数を用いて次のように表すことができる．

$$e_{ss} = \frac{R}{1+K_p}$$

制御系のタイプが 0 形，1 形，2 形および 3 形以上の場合には以下となる．

(a)	$k=0$	0 形	$K_p = K$	$e_{ss} = \frac{R}{1+K}$
(b)	$k=1$	1 形	$K_p = \infty$	$e_{ss} = 0$
(c)	$k=2$	2 形	$K_p = \infty$	$e_{ss} = 0$
(d)	$k \geq 3$	3 形以上	$K_p = \infty$	$e_{ss} = 0$

5.3.2 ランプ関数入力による定常偏差

図5.1 の基準入力が傾斜 R のランプ関数入力であるならば

$$r(t) = Rtu(t), \quad R(s) = \frac{R}{s^2}$$

となり式 (5.3) に代入すると定常偏差は

$$e_{\text{ss}} = \lim_{s \to 0} \frac{s\frac{R}{s^2}}{1+G(s)H(s)} = \lim_{s \to 0} \frac{R}{s+sG(s)H(s)} = \frac{R}{\lim_{s \to 0} sG(s)H(s)} \quad (5.5)$$

となる．ここで $K_{\text{v}} = \lim_{s \to 0} sG(s)H(s)$, K_{v}：速度偏差定数 (velocity error constant). したがって，定常偏差は速度偏差定数を用いて次のように表すことができる．

$$e_{\text{ss}} = \frac{R}{K_{\text{v}}}$$

制御系のタイプが 0 形, 1 形, 2 形および 3 形以上の場合には以下となる．

(a)	$k=0$	0 形	$K_{\text{v}} = 0$	$e_{\text{ss}} = \infty$
(b)	$k=1$	1 形	$K_{\text{v}} = K$	$e_{\text{ss}} = \frac{R}{K}$
(c)	$k=2$	2 形	$K_{\text{v}} = \infty$	$e_{\text{ss}} = 0$
(d)	$k \geq 3$	3 形以上	$K_{\text{v}} = \infty$	$e_{\text{ss}} = 0$

5.3.3 定加速度入力による定常偏差

図5.1 の基準入力が定加速度関数入力であるならば

$$r(t) = \frac{R}{2}t^2 u(t), \quad R(s) = \frac{R}{s^3}$$

となり式 (5.3) に代入すると定常偏差は

$$e_{\text{ss}} = \lim_{s \to 0} \frac{s\frac{R}{s^3}}{1+G(s)H(s)} = \lim_{s \to 0} \frac{R}{s^2+s^2 G(s)H(s)} = \frac{R}{\lim_{s \to 0} s^2 G(s)H(s)} = \frac{R}{K_{\text{a}}}$$

となる．ここで $K_{\text{a}} = \lim_{s \to 0} s^2 G(s)H(s)$, K_{a}：加速度偏差定数 (acceleration error constant). 制御系のタイプが 0 形, 1 形, 2 形および 3 形以上の場合には以下となる．

(a)	$k=0$	0 形	$K_{\text{a}} = 0$	$e_{\text{ss}} = \infty$
(b)	$k=1$	1 形	$K_{\text{a}} = 0$	$e_{\text{ss}} = \infty$
(c)	$k=2$	2 形	$K_{\text{a}} = K$	$e_{\text{ss}} = \frac{R}{K}$
(d)	$k \geq 3$	3 形以上	$K_{\text{a}} = \infty$	$e_{\text{ss}} = 0$

以上をまとめると表5.2 のようになり，理論的に定常偏差を 0 または一定値にできる制御系のタイプは，入力関数によって異なることがわかる．

表5.2 制御系のタイプと定常偏差

入力の形 $r(t)$		ステップ関数入力 $r(t)=Ru(t)$	ランプ関数入力 $r(t)=Rtu(t)$	定加速度関数入力 $r(t)=\frac{R}{2}t^2u(t)$
制御量 $c(t)$ 制御偏差 $e(t)$ 定常偏差 $e_{\mathrm{ss}}(t)$	0形系	$e_{\mathrm{ss}}(\infty)=\frac{R}{1+K}$	$e_{\mathrm{ss}}(\infty)=\infty$	$e_{\mathrm{ss}}(\infty)=\infty$
	1形系	$e_{\mathrm{ss}}(\infty)=0$	$e_{\mathrm{ss}}(\infty)=\frac{R}{K_v}$	$e_{\mathrm{ss}}(\infty)=\infty$
	2形系	$e_{\mathrm{ss}}(\infty)=0$	$e_{\mathrm{ss}}(\infty)=0$	$e_{\mathrm{ss}}(\infty)=\frac{R}{K_a}$
		$e_{\mathrm{ss}}=e_{\mathrm{sp}}$ （位置定常偏差）	$e_{\mathrm{ss}}=e_{\mathrm{sv}}$ （速度定常偏差）	$e_{\mathrm{ss}}=e_{\mathrm{sa}}$ （加速度定常偏差）

■ 例題5.2 ■

右図に示す制御系で次の目標値が入力されたときの定常偏差を求めよ．

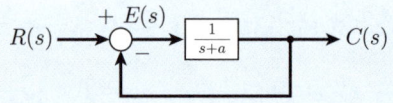

(1) ステップ入力　$r(t)=Ru(t)$, $R(s)=\frac{R}{s}$
(2) ランプ入力　$r(t)=Rtu(t)$, $R(s)=\frac{R}{s^2}$

【解答】 (1)
$$G(s)H(s)=\tfrac{1}{s+a}$$

ステップ入力の定常偏差は入力が $R(s)=\frac{R}{s}$ であるので式 (5.4) より

$$e_{\mathrm{ss}}=\frac{R}{1+\lim_{s\to 0}G(s)H(s)}=\frac{R}{1+\frac{1}{a}}$$

したがって

$$e_{\mathrm{ss}}=\frac{R}{1+K_p}$$

5.3 目標値に対する定常偏差

ここで $\lim_{s \to 0} G(s)H(s) = \frac{1}{a} = K_\mathrm{p}$ となり表5.2の0形系のステップ入力定常偏差となる.

[検算] 全体の伝達関数 $M(s)$ は

$$M(s) = \frac{\frac{1}{s+a}}{1+\frac{1}{s+a}} = \frac{1}{s+a+1}$$

制御偏差は

$$E(s) = R(s) - C(s)$$
$$= R(s) - \frac{E(s)}{s+a}$$

であるので変形して

$$E(s) + \frac{E(s)}{s+a} = R(s)$$

したがって $E(s) = \frac{R(s)}{1+\frac{1}{s+a}}$ である.$R(s) = \frac{R}{s}$ として最終値の定理を用いると

$$e_\mathrm{ss} = \lim_{t \to \infty} e(t) = \lim_{s \to 0} sE(s)$$
$$= \lim_{s \to 0} \frac{\frac{sR}{s}}{1+\frac{1}{s+a}} = \frac{R}{1+\frac{1}{a}}$$

(2) ランプ関数入力の定常偏差は,式(5.5)より

$$e_\mathrm{ss} = \frac{R}{\lim_{s \to 0} sG(s)H(s)}$$
$$= \frac{R}{\lim_{s \to 0} \frac{s}{s+a}} = \frac{R}{K_\mathrm{v}}$$

$$K_\mathrm{v} = \lim_{s \to 0} \frac{s}{s+a} = 0$$

したがって

$$e_\mathrm{ss} = \infty$$

となり,表5.2の0形系のランプ入力定常偏差となる.

[検算] (1)と同様に

$$E(s) = \frac{R(s)}{1+\frac{1}{s+a}}$$

であるので $R(s) = \frac{R}{s^2}$ として最終値の定理を用いて

$$e_\mathrm{ss} = \lim_{t \to \infty} e(t) = \lim_{s \to 0} sE(s)$$
$$= \lim_{s \to 0} \frac{\frac{sR}{s^2}}{1+\frac{1}{s+a}}$$
$$= \lim_{s \to 0} \frac{R}{s+\frac{s}{s+a}} = \infty$$

■ 例題 5.3 ■

右図に示す制御系で [例題 5.2] と等しい目標値のステップ信号とランプ信号が入力されたときの定常偏差を求めよ．

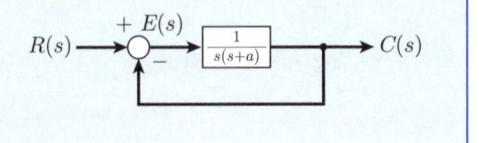

【解答】 (1)

$$G(s)H(s) = \frac{1}{s(s+a)}$$

であるので式 (5.4) より

$$e_{\mathrm{ss}} = \frac{R}{1+K_\mathrm{p}}$$

$$K_\mathrm{p} = \lim_{s \to 0} G(s)H(s) = \lim_{s \to 0} \frac{1}{s(s+a)} = \infty$$

したがって，$e_{\mathrm{ss}} = 0$ となり，表5.2 の 1 形系のステップ入力定常偏差となる．

(2) 式 (5.5) より

$$e_{\mathrm{ss}} = \frac{R}{\lim_{s \to 0} sG(s)H(s)} = \frac{R}{K_\mathrm{v}}$$

$$K_\mathrm{v} = \lim_{s \to 0} \frac{s}{s(s+a)} = \lim_{s \to 0} \frac{1}{s+a} = \frac{1}{a}$$

したがって，$e_{\mathrm{ss}} = aR$ となり，表5.2 の 1 形系のランプ入力定常偏差となる．■

5.4 外乱に対する定常偏差

5.4.1 外乱による偏差

制御系では目標値にできるだけ一致させ（前節の定常偏差をできるだけ小さくする）とともに，制御量が好まざる入力（外乱や雑音）の影響を極力避けねばならない．

外乱や雑音は目標として入力するわけではないので，図5.3 に示す箇所に加わったとする．制御量は図4.3 の場合と同様に目標値（基準入力）と外乱が個別に入ったとして

$$C(s) = \frac{G_1(s)G_2(s)}{1+G_1(s)G_2(s)H(s)} R(s) + \frac{G_2(s)}{1+G_1(s)G_2(s)H(s)} D(s)$$

$$= C_1(s) + C_2(s)$$

のようになる．ただし

$$C_1(s) = \frac{G_1(s)G_2(s)}{1+G_1(s)G_2(s)H(s)} R(s), \quad C_2(s) = \frac{G_2(s)}{1+G_1(s)G_2(s)H(s)} D(s)$$

5.4 外乱に対する定常偏差

この式の $C_1(s)$ が目標値に対する制御量であり，目標値との差が偏差である．$C_2(s)$ は外乱による制御量の部分であるから，この値そのものが外乱による偏差となる．したがって，外乱による制御量との伝達関数は

$$\begin{aligned}
\frac{C_2(s)}{D(s)} &= \frac{G_2(s)}{1+G_1(s)G_2(s)H(s)} \\
&= \frac{1}{G_1(s)} \left(\frac{G_1(s)G_2(s)}{1+G_1(s)G_2(s)H(s)} \right) \\
&= \frac{1}{G_1(s)} \frac{C_1(s)}{R(s)}
\end{aligned} \tag{5.6}$$

で表される．外乱による影響は，$G_1(s)$ と目標値による伝達関数との関係で表されることになる．

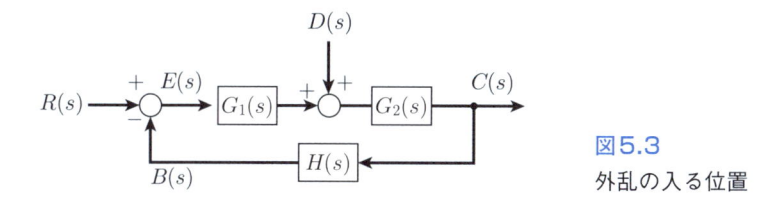

図5.3 外乱の入る位置

5.4.2 制御系の形と外乱による定常偏差

外乱による定常偏差を調べよう．伝達関数 $G_1(s)$ と $G_2(s)$ が式 (4.5) と同様に

$$G_1(s) = \frac{1}{s^m} F_1(s), \quad G_2(s) = \frac{1}{s^{k-m}} F_2(s) \tag{5.7}$$

$$F(s) = F_1(s)F_2(s) = \frac{K \prod_{h=1}^{r}(1+sT_h) \prod_{l=1}^{v}\left(1+2\zeta_l \frac{s}{w_{nl}} + \frac{s^2}{w_{nl}^2}\right)}{\prod_{i=1}^{p}(1+sT_i) \prod_{j=1}^{q}\left(1+2\zeta_j \frac{s}{w_{nj}} + \frac{s^2}{w_{nj}^2}\right)}$$

で表されるとする．ただし，$m \leq k$, $H(s) = 1$ とおくが，この場合においても一般性は失われない．$F_1(s), F_2(s)$ はともに $s=0$ で極を持たず，$F(s)$ の $s \to 0$ での極限は一定の値の K となる．したがって，式 (5.6) から外乱による定常偏差の大きさ $e_{\rm sd}$ は次式である．

$$\begin{aligned}
e_{\rm sd} &= \lim_{s \to 0} s \left[\frac{G_2(s)}{1+G_1(s)G_2(s)} \right] D(s) \\
&= \lim_{s \to 0} s \left[\frac{\frac{1}{s^{k-m}} F_2(s)}{1+\frac{1}{s^k} F(s)} \right] D(s) \\
&= \lim_{s \to 0} \left[\frac{s^{m+1} F_2(s)}{s^k + F(s)} \right] D(s)
\end{aligned} \tag{5.8}$$

(i) **目標値に対して 0 形制御系の場合**　この場合，$k=0$ であるから $m=0$ だけであるので，式 (5.8) は

$$e_{\text{sd}} = \lim_{s \to 0} \frac{sF_2(s)}{1+F(s)} D(s)$$

$$= \frac{\lim_{s \to 0} sF_2(s)D(s)}{1+K}$$

外乱がステップ関数の場合，定常偏差は

$$e_{\text{sd}} = \frac{\lim_{s \to 0} sF_2(s)\frac{1}{s}}{1+K} = \frac{1}{1+K}$$

有限な値となる．ランプ関数の外乱では定常偏差は ∞ となる．目標値に対する 0 形系の定常偏差と同様，外乱に対しても 0 形の制御系になる．

(ii) **目標値に対して 1 形制御系の場合**　この場合，$k=1$ であるから $m=0,1$ の 2 つのケースがあり，以下の式で表せる．

$$m=0: \quad e_{\text{sd}} = \lim_{s \to 0} \frac{sF_2(s)}{s+F(s)} D(s)$$

$$= \frac{1}{K} \lim_{s \to 0} F_2(s)sD(s) \tag{5.9}$$

$$m=1: \quad e_{\text{sd}} = \lim_{s \to 0} \frac{s^2F(s)}{s+F(s)} D(s)$$

$$= \frac{1}{K} \lim_{s \to 0} F_2(s)s^2D(s) \tag{5.10}$$

式 (5.9) より，積分要素が $G_2(s)$ にある場合は，定常偏差はステップ関数外乱のみ有限な値となりランプ関数外乱では ∞ となるので外乱に対して 0 形制御系である．

式 (5.10) より積分要素が $G_1(s)$ にある場合は，定常偏差はステップ関数外乱に対して 0 であり，ランプ関数外乱に対して有限の値となる．この場合は外乱に対して 1 形制御系であることがわかる．

(iii) **目標値に対して 2 形制御系の場合**　この場合は，$k=2$ であるから $m=0,1,2$ のケースがあり

$$e_{\text{sd}} = \lim_{s \to 0} \frac{s^{m+1}F_2(s)}{s^2+F(s)} D(s)$$

$$= \frac{1}{K} \lim_{s \to 0} F_2(s)s^{m+1}D(s)$$

で表せる．ただし，$k=2, m=2,1,0$．上式から次のことがわかる．すなわち，外乱による定常偏差は，$m=0$ の場合は外乱に対して 0 形の制御系，$m=1$ は外乱に対して 1 形の制御系，$m=2$ は外乱に対して 2 形の制御系となる．したがって，外乱による定常偏差を少なくするためには，積分を表す $\frac{1}{s^k}$ をできるだ

け $G_1(s)$ に含ませ，そのゲイン定数を大きくすることが必要である．

以上のように，外乱によって生じる定常偏差は，外乱が入る位置より前の伝達関数によって決まることがわかる．

■ **例題5.4** ■

図5.3においてそれぞれの伝達関数が次式で与えられるとき，(1) ステップ関数外乱 $d(t) = u(t)$, (2) ランプ関数外乱 $d(t) = tu(t)$ に対する定常偏差を求めよ．

$$G_1(s) = \frac{K}{s}, \quad G_2(s) = \frac{1}{(s+1)(s+2)},$$
$$H(s) = 1$$

【解答】 外乱 $d(t)$ から出力 $c(t)$ までの伝達関数 $G_{\text{cd}}(s)$ は式 (5.6) より

$$G_{\text{cd}}(s) = \frac{s}{s^3 + 3s^2 + 2s + K}$$

また，式 (5.7) より

$$k = 1, \quad m = 1,$$
$$F_1(s) = K, \quad F_2(s) = \frac{1}{(s+1)(s+2)}$$

であるので式 (5.10) より

(1) ステップ関数外乱のとき

$$e_{\text{sd}} = \frac{1}{K} \lim_{s \to 0} \frac{s^2}{(s+1)(s+2)} \frac{1}{s} = 0$$

(2) ランプ関数外乱のとき

$$e_{\text{sd}} = \frac{1}{K} \lim_{s \to 0} \frac{s^2}{(s+1)(s+2)} \frac{1}{s^2} = \frac{1}{2K}$$

5章の問題

☐ **5.1** 制御系のタイプを説明せよ．

☐ **5.2** 単位ステップ関数，単位ランプ関数および定加速度信号を説明せよ．

☐ **5.3** 一巡伝達関数が $G(s)$ であるとき次の目標値に対する定常偏差を求めよ．

(1) $r(t) = r_\mathrm{p}$ (2) $r(t) = r_\mathrm{v} t u(t)$

(3) $r(t) = \frac{1}{2} r_\mathrm{a} t^2 u(t)$

☐ **5.4** 一巡伝達関数が次のように与えられたとき，単位ステップ関数入力，単位ランプ関数入力，単位定加速度入力に対する定常偏差を求めよ．

(1) $G(s) = \frac{K(T_1 s+1)}{(T_2 s+1)(T_3 s+1)}$

(2) $G(s) = \frac{K(T_1 s+1)}{s(T_2 s+1)(T_3 s+1)}$

(3) $G(s) = \frac{K(T_1 s+1)}{s^2(T_2 s+1)(T_3 s+1)}$

☐ **5.5** 図5.3 の制御系に対して外乱として (1) 単位ステップ関数入力，(2) 単位ランプ関数入力，(3) 定加速度入力が加わったときの定常偏差を求めよ．ただし

$$R(s) = 0, \quad H(s) = 1$$
$$G_1(s) = \frac{K_1}{s(T_1 s+1)}, \quad G_2(s) = \frac{K_2}{s(T_2 s+1)}$$

☐ **5.6** 図5.3 の制御系で $R(s) = \frac{R_\mathrm{r}}{s}$, $D(s) = \frac{R_\mathrm{d}}{s}$ のとき次の定常偏差を求めよ．

(1) $G_1(s) = \frac{K_1}{1+sT_1}, \quad G_2(s) = \frac{K_2}{s(1+sT_2)}$

(2) $G_1(s) = \frac{K_1}{s(1+sT_1)}, \quad G_2(s) = \frac{K_2}{(1+sT_2)}$

第6章
正弦波入力の定常応答
― 周波数特性 ―

　制御系の特性を表す方法に**周波数応答**がある．目標値として正弦波信号が印加され，過渡現象が終了した後の定常状態での制御量とその目標値との関係を示す方法であり，種々の入力周波数でその関係（特性）がどのように変化するかを調べることができる．この周波数応答の原理を説明した後に周波数応答の各種の表し方を述べる．

6.1 周波数応答の意味

6.1.1 周波数伝達関数

図 6.1 (a) のブロック線図は伝達関数と入力・出力信号の関係を示している．この関係は伝達関数 $G(s)$ を用いて

$$C(s) = G(s)E(s)$$

で示される．いま入力信号 $e(t)$ をフーリエ変換して $E(j\omega)$ とすると制御量の $c(t)$ の周波数応答 $C(j\omega)$ は

$$C(j\omega) = G(j\omega)E(j\omega) \tag{6.1}$$

で与えられ

$$C(j\omega) = |C(j\omega)|\angle C(j\omega)$$

の関係がある．ただし

$$|C(j\omega)| = |G(j\omega)|\,|E(j\omega)|, \quad \angle C(j\omega) = \angle G(j\omega) + \angle E(j\omega)$$

時間領域の制御量 $c(t)$ は式 (6.1) をフーリエ逆変換して求めることができる．ここで，式 (6.1) の $G(j\omega)$ が**周波数伝達関数**（frequency transfer function）である．周波数領域でのブロック線図は図 6.1 (b) のように表せる．一般に信号には種々の周波数成分を含んでいるが，線形制御系では入力信号と出力信号との間には，同一周波数成分についてだけ式 (6.1) の関係があり，その伝達特性を決めるのが $G(j\omega)$ である．信号を表現する方法には各周波数に対して振幅と位相を表す周波数スペクトルを用いている．

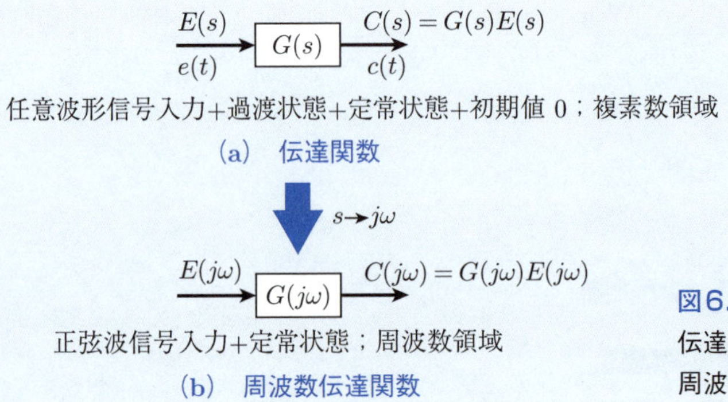

$E(s)$ → $G(s)$ → $C(s) = G(s)E(s)$
$e(t)$　　　　　　　$c(t)$

任意波形信号入力+過渡状態+定常状態+初期値 0；複素数領域
(a) 伝達関数

$s \to j\omega$

$E(j\omega)$ → $G(j\omega)$ → $C(j\omega) = G(j\omega)E(j\omega)$

正弦波信号入力+定常状態；周波数領域
(b) 周波数伝達関数

図 6.1 伝達関数と周波数伝達関数

6.1 周波数応答の意味

周波数伝達関数は

$$G(j\omega) = \frac{C(j\omega)}{E(j\omega)} = \frac{|C(j\omega)|\angle C(j\omega)}{|E(j\omega)|\angle E(j\omega)} \tag{6.2}$$

$$G(j\omega) = \frac{|C(j\omega)|}{|E(j\omega)|}(\angle C(j\omega) - \angle E(j\omega)) = |G(j\omega)|\angle G(j\omega) \tag{6.3}$$

のように書き表すこともできる．ただし

$$|G(j\omega)| = \frac{|C(j\omega)|}{|E(j\omega)|}, \quad \angle G(j\omega) = \angle C(j\omega) - \angle E(j\omega)$$

6.1.2 周波数応答

図6.2 に示す線形制御系のブロック線図で入力信号 $e(t)$ として

$$e(t) = A_i \sin \omega t \tag{6.4}$$

の正弦波信号が入り，過渡現象が十分消滅した後の信号 $c(t)$ として

$$c(t) = A_o \sin(\omega t - \phi_0) \tag{6.5}$$

が出力されたとする．入力信号と出力信号との振幅比および位相差は，制御系の性質と入力信号の周波数に依存し，次式となり

$$G(j\omega) = \frac{A_o \varepsilon^{-j\phi_0}}{A_i} \tag{6.6}$$

あるいは，一般に次式のように表現できる．

$$G(j\omega) = \left|\frac{A_o}{A_i}(\omega)\right| \varepsilon^{j\phi_0(\omega)} \tag{6.7}$$

この振幅比および位相差を周波数の関数として表現したものが**周波数応答**（frequency response）である．$G(j\omega)$ を図表を用いて表す方法に**ベクトル軌跡**（vector locus），**ボード線図**（Bode's diagram），**ゲイン–位相線図**（gain phase diagram），および**ニコルズ線図**（Nichols chart）がある．

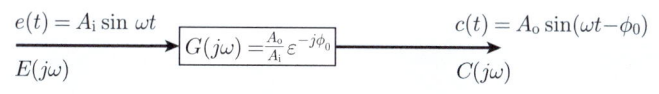

(a) 周波数伝達関数

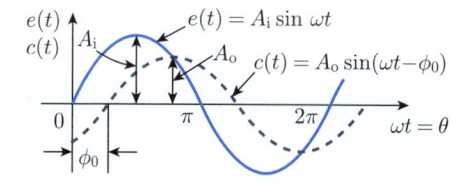

(b) 正弦波応答波形

図6.2 周波数応答の意味

■ 例題6.1

右図に示す制御系で，式 (6.4) に示す正弦波入力に対する周波数伝達関数と周波数応答を求めよ．

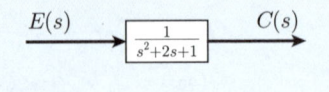

$E(s) \longrightarrow \boxed{\dfrac{1}{s^2+2s+1}} \longrightarrow C(s)$

【解答】

$$C(s) = \frac{1}{s^2+2s+1}E(s) \quad \therefore \quad (s^2+2s+1)C(s) = E(s)$$

微分方程式に変換すると

$$\frac{d^2c(t)}{dt^2} + 2\frac{dc(t)}{dt} + c(t) = e(t)$$

いま，入力・出力信号を正弦波とし，オイラーの公式で表現すると

$$e(t) = A_\mathrm{i} \sin\omega t = \mathrm{Im}[A_\mathrm{i}\varepsilon^{j\omega t}]$$

$$c(t) = A_\mathrm{o} \sin(\omega t + \phi_0) = \mathrm{Im}[A_\mathrm{o}\varepsilon^{j(\omega t+\phi_0)}]$$

上の 2 式を微分方程式に代入すると

$$\mathrm{Im}[A_\mathrm{i}\varepsilon^{j\omega t}] = \mathrm{Im}\left[A_\mathrm{o}\frac{d^2\varepsilon^{j(\omega t+\phi_0)}}{dt^2} + 2A_\mathrm{o}\frac{d\varepsilon^{j(\omega t+\phi_0)}}{dt} + A_\mathrm{o}\varepsilon^{j(\omega t+\phi_0)}\right]$$

$$= \mathrm{Im}[A_0(j\omega)^2\varepsilon^{j(\omega t+\phi_0)} + 2A_\mathrm{o}j\omega\varepsilon^{j(\omega t+\phi_0)} + A_\mathrm{o}\varepsilon^{j(\omega t+\phi_0)}]$$

右辺にまとめて整理すると

$$\mathrm{Im}[\{A_\mathrm{o}(j\omega)^2\varepsilon^{j\phi_0} + 2A_\mathrm{o}j\omega\varepsilon^{j\phi_0} + A_\mathrm{o}\varepsilon^{j\phi_0} - A_\mathrm{i}\}\varepsilon^{j\omega t}] = 0$$

かっこの内を 0 とすると

$$A_\mathrm{o}\varepsilon^{j\phi_0}\{(j\omega)^2 + 2j\omega + 1\} - A_\mathrm{i} = 0$$

であるので式 (6.7) より周波数伝達関数は次式となる．

$$G(j\omega) = \frac{A_\mathrm{o}\varepsilon^{j\phi_0}}{A_\mathrm{i}} = \frac{1}{(j\omega)^2+2j\omega+1} = \frac{1}{2j\omega+(1-\omega^2)} = \frac{1}{\sqrt{4\omega^2+(1-\omega^2)^2}}\angle\phi_0$$

位相差は

$$\phi_0 = -\tan^{-1}\left(\frac{2\omega}{1-\omega^2}\right)$$

振幅比は

$$\frac{A_\mathrm{o}}{A_\mathrm{i}} = \frac{1}{\sqrt{4\omega^2+(1-\omega^2)^2}}$$

【別解】

伝達関数　　　　　　　周波数伝達関数

$\dfrac{1}{s^2+2s+1} \quad \overset{s \to j\omega \text{とおく}}{\Longrightarrow} \quad \dfrac{1}{(j\omega)^2+2j\omega+1}$

6.2 ベクトル軌跡（ナイキスト線図）

一般に周波数伝達関数 $G(j\omega)$ は，式 (6.2), (6.3) に示すように極形式の振幅比と位相差で示されるが，これを複素数の実数部と虚数部で表現すると

$$G(j\omega) = \mathrm{Re}[G(j\omega)] + j\,\mathrm{Im}[G(j\omega)]$$
$$= G(\omega)\varepsilon^{j\phi(\omega)}$$

になる．振幅と位相差はそれぞれ**ゲイン特性**，**位相特性**と呼ばれ

$$G(\omega) = |G(j\omega)| = \sqrt{\{\mathrm{Re}[G(j\omega)]\}^2 + \{\mathrm{Im}[G(j\omega)]\}^2} \quad :ゲイン特性$$
$$\phi(\omega) = \angle G(j\omega) = \tan^{-1}\frac{\mathrm{Im}[G(j\omega)]}{\mathrm{Re}[G(j\omega)]} \quad :位相特性$$

で表せる．これらをまとめた極形式表示は

$$G(j\omega) = G(\omega)\angle\phi(\omega) \quad :極形式表示$$

ベクトル軌跡は周波数伝達関数 $G(j\omega)$ において，ω を $0 \sim +\infty$ まで変化させたときのベクトル $G(j\omega)$ の先端が複素平面上を描く軌跡である．一方，一巡周波数伝達関数の前向き伝達関数とフィードバック伝達関数の積 $G(j\omega)H(j\omega)$ の ω が $-\infty \sim +\infty$ まで変化するときの先端が複素平面上を描く軌跡は**ナイキスト線図**（Nyquist diagram）と呼ばれ制御系の安定性の判別に用いられる．

図6.3 に複素平面での $G(j\omega)$ のベクトル軌跡を示す．ω の値を 0 から ω_1，$\omega_2, \omega_3, \ldots$ と ∞ まで変化させたときそれぞれのベクトル $G(j\omega)$ の大きさと位相差を求める．そのベクトルの先端を結ぶとベクトルが描く軌跡を表せる．

代表的な制御要素のベクトル軌跡を 図6.4 に示している．

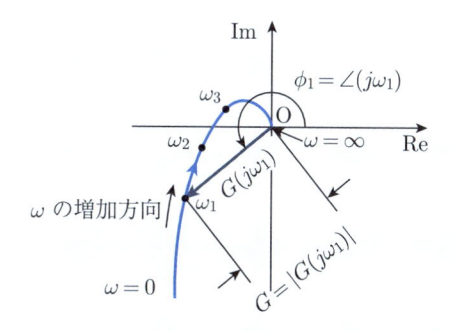

図6.3
周波数応答の複素平面による表示（ベクトル軌跡）

図6.4 基本制御要素のベクトル軌跡

(a) 積分要素

$G(j\omega) = \frac{1}{j\omega T_{\mathrm{I}}}$ $\begin{cases} G(\omega) = \frac{1}{\omega T_{\mathrm{I}}} \\ \phi(\omega) = -90° \end{cases}$

(b) 微分要素

$G(j\omega) = T_{\mathrm{D}} j \omega$ $\begin{cases} G(\omega) = T_{\mathrm{D}}\omega \\ \phi(\omega) = 90° \end{cases}$

(c) 一次遅れ要素

$G(j\omega) = \frac{1}{1+j\omega T} = \frac{1}{\sqrt{1+\omega^2 T^2}} \angle(-\tan^{-1}\omega T)$

(d) 二次遅れ要素

$G(j\omega) = \frac{\omega_{\mathrm{n}}^2}{(j\omega)^2 + 2\zeta\omega_{\mathrm{n}} j\omega + \omega_{\mathrm{n}}^2}$

(e) むだ時間要素

$G(j\omega) = \varepsilon^{-j\omega L}$

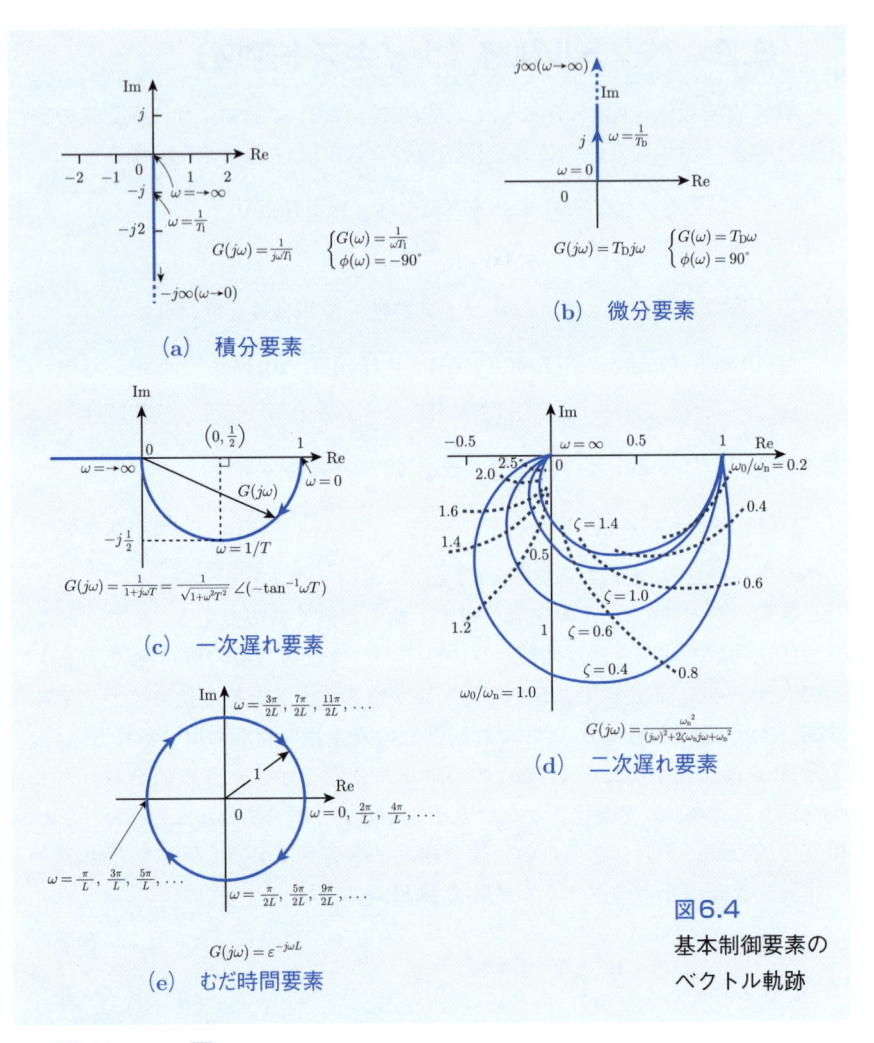

■ 例題6.2 ■

図6.4 (c) に示す一次遅れ要素のベクトル軌跡を描け．

【解答】 一次遅れ要素の周波数伝達関数は $G(j\omega) = \dfrac{K}{1+j\omega T}$ である．変形すると

$$G(j\omega) = \frac{K(1-j\omega T)}{1+\omega^2 T^2} = \frac{K}{1+\omega^2 T^2} - j\frac{\omega T K}{1+\omega^2 T^2} = X(\omega) + jY(\omega)$$

$$X(\omega) = \frac{K}{1+\omega^2 T^2}, \quad Y(\omega) = -\frac{\omega T K}{1+\omega^2 T^2}$$

したがって

6.2 ベクトル軌跡（ナイキスト線図）

$$X^2 + Y^2 = \left(\frac{K}{1+\omega^2 T^2}\right)^2 + \left(-\frac{\omega T K}{1+\omega^2 T^2}\right)^2 = \frac{K^2}{1+\omega^2 T^2} = KX$$

$X^2 - KX + Y^2 = 0$ であるので $X^2 - KX + \left(\frac{K}{2}\right)^2 + Y^2 = \left(\frac{K}{2}\right)^2$ より

$$\left(X - \frac{K}{2}\right)^2 + Y^2 = \left(\frac{K}{2}\right)^2$$

となり，ω が $0 \sim \infty$ まで変化したとき図6.4 (c) に示す半円となる．

$K = 1$ の場合が図6.4 (c) の軌跡となる． ■

一般的な因数分解が可能な極を持つ伝達関数のベクトル軌跡は基本伝達関数のベクトル軌跡の合成で軌跡を描くことができる．伝達関数が

$$G(s) = \frac{10}{s(s+1)(s+2)} \tag{6.8}$$

で与えられるベクトル軌跡を描く．まず，式 (6.8) を周波数伝達関数の

$$G(j\omega) = G_1(j\omega)G_2(j\omega) \tag{6.9}$$

に変える．分解の種類は種々あるがたとえば次のように分解して表現する．

$$G_1(j\omega) = \frac{1}{j\omega(1+j\omega)}, \quad G_2(j\omega) = \frac{10}{2+j\omega}$$

図6.5 に式 (6.8) のベクトルの合成によるベクトル軌跡を示す．まず，$G_1(j\omega)$ は図示のようにマイナスの虚軸上と半円の合成である．次に，$G_2(j\omega)$ は図示の軌跡であるので，たとえば $\omega = \omega_\mathrm{a}$ のとき，振幅は $|G| = |G_1| \times |G_2|$，位相は $\angle G = \angle G_1 + \angle G_2$ であるので

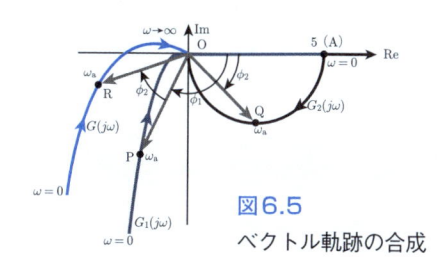

$$\overrightarrow{\mathrm{OR}} = \overrightarrow{\mathrm{OP}} \times \overrightarrow{\mathrm{OQ}}$$

図6.5 ベクトル軌跡の合成

に示す $\overrightarrow{\mathrm{OP}}$ と $\overrightarrow{\mathrm{OQ}}$ の積 $\overrightarrow{\mathrm{OR}}$ となり，位相は

$$\angle \mathrm{AOR} = \angle \mathrm{AOP} + \angle \mathrm{AOQ}$$
$$= \angle \mathrm{AOP} + \angle \mathrm{POR} = \phi_1 + \phi_2$$

に示す ϕ_1 と ϕ_2 の和となる．ただし，ω_a に対する $G_1(j\omega)$ のベクトル $\overrightarrow{\mathrm{OP}}$，$G_2(j\omega)$ のベクトル $\overrightarrow{\mathrm{OQ}}$ とする．このように ω を $0 \sim +\infty$ まで変化させベクトル軌跡の $G(j\omega)$ を描くことができる．

例題6.3

次の伝達関数のベクトル軌跡の概形を描け.

$$G(s) = \frac{10}{s(s+1)}$$

【解答】 $G(j\omega) = \frac{10}{j\omega(1+j\omega)} = \frac{1}{1+j\omega} \times \frac{10}{j\omega} = G_1(j\omega) \times G_2(j\omega)$

とおく. ただし $G_1(j\omega) = \frac{1}{1+j\omega}, G_2(j\omega) = \frac{10}{j\omega}$. いま, ω_a に対する $G_1(j\omega)$ のベクトル $\overrightarrow{OP}$, ω_a に対する $G_2(j\omega)$ のベクトル $\overrightarrow{OQ}$ とする.

$$\overrightarrow{OR} = \overrightarrow{OP} \times \overrightarrow{OQ} = |G(j\omega_a)|$$

$$\phi = \angle AOR = \phi_1 + \phi_2 = \angle AOP + \angle QOR$$

$\omega = 0$ と ∞ のときの $G(j\omega)$ の大きさと位相は次式より求められる.

$$\lim_{\omega \to 0} |G(j\omega)| = \lim_{\omega \to 0} \frac{10}{\omega\sqrt{\omega^2+1}} = \lim_{\omega \to 0} \frac{10}{\omega} \approx \infty$$

$$\lim_{\omega \to \infty} |G(j\omega)| = \lim_{\omega \to \infty} \frac{10}{\omega^2} \approx 0$$

$$\lim_{\omega \to 0} \angle G(j\omega) = \lim_{\omega \to 0} \angle \frac{10}{j\omega} \approx -90°$$

$$\lim_{\omega \to \infty} \angle G(j\omega) = \lim_{\omega \to \infty} \angle \frac{10}{(j\omega)^2} \approx -180°$$

したがって $\omega = 0$ では大きさは ∞ で位相角は $-90°$, $\omega = \infty$ では大きさは 0 で位相角は $-180°$ で接線は負の実軸となる.

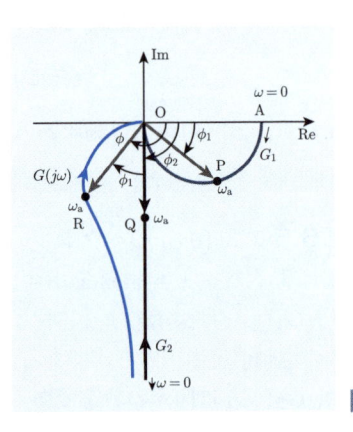

例題6.4

式 (6.8) で与えられるベクトル軌跡の図6.5 において, ω が 0 と ∞ のときの大きさと位相差, および実軸または虚軸との交点での ω と G の値を求めよ.

【解答】 ω が 0 と ∞ のときの大きさと位相差はそれぞれ次式となる.

$$\lim_{\omega \to 0} |G(j\omega)| = \lim_{\omega \to 0} \left| \frac{10}{j\omega(j\omega+1)(j\omega+2)} \right| = \lim_{\omega \to 0} \frac{10}{\omega\sqrt{\omega^2+1}\sqrt{\omega^2+4}} = \lim_{\omega \to 0} \frac{10}{2\omega} \approx \infty$$

$$\lim_{\omega \to \infty} |G(j\omega)| = \lim_{\omega \to \infty} \frac{10}{\omega^3} \approx 0$$

$$\lim_{\omega \to 0} \angle G(j\omega) = \lim_{\omega \to 0} \angle \frac{10}{j\omega(j\omega+1)(j\omega+2)} = \lim_{\omega \to 0} \angle \frac{10}{2j\omega} \approx -90°$$

$$\lim_{\omega \to \infty} \angle G(j\omega) = \lim_{\omega \to \infty} \angle \frac{10}{(j\omega)^3} \approx -270°$$

また, 実軸および虚軸との交点は次式から求められる.

$$G(j\omega) = \frac{-30\omega^2}{9\omega^4 + \omega^2(2-\omega^2)^2} - j\frac{10\omega(2-\omega^2)}{9\omega^4 + \omega^2(2-\omega^2)^2}$$

虚軸との交点は $\mathrm{Re}[G(j\omega)] = 0$ のときの ω の値であるので $\omega = \infty$ のとき $G(j\omega) = 0$ である．実軸との交点は $\mathrm{Im}[G(j\omega)] = 0$ のときの ω の値であるので $\frac{10\omega(2-\omega^2)}{9\omega^4 + \omega^2(2-\omega^2)^2} = 0$ であり，$\omega = 0$ または $\omega = \pm\sqrt{2}$．したがって $\omega = +\sqrt{2}$ を $G(j\omega)$ に代入して，$G(j\sqrt{2}) = -\frac{5}{3}$ となる．

6.3 ゲイン–位相線図

式 (6.4) で表される周波数伝達関数の絶対値（ゲイン）を常用対数のデシベルで表したものと，位相差を

$$g = 20\log_{10}|G(j\omega)|\,[\mathrm{dB}]$$
$$\phi = \angle G(j\omega)\,[°]$$

とする．ゲインをデシベル表示の縦軸，位相差を横軸に取り，$0\sim\infty$ まで変化させた ω をパラメータとして描いたベクトル $G(j\omega)$ は図6.6 に示すような軌跡となる．この軌跡を**ゲイン–位相線図**と呼んでいる．

図6.7 に基本要素のゲイン–位相線図を示す．積分要素 $\frac{K}{s}$ と微分要素 Ks および一次遅れ要素 $\frac{1}{1+Ts}$ とその逆数 $1+Ts$ はそれぞれ原点 $(0\,\mathrm{dB}, 0°)$ に対して点対称となっていることがわかる．また $\ln\frac{1}{G(j\omega)} = -\ln G(j\omega)$ に示すようにある伝達関数のゲイン–位相線図とその逆関数のゲイン–位相線図とは原点 $(0\,\mathrm{dB}, 0°)$ に関して点対称である．

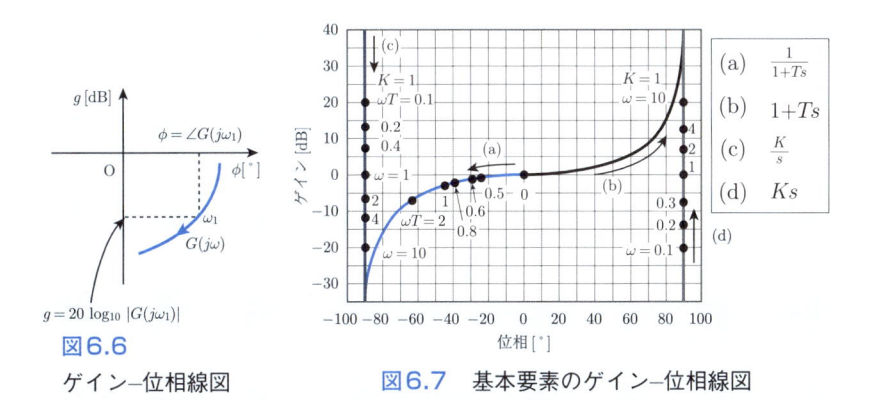

図6.6 ゲイン–位相線図

図6.7 基本要素のゲイン–位相線図

6.4 ボード線図

ゲイン–位相線図の表現に用いたゲイン g と位相 ϕ をそれぞれ縦軸に，ω の対数値を横軸に目盛り，図 6.8 に示すような線図がボード線図である．ボード線図は，ゲインに関する曲線（図 a）が**ゲイン特性曲線**，位相に関する曲線（図 b）が**位相特性曲線**と呼ばれ，2 つの特性曲線は対に ω を共通にして片対数方眼紙に描かれる．

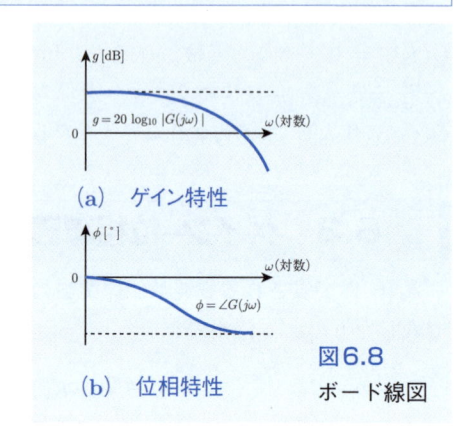

図 6.8 ボード線図

ボード線図は次の利点を持っているので制御系の特性だけでなく，装置の周波数特性を表示する場合に多く用いられる．

(i) ボード線図はゲインが dB，周波数が対数目盛を使って表しているのでゲイン，周波数とも非常に広い範囲にわたる特性を図示できる．

(ii) 基本要素のボード線図からそれらを直列結合した制御系のボード線図が容易に求められる．すなわち，周波数伝達関数を

$$G_1(j\omega) = A_1 \varepsilon^{-j\phi_1}, \quad G_2(j\omega) = A_2 \varepsilon^{-j\phi_2}$$

とすると直列結合制御系の周波数伝達関数は

$$G(j\omega) = G_1(j\omega)G_2(j\omega) = A_1 A_2 \varepsilon^{-j(\phi_1 + \phi_2)}$$

となる．したがって，ゲイン特性と位相特性は

$$g = 20(\log A_1 + \log A_2), \quad \phi = \phi_1 + \phi_2$$

で表され，G_1, G_2 のゲイン曲線と位相曲線となる．それぞれボード線図上での和となる．

(iii) 基本要素の周波数伝達関数から代数和の合成によって容易に描くことができる．

基本制御要素のボード線図を求めよう．式 (4.5) に示される一般的な周波数伝達関数は

$$G(j\omega) = \frac{K\varepsilon^{-sT_d}(1+j\omega T_1)(1+j2\zeta_1\mu_1 - \mu_1^2)}{j\omega(1+j\omega T_a)(1+j2\zeta_a\mu_a - \mu_a^2)} \tag{6.10}$$

に表される基本要素の合成でボード線図を描くことができる．ここで K, T_1, T_a, ζ_1, ζ_a, μ_1, μ_a, T_d, $\mu_1 = \frac{\omega}{\omega_{n1}}$, $\mu_a = \frac{\omega}{\omega_{na}}$ は実数．

式 (6.10) のゲイン特性と位相特性は，以下のように分割して表示でき，それぞれの代数和として表現することができる．

(i) **ゲイン特性** デシベル表示での $G(j\omega)$ の大きさ（ゲイン）は 10 を底とする $|G(j\omega)|$ の対数に 20 を掛けると得られる．

$$\begin{aligned} g &= |G(j\omega)|_{\mathrm{dB}} = 20\log_{10}|G(j\omega)| \\ &= 20\log_{10} K + 20\log|\varepsilon^{-j\omega T_d}| + 20\log_{10}|1+j\omega T_1| \\ &\quad + 20\log_{10}|1+j2\zeta_1\mu_1 - \mu_1^2| - 20\log_{10}|j\omega| \\ &\quad - 20\log_{10}|1+j\omega T_a| - 20\log_{10}|1+j2\zeta_a\mu_a - \mu_a^2| \quad (6.11) \end{aligned}$$

(ii) **位相特性**

$$\begin{aligned} \phi = \angle G(j\omega) &= \angle K + \angle\varepsilon^{-j\omega T_d} + \angle(1+j\omega T_1) + \angle(1+j2\zeta_1\mu_1 - \mu_1^2) \\ &\quad - \angle j\omega - \angle(1+j\omega T_a) - \angle(1+j2\zeta_a\mu_a - \mu_a^2) \quad (6.12) \end{aligned}$$

式 (6.11), (6.12) は，次の基本要素の組合せとなる．

(1)	K	定数，0 次（比例）要素
(2)	$(j\omega)^{\pm p}$	原点に極または零点がある場合， （微分または積分要素：$p=1$）
(3)	$(1+j\omega T)^{\pm q}$	原点以外の単極または零点， 一次要素（遅れまたは進み：$q=1$）
(4)	$(1+j2\zeta\mu - \mu^2)^{\pm r}$	複素極または零点，二次要素（遅れまたは進み：$r=1$）
(5)	$\varepsilon^{-j\omega T_d}$	むだ時間要素

ただし，p, q, r は正の整数

(1) **0 次要素（比例要素 proportional element）** この場合，特性は

$$g = 20\log_{10} K, \quad \phi = \angle K = \begin{cases} 0° & (K>0) \\ -180° & (K<0) \end{cases}$$

となりボード線図は **図6.9** で表される．

(2) **原点の極または零点**（$p=1$ のとき，**積分要素**（integral element）と**微分要素**（differential element）） ゲイン特性は

$$g = 20\log_{10}|(j\omega)^{\pm p}| = \pm 20p\log_{10}\omega \,[\mathrm{dB}]$$

となり，その直線の傾斜は

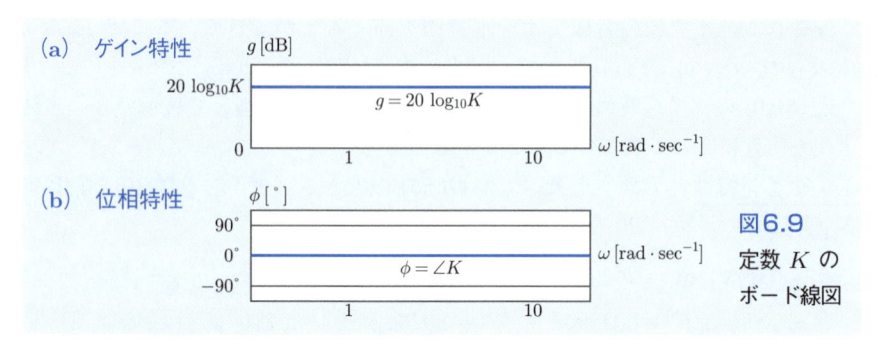

第 6 章　正弦波入力の定常応答 — 周波数特性 —

(a) ゲイン特性

(b) 位相特性

図6.9 定数 K のボード線図

$$\frac{d\{20\log_{10}|(j\omega)^{\pm p}|\}}{d(\log_{10}\omega)} = \frac{d(\pm 20p\log_{10}\omega)}{d(\log_{10}\omega)} = \pm 20p\,[\text{dB}\cdot\text{dec}^{-1}]$$

$$= \pm 20p \times 0.301\,[\text{dB}\cdot\text{octave}^{-1}]$$

となる．また，$\omega=1$ ですべて 0 dB を通る直線である．ここで傾斜に用いるデカード（decade）とオクターブ（octave）は次のように定義されている．

$$\omega_1 \text{ と } \omega_2 \text{ のデカード数} = \frac{\log_{10}\left(\frac{\omega_2}{\omega_1}\right)}{\log_{10} 10} = \log_{10}\frac{\omega_2}{\omega_1}$$

$$\omega_1 \text{ と } \omega_2 \text{ のオクターブ数} = \frac{\log_{10}\left(\frac{\omega_2}{\omega_1}\right)}{\log_{10} 2} = \frac{1}{0.301}\log_{10}\frac{\omega_2}{\omega_1}$$

すなわち，ω_1 と ω_2 に 10 倍の違いがあるとき（$\frac{\omega_2}{\omega_1}=10$ のとき）1 デカードと呼び対数目盛では単位長さの変化となる．同様に，$\frac{\omega_2}{\omega_1}=2$ のとき 1 オクターブと呼び，$0.301 \times$ オクターブ = 1 デカード となる．

また，位相は次式となり，$90°$ の $\pm p$ 倍で一定となる．

$$\phi = \angle(j\omega)^{\pm p} = \pm p \times 90°$$

ボード線図は 図6.10 となり，p の値によって傾斜と位相が異なっていることがわかる．

特に積分要素と微分要素のボード線図は 図6.10 において $p=1$ とおきマイナスは積分要素，プラスは微分要素を表している．積分要素は $G(j\omega)=\frac{1}{j\omega T_\text{I}}$ であるので

$$g = 20\log_{10}\frac{1}{j\omega T_\text{I}} = 20\log_{10}\frac{1}{T_\text{I}} - 20\log_{10}\omega$$

$$\phi = \angle\frac{1}{T_\text{I} j\omega} = -90°$$

微分要素は $G(j\omega) = j\omega T_\text{D}$ であるので

$$g = 20\log(j\omega T_\text{D}) = 20\log_{10} T_\text{D} + 20\log_{10}\omega$$

$$\phi = \angle j\omega T_\text{D} = +90°$$

6.4 ボード線図

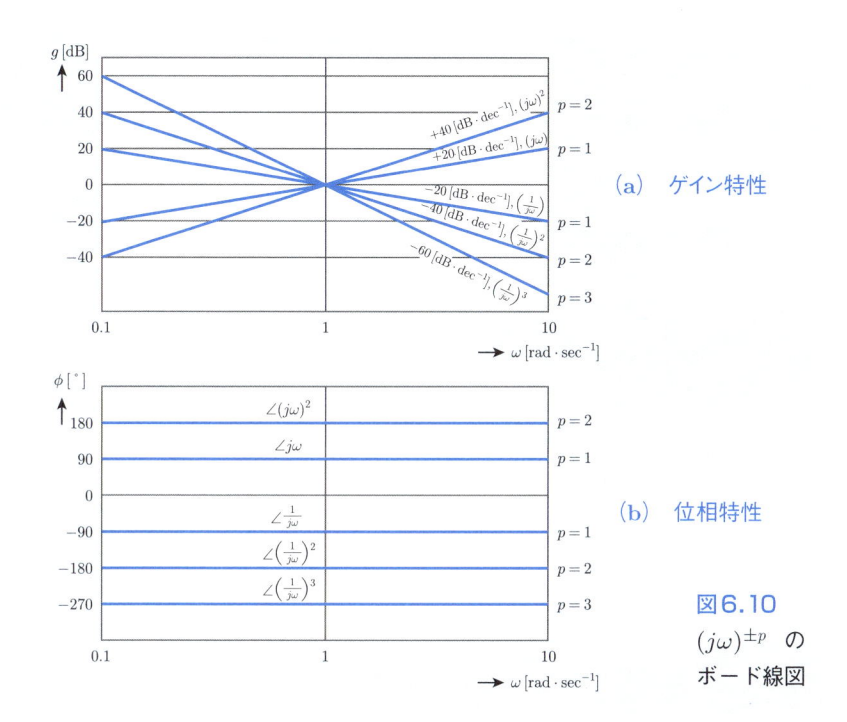

図6.10 $(j\omega)^{\pm p}$ のボード線図

(a) ゲイン特性

(b) 位相特性

となり，ボード線図はそれぞれ**図6.11 (a), (b)** となる．積分要素は**図6.11 (a)** で傾斜が $-20\,\mathrm{dB}\cdot\mathrm{dec}^{-1}$，$\omega$ が $\frac{1}{T_\mathrm{I}}$ のとき $0\,\mathrm{dB}$ を通り直線となり，位相は $-90°$ で一定である．また，微分要素は**図6.11 (b)** で傾斜が $20\,\mathrm{dB}\cdot\mathrm{dec}^{-1}$ で，ω が $\frac{1}{T_\mathrm{D}}$ のとき $0\,\mathrm{dB}$ を通り直線となり，位相は $90°$ で一定であることがわかる．また，$0\,\mathrm{dB}$ の横軸に対して積分要素と微分要素は対称であることがわかる．

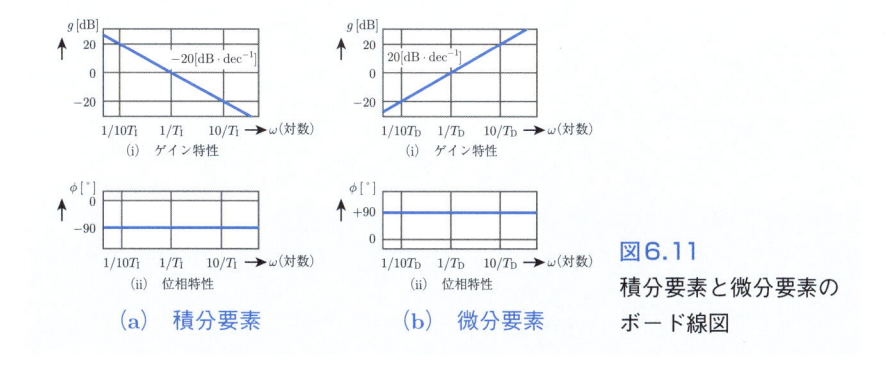

図6.11 積分要素と微分要素のボード線図

(a) 積分要素

(b) 微分要素

(3) **原点以外の単極または零点** ($q = 1$ の場合, **一次遅れ要素**(first order lag element), **一次進み要素**(first order lead element)) ゲイン特性は

$$g = 20\log_{10}|(1+j\omega T)^{\pm q}| = 20\log_{10}\left(\sqrt{1+\omega^2 T^2}\right)^{\pm q}$$
$$= \pm 20q\log_{10}\left(\sqrt{1+\omega^2 T^2}\right)$$

となり, 位相特性は

$$\phi = \angle(1+j\omega T)^{\pm q} = \pm q\tan^{-1}\omega T$$

になる. 特性は q 回だけ一次遅れ要素または一次進み要素の和または差を取ればよいことがわかる. ここで, $q > 1$ のときは, $q = 1$ の特性曲線を q の回数だけ和または差を取ればよいので $q = 1$ の場合のボード線図を描く. $q = 1$ であるので $G(j\omega) = (1+j\omega T)^{\pm 1}$. したがってゲイン特性は

$$g = 20\log_{10}|G(j\omega)| = \pm 20\log_{10}\sqrt{1+\omega^2 T^2}$$

位相特性は

$$\phi = \angle(1+j\omega T)^{\pm 1} = \pm\angle\tan^{-1}\omega T$$

である. また, 一次遅れ要素と一次進み要素のゲイン特性曲線は $0\,\mathrm{dB}$ を軸に対称であり, 位相特性は $0°$ を軸に対称であるので一次遅れ要素について作図する.

ボード線図の概形を作図する場合, g の値が ω を 0 に近づけたときに漸近する直線と ∞ に近づけたときに漸近する直線を求めると便利である. これらの直線を**漸近線**と呼ぶ.

(a) $\omega T \ll 1$ のとき $\omega^2 T^2 \ll 1$ であるので, ω を 0 に近づけたときの漸近線 g_1 は

$$g_1 \approx -20\log_{10} 1 = 0\,[\mathrm{dB}]$$

(b) $\omega T \gg 1$ のとき $1+\omega^2 T^2 \approx \omega^2 T^2$ であるので, ω を ∞ に近づけたときの漸近線 g_2 は

$$g_2 \approx -20\log_{10}\sqrt{\omega^2 T^2} = -20\log\omega T$$

傾斜は $-20\,\mathrm{dB}\cdot\mathrm{dec}^{-1}$ である.

(c) g_1 と g_2 の交点は次のように求められる. $g_2 = 0\,[\mathrm{dB}]$ すなわち $20\log_{10}\omega T = 0$ のとき g_1 と公差するので

$$\omega T = 1 \qquad \therefore \quad \omega_1 = \frac{1}{T}$$

のとき公差する．ここで $\omega_1 = \frac{1}{T}$ を**折点角周波数**(corner angular freqnency)と呼ぶ．折点角周波数 $\omega = \frac{1}{T}$ での漸近線と実際のゲイン特性曲線との差は

$$g - g_1 = -20\log_{10}\sqrt{1+\omega^2 T^2} - 0$$
$$= -10\log_{10} 2 = -3.01\,[\mathrm{dB}]$$

となり誤差は少ない．この誤差は折点角周波数で最大の 3.01 dB であるが，$\omega T = 0.1$ または 10 のときには 0.043 dB であり漸近線を用いてゲイン特性曲線を描いても大きな誤差はないことがいえる．

位相特性曲線は，以下で求めるように 3 本の漸近線を用いて描くことができる．

(a) $\omega T \ll 1$ のとき $\phi_1 = \angle(1+j\omega)^{-1} \approx -\angle 1 \approx 0°$
(b) $\omega T \gg 1$ のとき $\phi_2 = \angle(1+j\omega T)^{-1} \approx \angle(j\omega T)^{-1} \approx -90°$
(c) $\omega T = 1$ のとき $\phi_3(\omega T = 1) = \angle(1+j)^{-1} = -\angle(1+j) = -45°$
(d) $\omega T = 1$ で $\phi_3 = -45°$ で点対称であり，実際の曲線にその点で接線を引くと ϕ_3 は $\omega T = \frac{1}{5}$ で 0°，$\omega T = 5$ で $-90°$ となる．誤差は $\omega = \frac{1}{5T}$，および $\frac{5}{T}$ で 11.3° である．位相特性曲線は折れ線近似により求められる．

一次遅れ要素のボード線図は図 6.12 **(a)**, **(b)** に示すようになる．

図 6.13 に一次系要素のボード線図を描く．

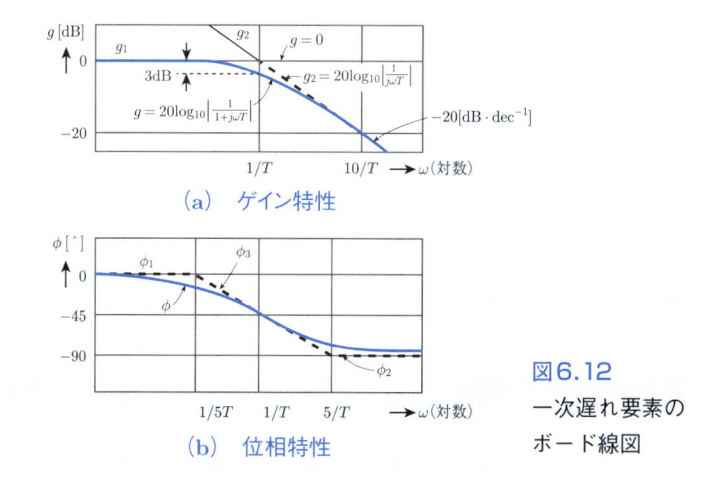

(a) ゲイン特性

(b) 位相特性

図 6.12
一次遅れ要素の
ボード線図

図6.13 $(1+j\omega T)^{\pm 1}$ のボード線図

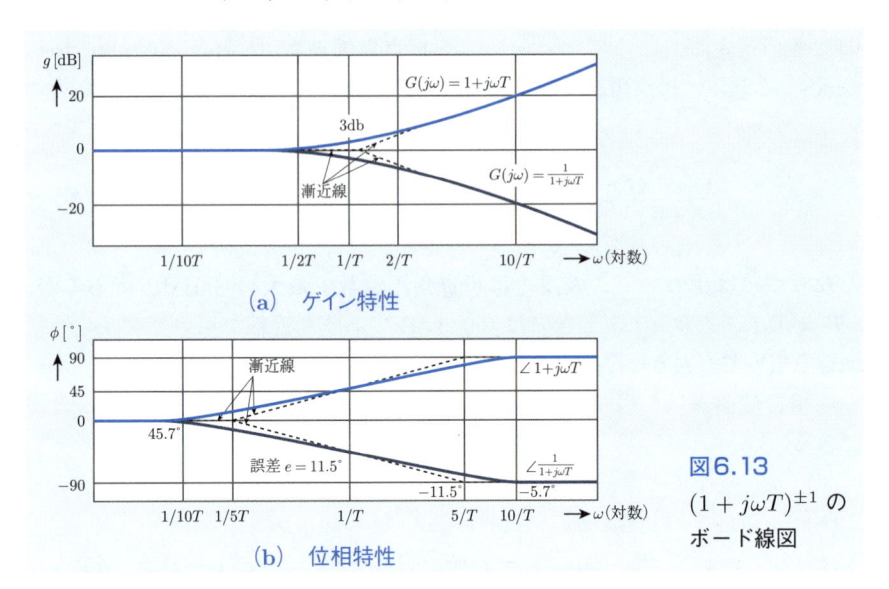

(a) ゲイン特性

(b) 位相特性

(4) **複素数極または複素数零点**（$r=1$ の場合，**二次遅れ要素**（second order lag element），**二次進み要素**（second order lead element））　二次遅れ要素について概形を作図する方法を述べる．ゲイン特性は

$$g = 20\log_{10}|G(j\omega)| = -20\log_{10}\sqrt{\left\{1-\left(\frac{\omega}{\omega_n}\right)^2\right\}^2 + 4\zeta^2\left(\frac{\omega}{\omega_n}\right)^2}$$

位相特性は

$$\phi = -\tan^{-1}\left\{\frac{\frac{2\zeta\omega}{\omega_n}}{1-\left(\frac{\omega}{\omega_n}\right)^2}\right\}$$

となるのでそれぞれの式に角周波数 ω を代入して特性値を求めボード線図を描く必要がある．漸近線は以下となる．

(a) $\frac{\omega}{\omega_n} \ll 1$ のとき　$g_1 \approx -20\log_{10} 1 = 0\,[\text{dB}]$

(b) $\frac{\omega}{\omega_n} \gg 1$ のとき　$g_2 \approx -20\log_{10}\sqrt{\left(\frac{\omega}{\omega_n}\right)^4} = -40\log\frac{\omega}{\omega_n}\,[\text{dB}]$

傾斜は $-40\,\text{dB}\cdot\text{dec}^{-1}$ である．

(c) 折点周波数は $\omega = \omega_n$ となる．

図6.14 にボード線図を示す．ゲイン特性は漸近線 g_1 および g_2 であるが位相特性とともに ζ の値により特性が大きく変化することがわかる．すべての位相特性は折点角周波数 $\omega = \omega_n$ で ζ の値に無関係で位相は $-90°$ となり，この点に関して点対称である．

(a) ゲイン特性

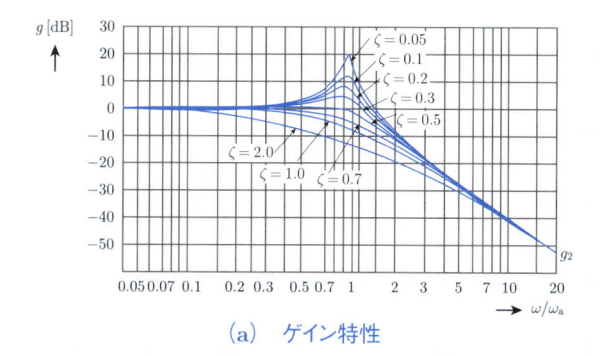

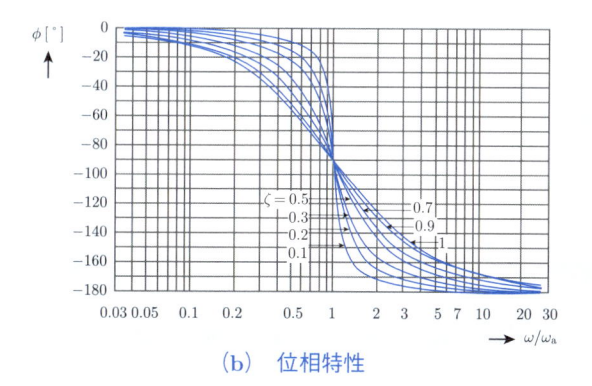

(b) 位相特性

図6.14 二次遅れ要素のボード線図

(5) **むだ時間要素** むだ時間要素のゲイン特性と位相特性は

$$g = 20\log_{10}|G(j\omega)| = 20\log_{10}|\varepsilon^{-j\omega T_d}| = 20\log_{10}1 = 0\,[\text{dB}]$$
$$\phi = \angle G(j\omega) = -\omega T_d = -\frac{180\omega T_d}{\pi}\,[°]$$

になり，ゲイン特性曲線は0dBで一定，位相特性は $-\omega T_d$ となる．図6.15にボード線図を描く．

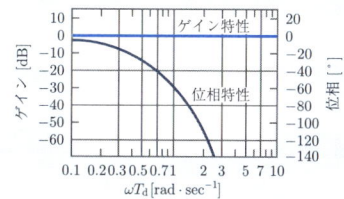

図6.15 むだ時間要素のボード線図

例題6.5

[例題 6.3] で与えられた周波数伝達関数のボード線図の概形を描け.

【解答】 周波数伝達関数は

$$G(j\omega) = \frac{10}{j\omega(1+j\omega)} = G_1(j\omega)G_2(j\omega)G_3(j\omega)$$

ただし, $G_1(j\omega) = 10$, $G_2(j\omega) = \frac{1}{j\omega}$, $G_3(j\omega) = \frac{1}{1+j\omega}$

ゲイン特性は,

$$g = 20\log_{10}10 - 20\log_{10}|j\omega| - 20\log_{10}|1+j\omega|$$

$$= g_1 + g_2 + g_3$$

ただし, $g_1 = 20\log_{10}10$, $g_2 = -20\log_{10}|j\omega|$, $g_3 = -20\log_{10}|1+j\omega|$. 位相特性は

$$\phi = \angle 10 + \angle\frac{1}{j\omega} + \angle\frac{1}{1+j\omega}$$

$$= \phi_1 + \phi_2 + \phi_3$$

ただし, $\phi_1 = \angle 10$, $\phi_2 = -\angle j\omega = -90°$, $\phi_3 = -\angle(1+j\omega)$ とおく. ボード線図は下図のようになる.

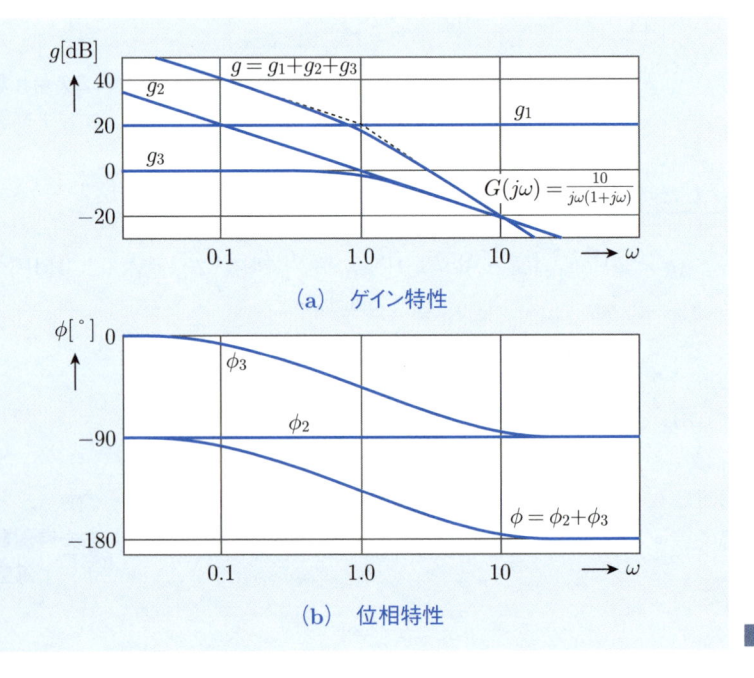

(a) ゲイン特性

(b) 位相特性

6.5 ニコルズ線図

ニコルズ線図は，一巡伝達関数のボード線図またはベクトル軌跡からフィードバック制御系全体の周波数応答，すなわち目標値に対する制御量の周波数応答が容易に求められる方法である．

一般形のフィードバック制御系の 図6.16 (a) は，等価変換によって 同図 (b) のように直結フィードバック制御系にすることができる．この直結フィードバック系を取り出し，一巡伝達関数 $G(s)H(s)$ を改めて $G(s)$ とおくと 図6.17 となり，この制御系からフィードバック制御系全体の周波数応答について考えることができる．すなわち，図6.17 の直結フィードバック制御系の出力に $\frac{1}{H(j\omega)}$ を乗ずれば制御量を得ることができる．

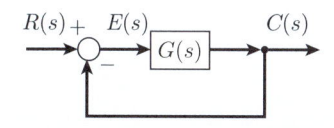

(a) 一般のフィードバック制御系

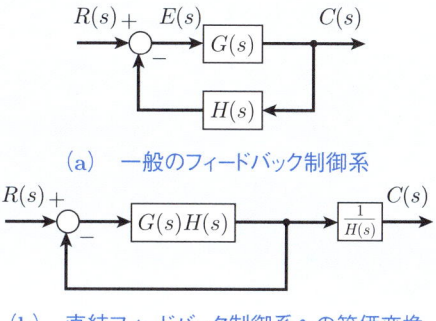

(b) 直結フィードバック制御系への等価変換

図6.16 フィードバック制御系

図6.17 直結フィードバック制御系

図6.17 の直結フィードバック制御系全体の周波数伝達関数，すなわち目標値に対する制御量の周波数応答 $M(j\omega)$ は

$$M(j\omega) = \frac{C(j\omega)}{R(j\omega)}$$
$$= \frac{G(j\omega)}{1+G(j\omega)} = M\varepsilon^{j\alpha}$$

である．ただし

$$G(j\omega) = |G(j\omega)|\varepsilon^{\angle G(j\omega)}$$
$$= \gamma\varepsilon^{j\phi}$$

である．周波数伝達関数 $M(j\omega)$ は

$$M(j\omega) = \frac{1}{1+\frac{1}{G(j\omega)}} = \frac{1}{1+\frac{1}{\gamma}\varepsilon^{-j\phi}}$$

$$= \frac{1}{1+\frac{1}{\gamma}(\cos\phi - j\sin\phi)}$$

$$= \frac{1}{\left(1+\frac{1}{\gamma}\cos\phi\right) - j\frac{1}{\gamma}\sin\phi}$$

であり，極形式表示の大きさと位相を用いて表すと

$$M = \left|\frac{1}{\left(1+\frac{1}{\gamma}\cos\phi\right) - j\frac{1}{\gamma}\sin\phi}\right|$$

$$= \frac{1}{\sqrt{\left(1+\frac{1}{\gamma}\cos\phi\right)^2 + \left(\frac{\sin\phi}{\gamma}\right)^2}}$$

$$= \frac{1}{\sqrt{1+2\frac{1}{\gamma}\cos\phi + \left(\frac{1}{\gamma}\right)^2}} \tag{6.13}$$

$$\alpha = \tan^{-1}\frac{\frac{\sin\phi}{\gamma}}{1+\frac{\cos\phi}{\gamma}}$$

$$= \tan^{-1}\frac{\sin\phi}{\gamma + \cos\phi} \tag{6.14}$$

式 (6.13) を γ について解くと，M をパラメータとした γ と ϕ の関係の

$$\gamma = \frac{M^2}{M^2-1}\left(-\cos\phi \pm \sqrt{\cos^2\phi - \frac{M^2-1}{M^2}}\right) \tag{6.15}$$

が求められる．さらに，式 (6.14) から α をパラメータとした γ と ϕ の関係が

$$\gamma = \cot\alpha\sin\phi - \cos\phi \tag{6.16}$$

で表される．

制御系の全伝達関数 $M(s)$ の振幅比 M と位相差 α の種々の値に対して γ と ϕ の関係を式 (6.15) と式 (6.16) から求め，横軸に位相差 ϕ，縦軸の γ のゲイン $20\log_{10}\gamma$ を取って作図すると **図6.18** の線図が得られる．その線図の上に $G(j\omega)$ のゲイン–位相線図を描き込み，線図との交点を順次求めることにより $M(j\omega)$ の周波数特性が得られる．**図6.18** に示すように，式 (6.15) と式 (6.16) をもとにして作図し，M と α の値を描いた線図を**ニコルズ線図**と呼んでいる．

ニコルズ線図は，γ すなわち $G(j\omega)$ の絶対値が大幅に変化しても対応できるので，フィードバック制御系の解析や設計に広く用いられている．たとえば，ニコルズ線図上に一巡伝達関数 $G(j\omega)$ のゲイン–位相線図を描くと，$M = $ 一

6.5 ニコルズ線図

定 および $\alpha =$ 一定 の曲線との交点から，閉ループ系の周波数応答が直読できる．また，$G(j\omega)$ のゲイン–位相線図とニコルズ線図上の定 M 曲線との交点から，振幅の最大値 M_p とそのときの角周波数 ω_p の値を容易に読み取ることができる．

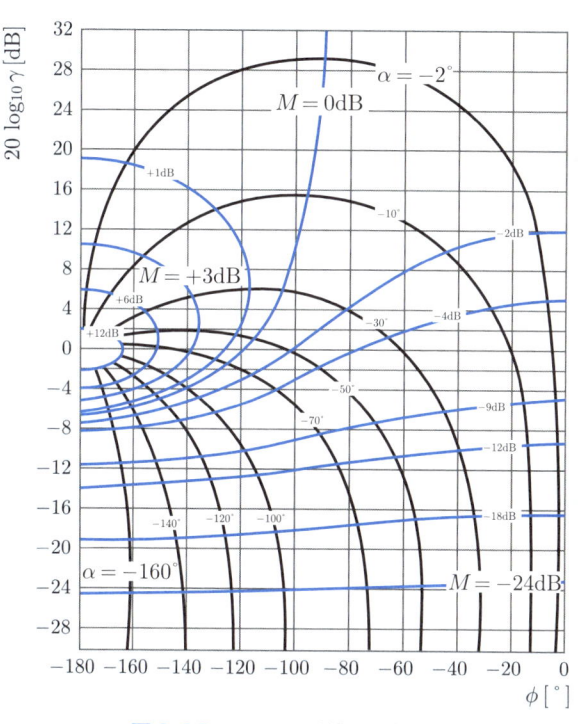

図6.18 ニコルズ線図の概形

6章の問題

☐ **6.1** 周波数伝達関数 $G(j\omega)$ は，なぜ伝達関数 $G(s)$ の s を $j\omega$ と置き換えることによって得られるかを説明せよ．

☐ **6.2** 周波数応答の求め方を説明せよ．

☐ **6.3** 次の周波数伝達関数のベクトル軌跡の概形を描け．

$$G(j\omega) = \frac{K}{1+2\zeta \frac{j\omega}{\omega_n} + \left(\frac{j\omega}{\omega_n}\right)^2}$$

☐ **6.4** 次の制御要素のベクトル軌跡の概形を描け．ただし，$T_1 > T_2 > T_3$ とする．

(1) $G(s) = \frac{K}{(1+sT_1)(1+sT_2)(1+sT_3)}$

(2) $G(s) = \frac{K}{1+sT} e^{-s\tau}$

☐ **6.5** 二次遅れ制御系でゲイン特性が極大値を取る共振角周波数 ω_p とそのときのゲインの共振値 M_p が

$$\omega_p = \sqrt{1-2\zeta^2}\,\omega_n, \quad M_p = \frac{1}{2\zeta\sqrt{1-\zeta^2}}$$

となることを示せ．ただし，$\frac{1}{\sqrt{2}} > \zeta > 0$ とする．

☐ **6.6** 図6.18 に示されるニコルズ線図の性質を述べよ．

☐ **6.7** 図6.16 **(a)** のフィードバック制御系の周波数特性をニコルズ線図を用いて求める方法を述べよ．

第7章

制御系の安定判別

　この章では制御系の重要な基本3仕様の一つである安定性について説明し，安定性を判断する方法を述べる．基本的には制御系の伝達関数の分母を0にする極の位置，すなわち特性方程式の根の位置で安定判別ができる．しかし，特性根の複素平面上の位置が判明しないときにも判断しなければならない．このような場合を含め安定判別をする方法を調べる．

7.1 安定性の意味と特性方程式

7.1.1 動的システムの安定性

動的システムの安定性は，システムに要求される重要な性質の一つである．システムが目標値や外乱の変化などによって生じた過渡現象が時間の経過とともに消滅し，偏差が 0 または定常値に達することを制御系は安定であるという．不安定な制御系では，生じた過渡現象が時間とともに増大するか，または持続振動を伴って偏差が 0 または定常値に達しない．

安定性の概念を 図7.1 に示す．図示のようにボールの位置には安定な平衡点 (A, C)，不安定で平衡点 (B)，および不安定で不平衡点 (D, F) がある．実用的な制御系では安定であるかどうかを判断しなければならないし，不安定な系では平衡点を作り安定化する必要がある．

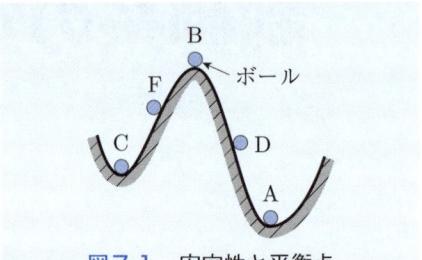

図7.1 安定性と平衡点

図7.2 は物体（質量：M）の磁気浮上系での安定性の概念を示している．物体をある一定の距離（磁極間距離）で浮上させるためには，磁極間距離の 2 乗に反比例する磁極間の吸引力（図 (a)）または反発力（図 (b)）が 物体の重量や外力と等しい平衡点で釣り合うようにコイル電流を瞬時に増減し制御する必要がある．図 (a) では平衡点の電流より少なければ物体は落下し，大きければ物体は吸着されて不安定である（詳細は第 11 章参照）．また，図 (b) では流す電流が平衡点での電流より少ないときは物体が吸着し落下し，多いときは平衡点が上部に移動する．

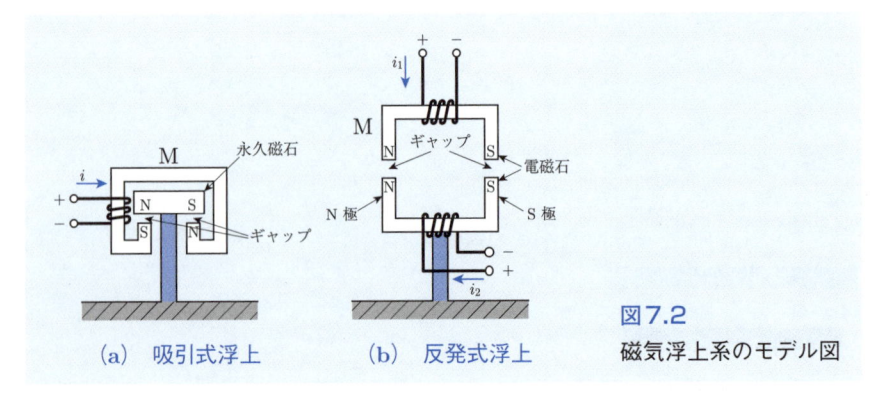

(a) 吸引式浮上　　(b) 反発式浮上

図7.2 磁気浮上系のモデル図

7.1 安定性の意味と特性方程式

例題7.1

三相誘導電動機の回転速度 (ω_m) と電動機発生トルク (T_M) および負荷トルク (T_L) との関係が右図に示す特性を持っているとき平衡点 A と B は定常状態で安定であるか不安定であるか判断せよ．

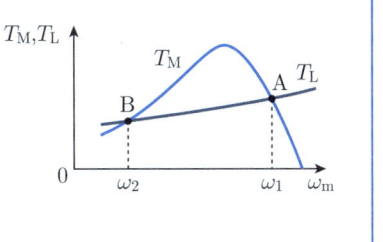

【解答】 平衡点 A と B での発生トルクと負荷トルクの関係は下図のようになっている．図 (a) の平衡点 A では，ω_1 より遅い速度では発生トルク (T_M) が負荷トルク (T_L) より大きいので加速トルクが生じ，速い速度では T_L が T_M より大きくなり，T_L によって減速されるので安定である．図 (b) の平衡点 B では上記の関係が逆となり，ω_2 より遅い速度で減速，速い速度で加速されるトルクとなり不安定である．

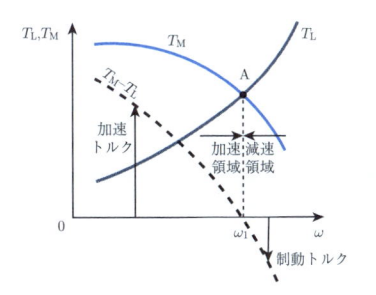

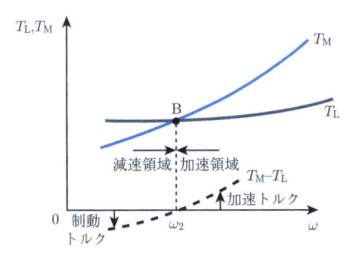

(a) 定常運転で安定な動作点　　(b) 定常運転で不安定な動作点

7.1.2 特性方程式と安定判別法

制御システムが安定か不安定かは，第4章で述べたように過渡応答のふるまいによって決まる．線形制御システムの過渡応答を支配するものは，システムの特性方程式である．

表7.1 に特性方程式の複素平面上の根の配置とインディシャル応答の概形の関係を示す．同表 (a), (b) は安定な制御系の過渡応答であり，目標値や外乱の変化などによって生じた過渡現象が減衰し，偏差が再び定常値に達する制御系である．

表 (c) は安定限界の応答を示す制御系であり，応答は一定の振幅で振動を持続する．この場合は安定な制御系とはいえない．表 (d), (e) は不安定な系である．

表7.1 特性根の配置とインディシャル応答概形

	特性根の配置	インディシャル応答
(a) $\zeta \geq 1$ 減衰		
(b) $1 > \zeta > 0$ 減衰振動		
(c) $\zeta = 0$ 定常振動		
(d) $0 > \zeta > -1$ 発振増大		
(e) $-1 > \zeta$ 増大		

ただし，$1 + G(s)H(s) = s^2 + 2\zeta\omega_n s + \omega_n^2 = 0$

過渡応答は時間とともに持続振動を伴って振幅が増大し，または単純に増大を続ける応答である．

　以上制御系の全体の伝達関数の特性方程式が安定性を支配することがわかった．次に特性方程式の一般化を行う．特性方程式は

$$1 + G(s)H(s) = 0$$

$$G(s)H(s) = 一巡伝達関数$$

であり，この方程式の解である s の値を**特性根**という．ただし次式とおく．

$$G(s)H(s) = \frac{K(s-z_1)(s-z_2)\cdots(s-z_l)}{(s-p_1)(s-p_2)\cdots(s-p_m)}$$

ここで $l < m$ である．一巡伝達関数を特性方程式に代入すると

$$1 + \frac{K(s-z_1)(s-z_2)\cdots(s-z_l)}{(s-p_1)(s-p_2)\cdots(s-p_m)}$$
$$= \frac{(s-p_1)(s-p_2)\cdots(s-p_m) + K(s-z_1)(s-z_2)\cdots(s-z_l)}{(s-p_1)(s-p_2)\cdots(s-p_m)}$$

となり，分子を s の降べきの順に並べると

$$1 + G(s)H(s) = \frac{a_0 s^m + a_1 s^{m-1} + \cdots + a_{m-1} s + a_m}{(s-p_1)(s-p_2)\cdots(s-p_m)} = 0 \tag{7.1}$$

となる．ただし $a_0 \sim a_m$ は実係数とする．したがって，特性方程式は，式 (7.1) の分子が因数分解できれば次式となる．

$$\frac{a_0(s-s_1)(s-s_2)\cdots(s-s_m)}{(s-p_1)(s-p_2)\cdots(s-p_m)} = 0 \tag{7.2}$$

できなければ次式を書ける．

$$a_0 s^m + a_1 s^{m-1} + \cdots + a_{m-1} s + a_m = 0 \tag{7.3}$$

安定判別法は，(1) 特性方程式の係数から判断する**ラウス-フルビッツ**（Routh-Hurwitz）**の安定判別法**，(2) 一巡周波数伝達関数のベクトル軌跡から判断する**ナイキスト**（Nyquist）**の安定判別法**，(3) 特性方程式の根の軌跡をもとに判断する**根軌跡法**（Rout locus plot），(4) 一巡周波数伝達関数から求める**ボード線図法**，および (5) 非線形制御系にも適用できて，状態方程式を用いる**リャプノフの方法**（Lyapunov's stability criterion）がある．ここでは，(1), (2) および (4) について説明し，(3) の根軌跡法は第 8 章で独立に扱い，リャプノフの方法は取り扱わないことにする．

7.2 ラウス-フルビッツの安定判別法

7.2.1 ラウスの方法

多項式で表された特性方程式 (7.3) が因数分解できないとき，その係数からすべての根が根平面上の左半面に存在する条件を調べ，安定であるか調査する方法が**ラウスの方法**と**フルビッツの方法**である．

ラウスの方法は多項式の係数から作る**ラウス表**をもとに判断する．フルビッツの方法はその係数から行列を作り判断する．この2つの方法は独立に考案されたが本質的にまったく等価であることが証明されているので**ラウス-フルビッツの安定判別法**と呼ばれている．

ラウス表は，再掲した特性方程式 (7.3) の係数から**表7.2**のように作成する．

表7.2 ラウス表

s^m 行	a_0	a_2	a_4	a_6	$a_8 \cdots$
s^{m-1} 行	a_1	a_3	a_5	a_7	$a_9 \cdots$
s^{m-2} 行	$b_1=\frac{a_1a_2-a_0a_3}{a_1}$	$b_2=\frac{a_1a_4-a_0a_5}{a_1}$	$b_3=\frac{a_1a_6-a_0a_7}{a_1}$	$b_4=\frac{a_1a_8-a_0a_9}{a_1}$	$b_5 \cdots$
s^{m-3} 行	$c_1=\frac{b_1a_3-a_1b_2}{b_1}$	$c_2=\frac{b_1a_5-a_1b_3}{b_1}$	$c_3=\frac{b_1a_7-a_1b_4}{b_1}$	$c_4=\frac{b_1a_9-a_1b_5}{b_1}$	$c_5 \cdots$
s^{m-4} 行	$d_1=\frac{c_1b_2-b_1c_2}{c_1}$	$d_2=\frac{c_1b_3-b_1c_3}{c_1}$	$d_3=\frac{c_1b_4-b_1c_4}{c_1}$	$d_4=\frac{c_1b_5-b_1c_5}{c_1}$	$d_5 \cdots$
$\vdots$	$\vdots$	$\vdots$	$\vdots$	$\vdots$	$\vdots$
s^5 行	f_1	f_2	f_3	0	0
s^4 行	g_1	g_2	g_3	0	0
s^3 行	$h_1=\frac{g_1f_2-f_1g_2}{g_1}$	$h_2=\frac{g_1f_3-f_1g_3}{g_1}$	0	0	0
s^2 行	$i_1=\frac{h_1g_2-g_1h_2}{h_1}$	$i_2=\frac{h_1g_3}{h_1}=g_3$	0	0	0
s^1 行	$j_1=\frac{i_1h_2-h_1i_2}{i_1}$	0	0	0	0
s^0 行	$k_1=\frac{j_1i_2}{j_1}=i_2$	0	0	0	0

$$\Delta(s) = a_0s^m + a_1s^{m-1} + \cdots + a_{m-1}s + a_m = 0 \quad \cdots(7.3)$$

この表の第1列目 ($a_0, a_1, b_1, c_1, d_1, \ldots, j_1, k_1$) を**ラウス数列**といい,この数列から安定性を判断する.制御系が安定であるための条件は次の通りである.

必要条件:多項式の係数すべてが存在し,かつ同一符号であること.
必要十分条件:ラウス数列のすべての符号が同一であること.

必要条件は次のように証明できる.次のように多項式が因数分解でき,根 ($r_1, r_2, \ldots$) が s 平面の左半面にあるとする.

$$\Delta(s) = a_0(s-r_1)(s-r_2)\cdots(s-r_m) = 0$$

この式を開き降べきの順に並べると

$$\begin{aligned}\Delta(s) = {} & a_0s^m - a_0(r_1+r_2+\cdots+r_m)s^{m-1} \\ & + a_0(r_1r_2+r_1r_3+r_2r_3+\cdots)s^{m-2} \\ & - a_0(r_1r_2r_3+r_1r_2r_4+\cdots)s^{m-3} \\ & + a_0(-1)^m r_1r_2\cdots r_m = 0\end{aligned}$$

となり根がすべて負の実数であるとすれば係数はすべて a_0 と同一符号であることが必要になる．しかしこの条件は必要であって十分ではない．そこでラウス表から判断することになる．

ラウス表から得られる安定の基準は，ラウス数列の符号に注目して次のことがいえる．

(a) すべての符号が同じであれば制御系は安定
(b) 正，負の符号が混在すれば制御系は不安定
(c) 数列に沿って符号の変化回数が特性根のうち根平面の虚軸より右半面に存在する根（不安定根）の数に相当

7.2.2 ラウスの方法の特別な場合

ラウス表のラウス数列の途中に 0 が現れ，表が完成できない場合がある．

(i) ラウス数列の途中に 0 があり，同じ行に 0 でない要素がある場合

元の特性方程式に $(s+1)$ を掛け，得られた方程式についてラウス表を作成して判断する．たとえば，特性方程式の

$$\Delta(s) = s^4 + s^3 + 3s^2 + 3s + 3 = 0 \tag{7.4}$$

を考える．この式のラウス表は 表7.3 となりラウス数列に 0 が現れ，その行の 2 列目は 0 ではないことがわかる．式 (7.4) に $(s+1)$ を掛けた $\Delta_1(s)$ を求めると

$$\Delta_1(s) = (s+1)(s^4 + s^3 + 3s^2 + 3s + 3)$$
$$= s^5 + 2s^4 + 4s^3 + 4s^2 + 6s + 3 = 0$$

となる．ラウス表を作成すると 表7.4 となり表を完成できる．この表からラウス列が 2 回の符号反転があるので 2 個の不安定根を持つことがわかる．

式 (7.4) を数値計算で解くと 2 個の不安定根があることが確かめられる．

表7.3 $\Delta(s)$ のラウス表

s^4	1	3	3
s^3	1	3	
s^2	0	3	
s^1	∞		
s^0			

表7.4 $\Delta_1(s)$ のラウス表

s^5	1	4	6
s^4	2	4	3
s^3	$2 = \frac{2\times 4 - 4}{2}$	$4.5 = \frac{2\times 6 - 3}{2}$	0
s^2	$-0.5 = \frac{8-9}{2}$	$3 = \frac{6}{2}$	
s^1	$6 = \frac{-9-6}{-0.5}$	0	
s^0	3		

(ii) **ラウス表のある行の要素がすべて 0 となる場合**　ラウス表の該当する行のすぐ上の行の係数を用いて，補助多項式を作る．この多項式を s について微分して得られた多項式の係数を該当行の係数として用いてラウス表を完成させる．

次の特性方程式について考える．

$$\Delta_2(s) = s^4 + 2s^3 + 11s^2 + 18s + 18$$
$$= 0 \tag{7.5}$$

ラウス表を作成すると表7.5 となり，s^1 行が 0 となる．したがって s^2 行の係数を用いて補助多項式

$$2s^2 + 18 = 0 \tag{7.6}$$

を得る．この式を s で微分すると

$$4s + 0 = 0$$

補助多項式を用いてラウス表を作成すると表7.6 となり，ラウス数列の符号の反転はない．したがって，この制御系は不安定根を持たないことがわかる．

表7.5　$\Delta_2(s)$ のラウス表

s^4	1	11	18
s^3	2	18	
s^2	2	18	
s^1	0	0	
s^0			

表7.6　補助多項式を用いたラウス表

s^4	1	11	18
s^3	2	18	
s^2	2	18	
s^1	4	0	
s^0	18		

ここで補助多項式の根は元の制御系の特性根に含まれることを示す．式 (7.6) を解くと

$$s^2 + 9 = 0$$
$$s = \pm j3$$

の純虚数が得られる．この式を用いて式 (7.5) を因数分解すると

$$(s^2 + 9)(s^2 + 2s + 2) = 0$$

となり補助多項式の根は特性方程式の根に含まれることがわかり，判定結果が正しいことを裏付けている．

■ 例題 7.2

右図 の制御系が安定であるための K の条件を求めよ．

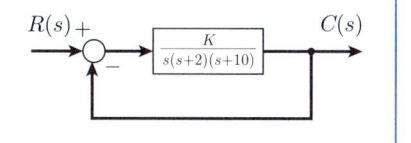

【解答】 特性方程式は

$$1 + \frac{K}{s(s+2)(s+10)} = 0$$

したがって多項式で表すと

$$s^3 + 12s^2 + 20s + K = 0$$

右のラウス表より，$\frac{12 \times 20 - K}{12} > 0,\ K > 0$．
結局，安定の K の条件は $0 < K < 240$ となる．
$K = 0$ のとき特性方程式 $s(s+2)(s+10) = 0$ となり $s = 0$ で安定限界
$K = 240$ のとき特性方程式は $(s^2 + 20)(s + 12) = 0$ となり $s = \pm j\sqrt{20}$ で安定限界となる．

ラウス表

s^3	1	20
s^2	12	K
s^1	$\frac{12\times20-K}{12}$	0
s^0	K	

7.2.3 フルビッツの方法

特性方程式はラウスの方法と同様に式 (7.3) で表されるとする．安定であるためには必要条件は共通であるので，まず確認する．

必要条件：多項式の係数すべてが存在し，かつ同一符号であること．

次に以下のように $k \times k$ 次の**フルビッツの行列式** H_k（$k = 1 \sim m$）を作る．

$$H_i = \begin{vmatrix} a_1 & a_3 & a_5 & \cdots & \cdots & a_{2i-1} \\ a_0 & a_2 & a_4 & \cdots & \cdots & a_{2i-2} \\ 0 & a_1 & a_3 & a_5 & \cdots & a_{2i-3} \\ 0 & a_0 & a_2 & a_4 & \cdots & a_{2i-4} \\ 0 & 0 & a_1 & a_3 & \cdots & a_{2i-5} \\ 0 & 0 & a_0 & a_2 & \cdots & a_{2i-6} \\ 0 & 0 & 0 & \cdots & \cdots & \cdots \\ 0 & 0 & 0 & \cdots & \cdots & \cdots \\ 0 & 0 & 0 & 0 & \cdots & a_i \end{vmatrix} \tag{7.7}$$

行列式の要素 a_k は $k < 0$ または $k > m$ の場合は 0 とおく．左上の a_1 から始まり右へ 1 つ移るごとに添え字を 2 増やし，各列とも下へ移るごとに添え字を 1 減らす．対応する係数がないときは 0 とする．たとえば

$$H_1 = a_1, \quad H_2 = \begin{vmatrix} a_1 & a_3 \\ a_0 & a_2 \end{vmatrix} = a_1 a_2 - a_0 a_3$$

$$H_3 = \begin{vmatrix} a_1 & a_3 & a_5 \\ a_0 & a_2 & a_4 \\ 0 & a_1 & a_3 \end{vmatrix} = a_1 a_2 a_3 - a_1^2 a_4 - a_3^2 a_0 \tag{7.8}$$

すべての根が実数部に負の値を持つための必要十分条件は，先の必要条件に加えて次の条件を満たすことである．

必要十分条件：主小行列式がすべて正であること（式 (7.7) および (7.8) がすべて正）

たとえば，特性方程式の多項式が

$$a_0 s^4 + a_1 s^3 + a_2 s^2 + a_3 s + a_4 = 0 \tag{7.9}$$

で与えられたとき，フルビッツの行列式の H_4 は

$$H_4 = \begin{vmatrix} a_1 & a_3 & 0 & 0 \\ a_0 & a_2 & a_4 & 0 \\ 0 & a_1 & a_3 & 0 \\ 0 & a_0 & a_2 & a_4 \end{vmatrix} = (a_1 a_2 a_3 - a_1^2 a_4 - a_3^2 a_0) a_4 \tag{7.10}$$

であり，主小行列式の H_1, H_2, H_3 は式 (7.8) と同一である．

制御系が安定であるためには式 (7.8) および (7.10) が正であることになる．ラウスの方法との関係は次のように説明できる．

式 (7.9) のラウス表のラウス数列 a_1, a_0, b_1, c_1, d_1 は

$$b_1 = \frac{a_1 a_2 - a_0 a_3}{a_1}, \quad c_1 = \frac{b_1 a_3 - a_1 b_3}{b_1} = \frac{a_1 a_2 a_3 - a_1^2 a_4 - a_3^2 a_0}{a_1 a_2 - a_0 a_3}$$

$$d_1 = \frac{c_1 b_2}{c_1} = b_2 = a_4$$

この式のラウス数列とフルビッツの行列式と関係は

$$a_1 = H_1, \quad b_1 = \frac{H_2}{H_1}, \quad c_1 = \frac{H_3}{H_2}, \quad d_1 = \frac{H_4}{H_3}$$

となり，一般的に n 次多項式に拡張できる．したがって，すべての根が安定根である条件のラウス数列がすべて正であることはフルビッツの行列式がすべて正であることになる．

この関係は一意的な関係であり，特性方程式の安定根の有無に関してはラウスの方法もフルビッツの方法も本質的にまったく同じ条件を示していることがわかる．

■ 例題7.3 ■
[例題 7.2] の K の条件をフルビッツの方法を用いて求めよ．

【解答】 [例題 7.2] の特性方程式よりフルビッツの行列式は次式となる．

$$H_3 = \begin{vmatrix} 12 & K & 0 \\ 1 & 20 & 0 \\ 0 & 12 & K \end{vmatrix} = 12 \times 20 \times K - K^2 > 0$$

$$H_2 = \begin{vmatrix} 12 & K \\ 1 & 20 \end{vmatrix} = 240 - K > 0$$

$$H_1 = 12$$

したがって H_3 より $(240 - K)K > 0$ で

$$K < 0, \quad 240 - K < 0 \quad \text{または} \quad K > 0, \quad 240 - K > 0$$

H_2 より $240 - K > 0$ であるが必要条件より $K > 0$ であるので $240 > K$．したがって $0 < K < 240$． ■

■ 例題7.4 ■
三相誘導電動機の回転速度（ω_m）と電動機発生トルク（T_M）および負荷トルク（T_L）との関係が **右図** に示す特性を持っているとき過渡状態を含め安定であるための条件を求めよ．発生トルクは固定子相電圧 V_{1n} （$n = 1, 2, 3, \ldots$）と回転速度との関数で表すことができる．また，破線で囲む範囲は，発生トルクと回転速度の特性が回転速度に対してマイナスの傾斜を持っており，固定子電圧の変化に対して平行で直線の部分を示している．

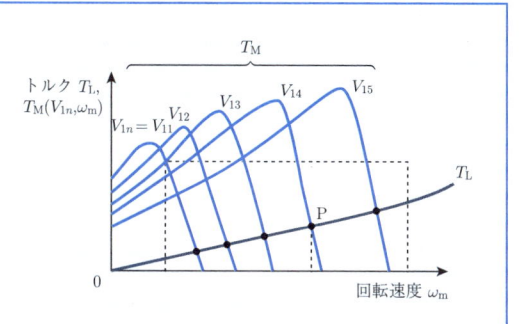

【解答】 いま，発生トルクと負荷トルクの平衡点 P の近傍で発生平均トルクを電圧と回転速度の 2 変数についてのテイラー級数に展開し，第 1 項だけを取り線形化すると発生平均トルクは次式のようになる．

$$\left.\frac{\partial T_M}{\partial V_1}\right|_{\omega_0} V_{1n} + \left.\frac{\partial T_M}{\partial \omega_m}\right|_{\omega_0} \omega_m = T_M(V_{1n}, \omega_m)$$

破線の内部の平衡点の近傍では上式の偏微分の係数は，次式のように一定係数になる．

$$\frac{\partial T_\mathrm{M}}{\partial V_{1n}} = K_\mathrm{v}, \quad \frac{\partial T_\mathrm{M}}{\partial \omega_\mathrm{m}} = K_\omega$$

慣性負荷と摩擦負荷を持つ負荷トルクの運動方程式は次式となる．

$$T_\mathrm{L} = J\frac{d\omega_\mathrm{m}}{dt} + R_\omega \omega_\mathrm{m} + \frac{1}{K_\theta}\int \omega_\mathrm{m} dt$$

ただし，J：慣性モーメント，R_ω：摩擦係数，K_θ：回転コンプライアンスとする．平衡点 P では発生トルクと負荷トルクが等しいので，次式が成り立つ．

$$T_\mathrm{M}(V_{1n}, \omega_\mathrm{m}) = T_\mathrm{L}$$

したがって

$$K_\mathrm{v} V_{1n} + K_\omega \omega_\mathrm{m} = J\frac{d\omega_\mathrm{m}}{dt} + R_\omega \omega_\mathrm{m} + \frac{1}{K_\theta}\int \omega_\mathrm{m} dt$$

上式を整理して

$$J\frac{d^2\theta_\mathrm{m}}{dt^2} + (R_\omega - K_\omega)\frac{d\theta_\mathrm{m}}{dt} + \frac{\theta_\mathrm{m}}{K_\theta} = K_\mathrm{v} V_{1n}$$

ただし，$\frac{d\theta_\mathrm{m}}{dt} = w_\mathrm{m}$．ラプラス変換すると特性方程式は

$$Js^2\Theta_\mathrm{m}(s) + (R_\omega - K_\omega)s\Theta_\mathrm{m}(s) + \frac{1}{K_\theta}\Theta_\mathrm{m}(s) = 0$$

安定判別をラウス表に基づいて行う．

ラウス表

s^2	J	$\frac{1}{K_\theta}$
s^1	$R_\omega - K_\omega$	0
s^0	$\frac{1}{K_\theta}$	

システムが安定のためには

$$J > 0, \quad R_\omega - K_\omega > 0, \quad \frac{1}{K_\theta} > 0$$

である．したがって

$$R_\omega - K_\omega > 0$$

R_ω が 0 であっても安定であるためには次式が成り立つことである．

$$K_\omega = \frac{\partial T_\mathrm{M}}{\partial \omega_\mathrm{m}} < 0$$

したがって問図の破線内の白い部分である必要がある． ■

7.3 ナイキストの安定判別法

ナイキストの安定判別法は，フィードバック制御系の特性根のなかで実数部が正である根が存在するか，存在しないかを判定するために一巡周波数伝達関数 $G(j\omega)H(j\omega)$ のベクトル軌跡を用いる方法である．$G(j\omega)H(j\omega)$ のベクトル軌跡を**ナイキスト線図**と呼ぶ．以下に示すような特徴を持ち，実用的であり工

学的にも便利である．
 (i) 制御系の安定性を図形的に判別する方法である．
 (ii) 安定か不安定かの判別だけでなく，どの程度安定かという安定の程度つまり<u>安定度</u>を示すことができる．これは工学的には重要な情報である．
 (iii) $G(j\omega)H(j\omega)$ のベクトル軌跡を用いるのでラウス–フルビッツの方法のように特性方程式が多項式で示される必要がない．すなわち伝達関数が有理関数である必要はない．伝達関数が遅れ要素を持ち

$$G(s)H(s) = \varepsilon^{-sT_d}G_1(s)H_1(s) \tag{7.11}$$

で表されるときは一巡周波数伝達関数は

$$G(j\omega)H(j\omega) = (\cos\omega T_d - j\sin\omega T_d)G_1(j\omega)H_1(j\omega) \tag{7.12}$$

である．したがってこの式のナイキスト線図を用いて安定を判別できる．
 (iv) 制御系を構成する要素の伝達関数がわからない場合でも実験的に求めた制御系の全体の周波数応答（周波数特性）を利用できる．

ナイキストの安定条件は，一巡伝達関数が安定であるとの仮定のもとにフィードバック制御系が安定であるためには，一巡周波数伝達関数のベクトル軌跡がどんな条件を満たさなければならないかを求めたものである．

ナイキストの安定判別法は，**拡張されたナイキストの条件**と**簡単化されたナイキストの条件**がある．前者は開ループ系が不安定すなわち一巡伝達関数が s 平面の右半面に極を持つ場合にも適用できる条件を示すもので，複素関数論の複素平面上の閉曲線の定理と偏角原理を用いて証明されるがここでは省略する．この場合，モータ位置制御や倒立振り子などのサーボ機構や自動操縦系では，不安定な開ループ系を閉ループ制御系にして安定化するときなどの安定判別に用いられる．

実際の制御系では一巡伝達関数は複素平面の右半面に極を持っていない．すなわち，開ループ系が安定である場合が多く，そのフィードバック制御系の安定のための必要十分条件を考えれば十分である．これが簡単化されたナイキストの安定判別法であり，一般にナイキストの安定判別法といわれている．

簡単化されたナイキストの安定判別法は次の順序で行う．
 ① 一巡伝達関数 $G(s)H(s)$ の極に実数部が正となるものがないことを確認
 ② 一巡周波数伝達関数 $G(j\omega)H(j\omega)$ のベクトル軌跡を，角周波数 $\omega = 0 \sim \infty$ の範囲で作図

③ ω を $0\sim+\infty$ に変化させたとき,ベクトル軌跡が点 $(-1,0)$ を常に左に見れば安定,右に見れば不安定となる.また,ある角周波数でこの点を通れば安定限界である.

図7.3 に $G(j\omega)H(j\omega)$ のベクトル軌跡と安定判別の例を示す.図7.3 (a), (b), (d) の場合は ω が $0\sim\infty$ に変化するとき点 $(-1,0)$ を常に左に見ているので安定な制御系である.図7.3 (c) は常に右に見ているので不安定である.

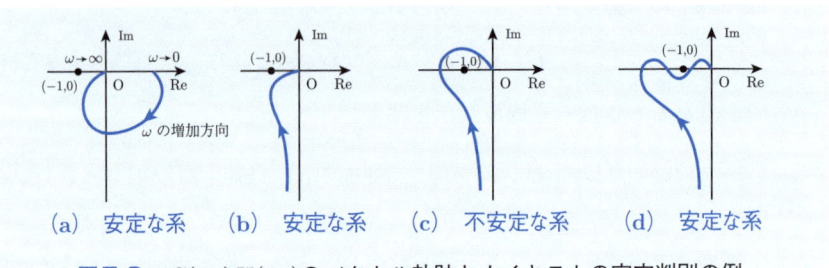

(a) 安定な系　(b) 安定な系　(c) 不安定な系　(d) 安定な系

図7.3 $G(j\omega)H(j\omega)$ のベクトル軌跡とナイキストの安定判別の例

安定判別には $G(j\omega)H(j\omega)$ のベクトル軌跡の点 $(-1,0)$ が起点になり,この付近の状況が重要な意味を持っている.起点はゲインの絶対値が1,位相は $+180°$ ($-180°$) であるので図7.4 にその部分を拡大し,安定判別を行う.この起点をもとに③の安定判別を示すと曲線 (a) は起点を常に左に見ているので安定な系,(b) は起点を通過しているので安定限界,(c) は不安定な系であることがわかる.

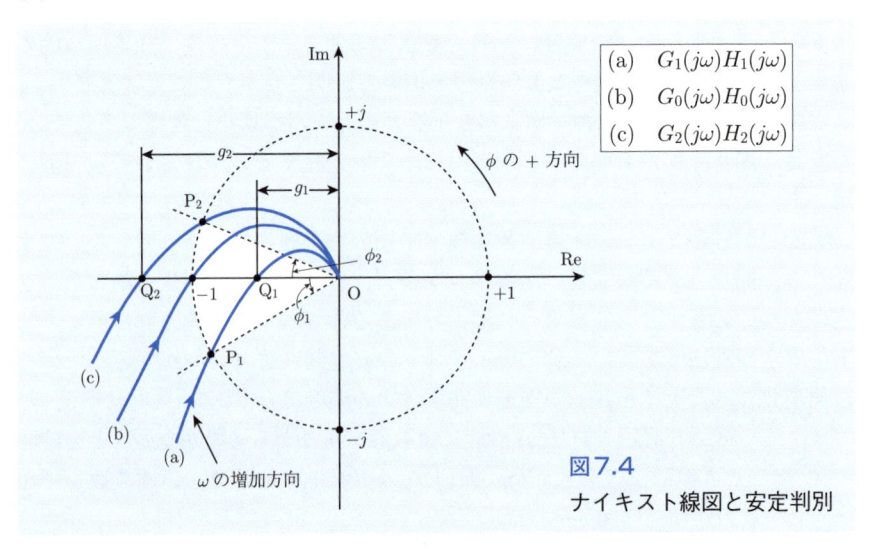

(a) $G_1(j\omega)H_1(j\omega)$
(b) $G_0(j\omega)H_0(j\omega)$
(c) $G_2(j\omega)H_2(j\omega)$

図7.4 ナイキスト線図と安定判別

7.3 ナイキストの安定判別法

いま，ナイキスト線図上で各特性 (a), (b), (c) が複素平面の実軸とそれぞれ点 Q_1, $(-1,0)$, Q_2 で交わり，原点を中心とする半径 1 の単位円とそれぞれ点 P_1, $(-1,0)$, P_2 で交わるとする．また $\phi_1 = \angle Q_1 O P_1$, $\phi_2 = \angle Q_2 O P_2$ とする．③の安定条件は軌跡と実軸との交点から原点までの大きさを g とし，負の実軸から軌跡と単位円との交点までの角度を ϕ_m とすると以下のように整理できる．

図7.4 (a)　$g = |g_1| < 1$　$\phi_m = \phi_1 > 0$　安定な系
図7.4 (b)　$g = |g| = 1$　$\phi_m = \phi = 0$　安定限界の系
図7.4 (c)　$g = |g_2| > 1$　$\phi_m = \phi_2 < 0$　不安定な系

図7.4 で点 P_1, $(-1,0)$, P_2 におけるナイキスト線図上のそれぞれの ω の値を**ゲイン交差角周波数**（$\omega_{cg1}, \omega_{cg0}, \omega_{cg2}$）と呼び，点 Q_1, $(-1,0)$, Q_2 におけるそれぞれの ω の値を**位相交差角周波数**（$\omega_{cp1}, \omega_{cp0}, \omega_{cp2}$）と呼んでいる．

■ 例題7.5 ■

一巡伝達関数が次の式で示されるフィードバック制御系において，K の値が (a) 3, (b) 6, (c) 12 である場合のナイキスト線図を描き安定判別を行え．

$$G(s)H(s) = \frac{K}{s(s+1)(s+2)}$$

【解答】　一巡周波数伝達関数

$$G(j\omega)H(j\omega) = \frac{K}{j\omega(j\omega+1)(j\omega+2)}$$

に K をそれぞれ代入して作図すると下図のようになるので (a) は安定，(b) は安定限界，(c) は不安定となる．ラウス表を作って確認する．特性方程式は

$$s(s+1)(s+2) + K = 0$$

ラウス表

s^3	1	2
s^2	3	K
s^1	$\frac{6-K}{3}$	0
s^0	K	0

したがってラウス表より安定な K の範囲は $0 < K < 6$ であり $K = 0$ と 6 が安定限界である．

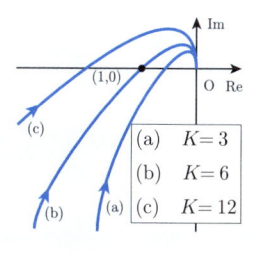

● 不安定な状態が起こる理由と条件 ●

下図 (a) のように加え合わせ点でループを切断した開ループに，低い周波数の正弦波入力 $a(t)$ を加えた場合には，フィードバック要素の出力 $b(t)$ には入力 $a(t)$ とほとんど同相の正弦波が得られる．

負帰還制御では入力 a と出力 b の差を取った動作信号を作る．したがって切断箇所を接続するときには，b の波形を反転して加え合わせるので，波形 a と b との位相関係は下図 (b) のようになり，加え合わせ点に加えられたときの b は a より π だけ遅れる．

入力 a の周波数を高くすると第 6 章で示したように下図 (b) の波形 b_1, b_2 となり位相が π 以上に遅れる．そしてさらに周波数を高くすると波形 b_3 のように位相遅れが 2π になり，入力 a と同相になる．フィードバック要素のゲインを調整して，b_3 の振幅を a の振幅と等しくすると以後入力がなくても振動が持続することになり，これが表 7.1 (c) の定常振動で安定限界である．

さらに，ゲインを調整して b_3 の振幅が a の振幅より大きくすると信号は一巡ごとに振幅を増大して表 7.1 (d) の不安定の状態となる．

下図 (b) の b_3 は，開ループにしたとき入力 a よりも π だけ遅れているので，安定の条件としては次のことがいえる．

制御系を開ループにして，入力に正弦波を加えたとき出力が入力よりも π だけ遅れる周波数において

$$\frac{\text{出力の振幅}}{\text{入力の振幅}} \geq 1 \;\Rightarrow\; 不安定$$

$$\frac{\text{出力の振幅}}{\text{入力の振幅}} < 1 \;\Rightarrow\; 安定$$

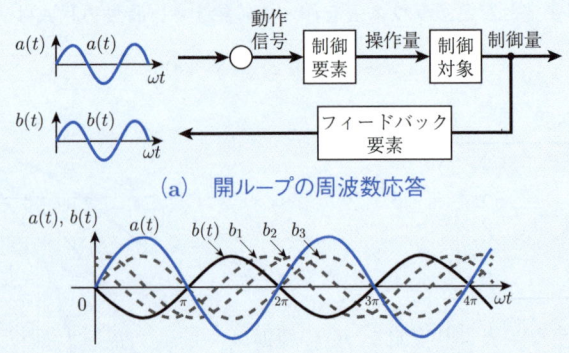

(a) 開ループの周波数応答

(b) 加え合わせ点での入力信号とフィードバック信号の位相関係

7.4 ボード線図による安定判別

一巡周波数伝達関数 $G(j\omega)H(j\omega)$ の ω を $0\sim\infty$ まで変化させ振幅と位相に分け，または実数部と虚数部で表して複素平面上に作図したベクトル軌跡がナイキスト線図であり，$G(j\omega)H(j\omega)$ の ω を変化させ横軸に対数表示して縦軸にゲインと位相を表したものがボード線図である．この 2 つの方法は表示が異なるだけで内容はまったく同じ特性を表している．したがって，ナイキスト線図で求めた安定判別法はボード線図にも適用可能である．そのボード線図とナイキスト線図の関係を 表7.7 に示す．ただしボード線図は

$$g_\mathrm{b} = 20\log_{10}|G(j\omega)H(j\omega)|\,[\mathrm{dB}]$$

$$\phi_\mathrm{b} = \angle G(j\omega)H(j\omega)\,[°]$$

表7.7 ボード線図とナイキスト線図の関係

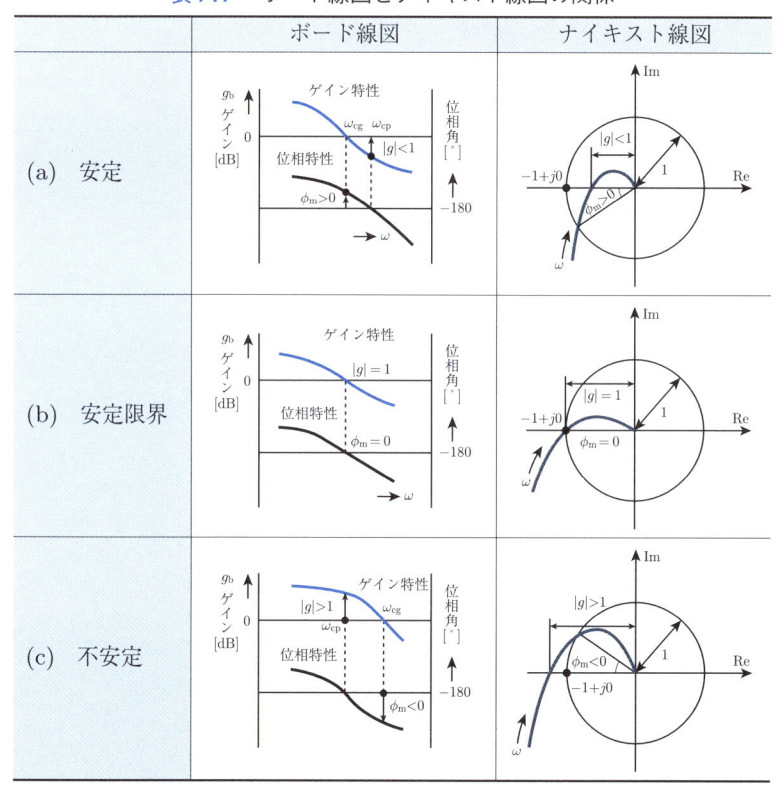

		ボード線図	ナイキスト線図
(a)	安定		
(b)	安定限界		
(c)	不安定		

で表すようにゲインをデシベルで示す．ボード線図上のゲインは対数目盛であるので安定，安定限界，不安定では次の関係がある．

> 安定　　　$g_b < 0\,[\text{dB}]$,　$|g| < 1$,　$\phi_m > 0$,　$\omega_{cg} < \omega_{cp}$
> 安定限界　$g_b = 0\,[\text{dB}]$,　$|g| = 1$,　$\phi_m = 0$,　$\omega_{cg} = \omega_{cp}$
> 不安定　　$g_b > 0\,[\text{dB}]$,　$|g| > 1$,　$\phi_m < 0$,　$\omega_{cg} > \omega_{cp}$

■ **例題7.6** ■

次に示す一巡伝達関数の安定限界の K を求めよ．ただし，$K > 0$ とする．
$$G(s)H(s) = \frac{K}{(1+4s)(1+s)(1+0.5s)}$$

【解答】

$$G(j\omega)H(j\omega) = \frac{K}{(1+4j\omega)(1+j\omega)(1+0.5j\omega)}$$
$$= \frac{K}{1-6.5\omega^2 + j\omega(5.5-2\omega^2)}$$

安定限界は $|g|=1$, $\phi_m=0$ であるので $\omega = \omega_{cp}$ のとき $G(j\omega)H(j\omega)$ の虚数部は 0 である．したがって

$$\omega_{cp}(5.5 - 2\omega_{cp}^2) = 0$$
$$\omega_{cp}^2 = \frac{5.5}{2} = 2.75$$
$$\therefore \ \omega_{cp} = 0,\ \pm 1.66$$

$\omega_{cp} = 0$ のとき

$$g = -1$$
$$= G(j\omega)H(j\omega)|_{\omega_{cp}} = K$$
$$\therefore\ K = -1$$

$\omega_{cp} = \pm 1.66$ のとき

$$G(j\omega_{cp})H(j\omega_{cp}) = \frac{K}{1 - 6.5 \times 2.75} \approx \frac{-K}{16.9}$$
$$g = G(j\omega_{cp})H(j\omega_{cp}) = -1$$

したがって

$$\frac{-K}{16.9} = -1$$

結局，安定限界は $K = 16.9$ となる．

7.5 ゲイン余有と位相余有

ナイキスト安定判別法の長所は，安定判別だけでなく安定度も判断できることであるとすでに述べた．この安定度についてナイキスト線図およびボード線図を用いて説明する．

図7.5 (a) において $G(j\omega)H(j\omega)$ のベクトル軌跡が負の実軸と交わる点 Q（この点を**位相交点**という）と虚軸との距離 g は，不安定になるまではまだ $G(j\omega)H(j\omega)$ を $1-g$ だけ，すなわちゲイン係数 K を $\frac{1}{g}$ だけ増加するゆとりがあることを示している．そこで

$$g_\mathrm{m} = 20\log_{10}\frac{1}{|g|} = -20\log_{10}|g|$$

のようにこの値 g_m をゲインのdBで示し，**ゲイン余有**（gain margin）という．この点の角周波数は**位相交差角周波数** ω_cp（phase cross-over angular frequency）である．

また，ナイキスト線図が単位円と交わる点 P（この点を**ゲイン交点**という）におけるベクトル $\overrightarrow{\mathrm{OP}}$ が負の実軸となす角 ϕ_m は $G(j\omega)H(j\omega)$ のベクトル軌跡が点 $(-1,0)$ を通るには ϕ_m のゆとりがあること示している．これを**位相余有**（phase margin）といい

$$\phi_\mathrm{m} = \angle \mathrm{QOP} = \angle G(j\omega)H(j\omega)\big|_{\omega=\omega_\mathrm{cg}} - (-180°)$$
$$= \angle G(j\omega_\mathrm{cg})H(j\omega_\mathrm{cg}) + 180°$$

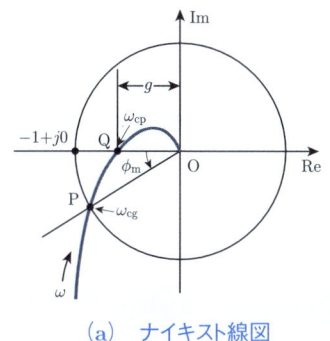

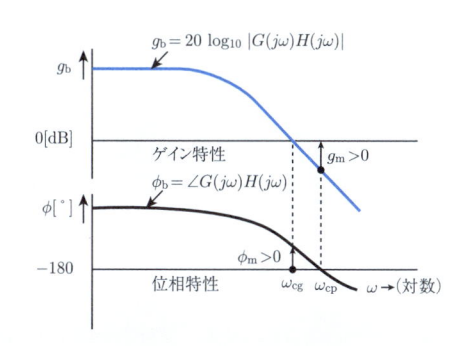

(a) ナイキスト線図　　(b) ボード線図

図7.5　位相余有とゲイン余有

に示す．この点の角周波数は**ゲイン交差角周波数** ω_{cg} (gain cross-over angular frequency) である．このゲイン余有と位相余有は安定度の目安として役に立つ．

図 7.5 (b) はボード線図でのゲイン余有と位相余有を示している．ゲイン余有は位相交差角周波数でのゲイン特性曲線から 0 dB までの大きさを，位相余有はゲイン交差角周波数での $-180°$ から位相特性曲線の値までの位相を表している．

■ **例題7.7** ■

一巡伝達関数が次式である制御系の安定判別をボード線図により判別し，安定であればゲイン余有と位相余有を求めよ．

$$G(s)H(s) = \frac{10}{s(s+1)(s+10)}$$

【解答】 ボード線図は

$$G(j\omega)H(j\omega) = \frac{1}{j\omega(j\omega+1)(0.1j\omega+1)} = \frac{1}{j\omega(1-0.1\omega^2+j1.1\omega)}$$
$$= \frac{1}{-1.1\omega^2+j\omega(1-0.1\omega^2)}$$
$$= \frac{-1.1\omega^2-j\omega(1-0.1\omega^2)}{(-1.1\omega^2)^2+\omega^2(1-0.1\omega^2)^2}$$

より

$$g_{\mathrm{b}} = 20\log_{10}1 - 20\log_{10}|j\omega| - 20\log_{10}|j\omega+1| - 20\log_{10}|0.1j\omega+1|$$
$$\phi_{\mathrm{b}} = \angle 1 - \angle j\omega - \angle(j\omega+1) - \angle(0.1j\omega+1)$$
$$= -90° + \mathrm{A} + \mathrm{B}$$

ボード線図は次の 図 (a) の通りである．ボード線図より

$$|G(j\omega)H(j\omega)| = \frac{10}{\omega\sqrt{(10-\omega^2)^2+121\omega^2}} = 1$$

のとき $\omega = \omega_{\mathrm{cg}}$ であるので

$$\omega_{\mathrm{cg}} = 0.786\,[\mathrm{rad}\cdot\mathrm{sec}^{-1}], \quad \omega_{\mathrm{cg}}^2 = 0.615$$
$$\phi_{\mathrm{m}} = 46°,$$
$$\omega_{\mathrm{cp}} = \sqrt{10} = 3.16\,[\mathrm{rad}\cdot\mathrm{sec}^{-1}], \quad g = \left|-\frac{1}{11}\right| = |-0.091|$$
$$g_{\mathrm{m}} = -20\log|g| = 20\log|-11| = 20.8\,[\mathrm{dB}]$$

であり安定である．ナイキスト線図は次の 図 (b) である．

7.5 ゲイン余有と位相余有

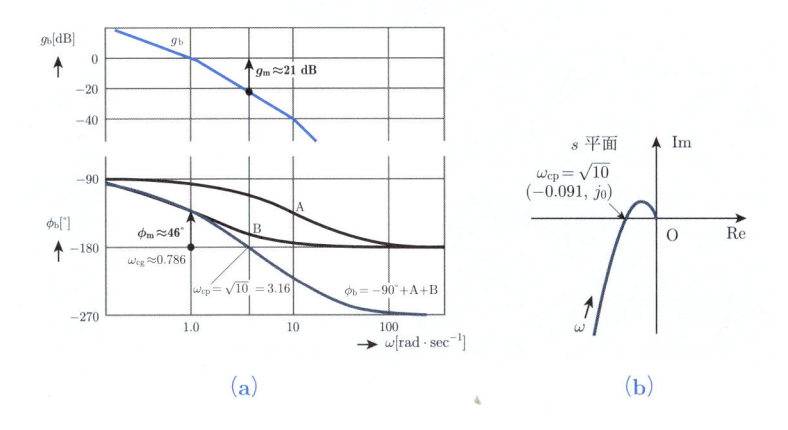

(a)

(b)

例題7.8

一巡伝達関数が次式である制御系のゲイン余有が $20\,\mathrm{dB}$ となるように K を決めよ．ただし，$K > 0$ とする．

$$G(s)H(s) = \frac{K}{(1+s)(1+2s)(1+3s)}$$

【解答】 $g_\mathrm{m} = 20\log_{10}\frac{1}{|g|}$ [dB] であるので $20 = 20\log_{10}\frac{1}{|g|}$ となる．$\log_{10}\frac{1}{|g|} = 1$ であり $\frac{1}{|g|} = 10^1$，したがって

$$|g| = \frac{1}{10} = 0.1$$

周波数伝達関数は

$$G(j\omega)H(j\omega) = \frac{K}{1-11\omega^2 + j6\omega(1-\omega^2)}$$

g_m は位相が $-180°$ のとき求められるので $6\omega(1-\omega^2) = 0$ となる $\omega = 0$ または ± 1．
$\omega = 0$ のとき

$$G(j\omega)H(j\omega)|_{\omega=0} < 0$$

であるので $K < 0$ となり不適である．
$\omega = 1$ のとき

$$G(\omega)H(j\omega)|_{\omega=1} = \frac{K}{1-11} = \frac{-K}{10} < 0$$

となり $K > 0$ を満足する．
したがって $\left|\frac{-K}{10}\right| = |g| = 0.1$ より解は $K = 1$ である．

7章の問題

☐ **7.1** 特性方程式の根が次のように与えられる制御系の安定判別を行え．
(1) $-1, -2, +1$
(2) $-1+j, -1-j, 0$
(3) $-3, -2+j2, -2-j2$
(4) $+j2, -j2, +2$

☐ **7.2** 次の特性方程式を持つ制御系の安定判別をラウスの方法を用いて行え．
$$s^4 + 2s^3 + 2s^2 + 3s + 6 = 0$$

☐ **7.3** 次の制御系で安定である K の範囲を求めよ．

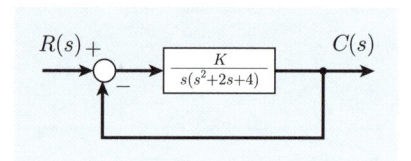

$R(s)+ \rightarrow \bigcirc \xrightarrow{} \boxed{\dfrac{K}{s(s^2+2s+4)}} \rightarrow C(s)$

☐ **7.4** 次の一巡伝達関数を持つフィードバック制御系の安定判別を行え．未定のパラメータがある場合は安定の範囲を求めよ．
(1) $G(s) = \dfrac{100}{s^3+20s^2+9s}$
(2) $G(s) = \dfrac{K}{(1+sT_1)(1+sT_2)}$
(3) $G(s) = \dfrac{K(1+s)}{s(1+2s)(1+Ts)}$
(4) $G(s) = \dfrac{K(s+a)}{s(s+1)(s+2)(s+3)}$ （$a > 0$ とする）

☐ **7.5** 第 6 章の章末問題 6.4(1) の制御系が安定であるための K の範囲をナイキストの方法によって求めよ．

☐ **7.6** 第 6 章の章末問題 6.4(2) で $T = 1$ としたとき制御系が安定であるための K の範囲をナイキストの方法によって求めよ．ただし，$K > 0, \tau > 0$ とする．

第8章

根軌跡法とその応用

　根軌跡法は，特性根の配置を s 平面に図示し，ゲインなどのパラメータの変化による根の軌跡を作図して，その図形上の根の配置から直接安定性を判断する方法である．

　根軌跡法は安定判別，安定度の判定，さらに進んで制御系の設計やシンセシスに用いられ便利である．電動機による速度，トルク，位置制御システムの設計によく用いられる．実際の根軌跡は MATLAB の根軌跡作図ソフトで描くことができるが根軌跡の原理とその作図法および基本的な根軌跡の概形を示す．

8.1 根軌跡の定義

根軌跡は，一巡伝達関数 $G(s)H(s)$ に含まれるパラメータ（ゲイン K やその他）の1つが $0\sim\infty$ に変化したとき，それに応じて特性根が s 平面上に描く軌跡である．特性方程式を解かずに $G(s)H(s)$ の零点と極の配置による図式解法によって根軌跡を描く方法を示す．

フィードバック制御系の特性方程式は

$$1 + G(s)H(s) = 0 \tag{8.1}$$

である．いま，$G(s)H(s)$ が $z_1\sim z_l$ の l 個の零点と $p_1\sim p_m$ の m 個の極を持ち

$$G(s)H(s) = \frac{K(s-z_1)(s-z_2)\cdots(s-z_l)}{(s-p_1)(s-p_2)\cdots(s-p_m)} \tag{8.2}$$

であるとする．ここで複素平面上では $-K = K\varepsilon^{jn\pi}$，$-1 = \varepsilon^{jn\pi}$（ただし，$n = \pm 1, \pm 3, \pm 5, \ldots$）の関係があるので式 (8.2) を式 (8.1) に代入して整理すると

$$\frac{(s-p_1)(s-p_2)\cdots(s-p_m)}{(s-z_1)(s-z_2)\cdots(s-z_l)} = K\varepsilon^{jn\pi} \tag{8.3}$$

のように表せる．式 (8.3) を満足する s を求めると，ある K に対応する根軌跡の点が定まる．

式 (8.3) は，複素方程式であるので，大きさを示す**ゲイン条件式** (8.4) と位相の関係を示す**位相条件式** (8.5) の2つの式に分けられる．

(i) ゲイン条件式

$$\frac{|s-p_1||s-p_2|\cdots|s-p_m|}{|s-z_1||s-z_2|\cdots|s-z_l|} = K \tag{8.4}$$

(ii) 位相条件式

$$\angle(s-p_1) + \angle(s-p_2) + \cdots + \angle(s-p_m)$$
$$- \{\angle(s-z_1) + \angle(s-z_2) + \cdots + \angle(s-z_l)\} = n\pi \tag{8.5}$$

ただし，n の順序は $n = +1, -1, +3, -3, +5, -5, \ldots$

式 (8.4) と (8.5) の意味を図式的に説明しよう．たとえば一巡伝達関数が

$$G(s)H(s) = \frac{K(s+z_1)}{s(s+p_2)(s+p_3)}$$

で与えられたとする．図8.1 に示すように $s = \sigma + j\omega$ として複素平面上での任意の点 s_1 を選ぶ．この s_1 が根軌跡上の点であれば，以下のゲイン条件式および位相条件式を満足する．

8.1 根軌跡の定義

(i) ゲイン条件式

$$\frac{|s_1|\,|s_1+p_2|\,|s_1+p_3|}{|s_1+z_1|} = K$$

$$\frac{BCD}{A} = K$$

ただし，大きさ $|s_1+z_1|=A, |s_1|=B, |s_1+p_2|=C, |s_1+p_3|=D$

(ii) 位相条件式

$$\angle s_1 + \angle(s_1+p_2) + \angle(s_1+p_3) - \angle(s_1+z_1) = n\pi$$

$$\theta_{p_1} + \theta_{p_2} + \theta_{p_3} - \theta_{z_1} = n\pi$$

ただし，$\angle s_1 = \theta_{p_1}, \angle(s_1+p_2) = \theta_{p_2}, \angle(s_1+p_3) = \theta_{p_3}, \angle(s_1+z_1) = \theta_{z_1}$，$n = +1, -1, +3, -3, +5, -5, \ldots$

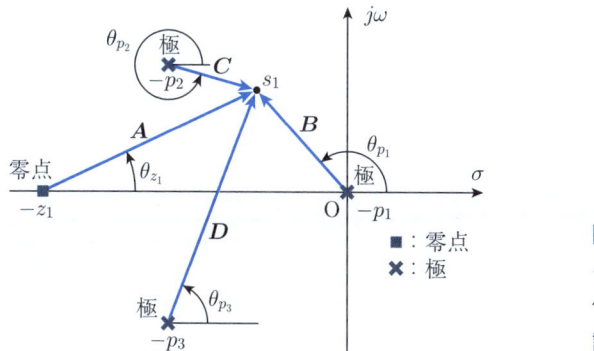

図8.1 ゲイン条件式と位相条件式の説明図

■ 例題8.1 ■

一巡伝達関数が次式で与えられる制御系の根軌跡を描け．ただし，$T > 0$：一定，$K : 0 \sim \infty$ に変化．

$$G(s)H(s) = \frac{K}{s\left(s+\frac{1}{T}\right)}$$

【解答】 (i) ゲイン条件式 $|s|\,\left|s+\frac{1}{T}\right| = K$

(ii) 位相条件式 $\angle s + \angle\left(s+\frac{1}{T}\right) = n\pi$

ただし，$n = +1, -1$

(1) $K = 0$ のとき，s の値は極 $s = 0, -\frac{1}{T}$ から出発する．
(2) s が 0 と $-\frac{1}{T}$ の間にあるとき，$\angle(s+1) = 0, \angle s = \pi$ で (ii) を満足する．
(3) 0 と $-\frac{1}{T}$ を結ぶ線分の垂直2等分線上は

(a) 上半面　$\angle s = \pi - \theta$, $\angle \left(s + \frac{1}{T}\right) = \theta$ であり $\angle s + \angle \left(s + \frac{1}{T}\right) = \pi$
(b) 下半面　$\angle s = -(\pi - \theta)$, $\angle \left(s + \frac{1}{T}\right) = -\theta$ であり $\angle s + \angle \left(s + \frac{1}{T}\right) = -\pi$
で (ii) を満足する．

(4) 分岐点は $s_1 = -\frac{1}{2T}$ であり $\left|-\frac{1}{2T}\right| \left|-\frac{1}{2T} + \frac{1}{T}\right| = K$ となり，$K = \frac{1}{4T^2}$ のとき (i) を満足する．

(5) 右図 の根は (i), (ii) の条件式を満足するので根軌跡である．

(6) 特性方程式は $s^2 + \frac{s}{T} + K = 0$
解は (a) $0 \leq K \leq \frac{1}{4T^2}$ のとき
$$s_1, s_2 = \frac{-1}{2T} \pm \sqrt{\left(\frac{1}{2T}\right)^2 - K}$$
(b) $K \geq \frac{1}{4T^2}$ のとき
$$s_1, s_2 = \frac{-1}{2T} \pm j\sqrt{K - \frac{1}{4T^2}}$$

となり，K が $0 \sim \infty$ まで変化するときの根は 右図 の軌跡を描くことが証明された．

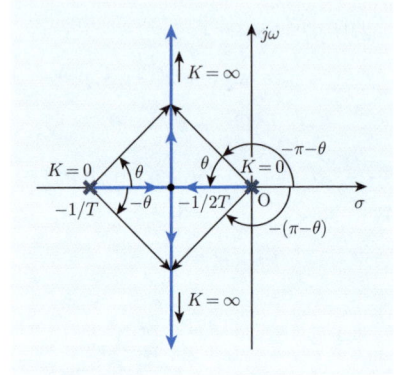

8.2　根軌跡の基本的構造と性質

根軌跡を描く場合の基礎となる構造と性質を述べる．この性質は先に示した定義式 (8.4), (8.5) から導き出されたものであり，作図上のキーポイントとなる諸点を説明する．

- 性質 (1)　根軌跡は $G(s)H(s)$ の極から出発して零点および ∞ に到達する．したがって
- 性質 (1)′　軌跡の枝の本数は極の数 m に等しくなる（すべて極から出発するので）．

【証明】　(i) 式 (8.4) で $K = 0$ とすると $s = p_1, p_2, \ldots, p_m$ となり，出発点は $G(s)H(s)$ の極である．

(ii) 式 (8.4) で $K = \infty$ とすると $s = z_1, z_2, \ldots, z_l$ となり，到達点は $G(s)H(s)$ の零点である．この他 $m > l$ の場合は $s = \infty$ でも $K = 0$ になり得るので無限遠点に $(m - l)$ 個の零点があり，到達点は出発点の数に等しい m 個の零点である．

- 性質 (2)　軌跡は根平面上の実軸に対し対称である．

【証明】　特性根が複素根である場合，必ず共役の根を持つので明らかである．

8.2 根軌跡の基本的構造と性質

● **性質 (3)**　実軸上の根軌跡は $G(s)H(s)$ の極および零点で分割された実軸の各区間のうち右から奇数番目と次の偶数番目を結んだ線分がその区間の軌跡になる．

【証明】　(i)　実軸上の任意の点 s_1 で $G(s)H(s)$ の複素根または複素極から描いたベクトルの角度を合計すると 0 になるので，位相条件式に関係するのは実軸上の根と極である．

(ii)　点 s_1 の右側にある実極，実根のみが，左側の実根または実極の分は角度が 0 であるので，位相条件式に関係がある．

(iii)　点 s_1 の右側にある実数極からは角度は $180°$ となり，点 s_1 の右側にある実数根からは角度が $-180°$ となるので証明される．

$G(s)H(s)$ が $G(s)H(s) = \dfrac{K(s+1)}{s(s+2)(s+3)}$ の場合は，極が 0, -2, および -3 であり零点が -1 であるので図8.2となる．

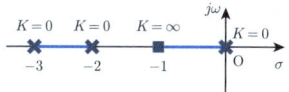

図8.2　零点と極の配置

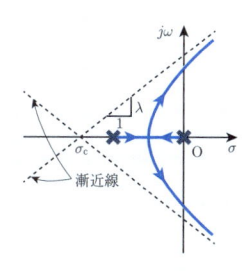

● **性質 (4)**　無限遠点にのびる根軌跡は

$$\omega = \lambda(\sigma - \sigma_c) \qquad (8.6)$$

の直線（漸近線）に漸近する．ただし

$$\lambda = \tan \dfrac{n\pi}{m-l}$$
$$\sigma_c = \dfrac{(p_1+p_2+\cdots+p_m)-(z_1+z_2+\cdots+z_l)}{m-l}$$

とする．極の数から零点の数を引いた $(m-l)$ 個が無限遠点に零点を持つので，本数はこの数に等しくなる．

図8.3に漸近線とその実軸との交点での傾斜を示す．

【証明】　特性方程式は

$$\dfrac{s^m+a_1s^{m-1}+\cdots+a_m}{s^l+b_1s^{l-1}+\cdots+b_l} = K\varepsilon^{jn\pi}$$

ただし，$a_1 = -(p_1+p_2+\cdots+p_m)$, $b_1 = -(z_1+z_2+\cdots+z_l)$

左辺を割り算して

$$s^{m-l} + (a_1-b_1)s^{m-l-1} + \cdots = K\varepsilon^{jn\pi}$$

(a)　漸近線

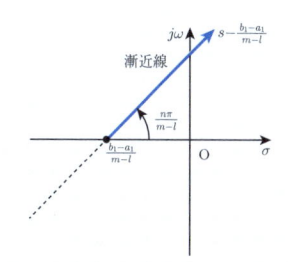

(b)　傾斜と実軸との交点

図8.3　漸近線

漸近線であるので $s \to \infty$ を考える．上式の左辺第1項, 第2項を取って

$$s^{m-l} + (a_1 - b_1)s^{m-l-1} = K\varepsilon^{jn\pi}$$

変形すると $s^{m-l}\left(1 + \frac{a_1-b_1}{s}\right) = K\varepsilon^{jn\pi}$

したがって $s\left(1 + \frac{a_1-b_1}{s}\right)^{1/(m-l)} = K^{1/(m-l)}\varepsilon^{jn\pi/(m-l)}$

$\frac{a_1-b_1}{s}$ は $s \to \infty$ のとき 1 に比べ十分小さいので 2 項定理で

$$s\left(1 + \frac{1}{m-l}\frac{a_1-b_1}{s}\right) = K^{1/(m-l)}\varepsilon^{jn\pi/(m-l)}$$

したがって $s + \frac{a_1-b_1}{m-l} = K^{1/(m-l)}\varepsilon^{jn\pi/(m-l)}$

これに a_1, b_1 を代入すると漸近線は次式となる.

$$s - \frac{(p_1+p_2+\cdots+p_m)-(z_1+z_2+\cdots+z_l)}{m-l} = K^{1/(m-l)}\varepsilon^{jn\pi/(m-l)}$$

これを変数の横軸 σ, 縦軸 ω になおすと (4) の漸近線の式となる.

● 性質 (5)　根軌跡の実軸との分岐点では

$$\frac{1}{s-p_1} + \frac{1}{s-p_2} + \cdots + \frac{1}{s-p_m} - \left(\frac{1}{s-z_1} + \frac{1}{s-z_2} + \cdots + \frac{1}{s-z_l}\right) = 0 \qquad (8.7)$$

を満足する. 角度は実軸と $\frac{\pi}{2}$ である.

【証明】　分岐点では特性根は重根であるので特性方程式を s で微分して 0 とおくことができる.

$$\frac{d(G(s)H(s))}{ds} = 0$$

これを変形して $\frac{d(G(s)H(s))}{ds} = G(s)H(s)\frac{d(\log G(s)H(s))}{ds} = 0$
なぜか $\frac{d\log f(x)}{dx} = \frac{1}{f(x)}\frac{df(x)}{dx}$ であるので $\frac{d\log G(s)H(s)}{ds} = 0$
この式に式 (8.2) を代入すると式 (8.7) が得られる.

$$\log G(s)H(s) = \log K + \log(s-z_1) + \log(s-z_2) + \cdots + \log(s-z_l)$$
$$- \{\log(s-p_1) + \log(s-p_2) + \cdots + \log(s-p_m)\}$$

$$\frac{d(\log G(s)H(s))}{ds} = \frac{d\log K}{ds} + \frac{d\log(s-z_1)}{ds} + \frac{d\log(s-z_2)}{ds} + \cdots + \frac{d\log(s-z_l)}{ds}$$
$$- \left\{\frac{d\log(s-p_1)}{ds} + \frac{d\log(s-p_2)}{ds} + \cdots + \frac{d\log(s-p_m)}{ds}\right\}$$
$$= \frac{1}{s-z_1} + \frac{1}{s-z_2} + \cdots + \frac{1}{s-z_l}$$
$$- \left(\frac{1}{s-p_1} + \frac{1}{s-p_2} + \cdots + \frac{1}{s-p_m}\right) = 0$$

である. ただし, 分岐点では式 (8.7) を満足する（必要条件）が, 式 (8.7) を満足するすべての解が分岐点ではない（必要十分条件ではない）.

● 性質 (6)　根軌跡の虚軸との交点はラウスの安定判別法より求められる. 安定限界を示す K を求め, 根を解く.

8.2 根軌跡の基本的構造と性質

- 性質 (7) 実軸以外に配置された極から出発したり，零点に到達するときの角度は式 (8.5) の位相条件式によって決まる．
- 性質 (8) K の値は，ゲイン条件式によって決まる．
- 性質 (9) 根軌跡の分岐のなかで，どれか 1 つでも右半面に入ると，その制御系は不安定になる．

例題8.2

一巡伝達関数が次式であるときの根軌跡を描け．

$$G(s)H(s) = \frac{K}{s(s+1)(s+2)}$$

【解答】 性質 (1) より出発は $K=0$ で $s=0$ ($=p_1$), -1 ($=p_2$), -2 ($=p_3$) であり $m=3$．零点がない ($l=0$) ので $K=\infty$ ではすべて ∞ になる．軌跡の本数は $m=3$ 本．

性質 (3) より実軸上は $0 \sim -1$, $-2 \sim -\infty$ の区間

性質 (4) より無限遠点にのびる漸近線は $m-l$ 本で 3 本

$\lambda = \tan \frac{n\pi}{m-l}$ ($n = +1, -1, +3, -3, \ldots$) であるので

$$\lambda_1 = \tan \frac{\pi}{3}, \quad \lambda_2 = \tan \frac{-\pi}{3}, \quad \lambda_3 = \tan \pm \pi$$

$$\sigma_c = \frac{p_1 + p_2 + p_3}{m-l} = \frac{0-1-2}{3} = 1$$

性質 (5) より分岐点は $\frac{dG(s)H(s)}{ds} = 0$ より

$$\frac{3s^2 + 6s + 2}{\{s(s+1)(s+2)\}^2} = 0$$

または $\frac{1}{s} + \frac{1}{s+1} + \frac{1}{s+2} = 0$ より

$$3s^2 + 6s + 2 = 0$$

したがって $s = -1 \pm \frac{\sqrt{3}}{3} = -0.423$ または -1.577．実軸上には性質 (3) より $s = -0.423$ だけが存在する．K の値は

$$\frac{|s_1 - p_1||s_1 - p_2||s_1 - p_3|}{|s_1 - z_1|} = K$$

から $|-0.423||-0.423+1||-0.423+2| = 0.385$．実軸との角度は $\frac{\pi}{2}$ である．

性質 (6) より虚軸との交点は

$$1 + \frac{K}{s(s+1)(s+2)} = 0$$

より

$$s^3 + 3s^2 + 2s + K = 0$$

ラウス表は

s^3	1	2
s^2	3	K
s^1	$\frac{6-K}{3}$	
s^0	K	

したがって $\frac{6-K}{3} = 0$ および $K = 0$ のときで $K = 6$. $K = 6$ のとき $s^3 + 3s^2 + 2s + 6 = 0$ よって $s = -3, \pm j\sqrt{2}$
以上より根軌跡の概形は右図となる.

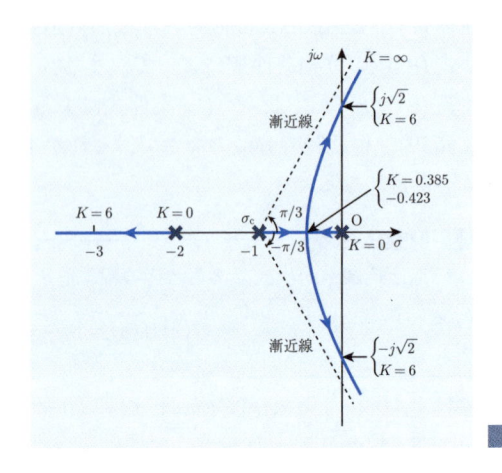

■ **例題8.3** ■
一巡伝達関数が次式であるときの根軌跡を描け.
$$G(s)H(s) = \frac{K}{s(s^2+2s+2)}$$

【解答】 性質 (1) より軌跡の本数は 3 本, 極は $0, -1 \pm j1$ であり零点は ∞ に 3 個
性質 (3) より実軸上の軌跡は右から奇数番目で実軸の負の領域のすべて
性質 (4) より漸近線は $\omega = \lambda(\sigma - \sigma_c)$ で $\lambda = \tan \frac{n\pi}{m-l}$ より

$\lambda_1 = \tan \frac{\pi}{3}$ $(n = +1)$, $\qquad \lambda_2 = \tan \frac{-\pi}{3}$ $(n = -1)$,
$\lambda_3 = \tan \frac{3\pi}{3} = \tan \pi$ $(n = +3)$, $\lambda_4 = \tan \frac{-3\pi}{3} = \tan(-\pi)$ $(n = -3)$

$\sigma_c = \frac{0-1+j-1-(0)}{3} = -\frac{2}{3}$

性質 (5) より分岐点は

$\frac{dG(s)H(s)}{ds} = \frac{d}{ds}\left\{\frac{1}{s(s^2+2s+3)}\right\} = 0$

$3s^2 + 4s + 2 = 0$ で $s = -0.667 \pm j0.471$ で $K > 0$ では特性方程式を満足しないので分岐点はない.

性質 (6) より虚軸との交点はラウス表より $K = 4$ または 0 のとき. $K = 4$ のとき $s = \pm j\sqrt{2}$ および -2.

性質 (7) より出発点の角度は $\theta_1 + \frac{3}{4}\pi + \frac{\pi}{2} = \pi$ より

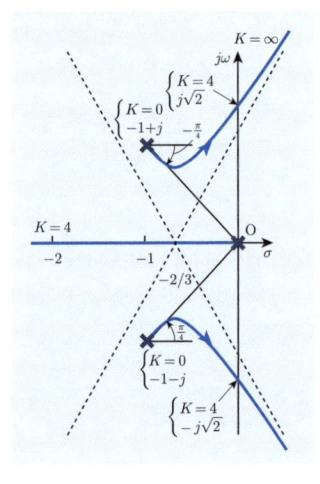

$$\theta_1 = \begin{cases} -\frac{\pi}{4} & (s_1 = -1+j \text{ のとき}) \\ \frac{\pi}{4} & (s_1 = -1-j \text{ のとき}) \end{cases}$$

したがって，根軌跡の概形は 右図 になる．

■ 例題8.4 ■

一巡伝達関数が次式であるときの根軌跡を描け．

$$G(s)H(s) = \frac{K(s+1)}{s(s^2+2s+2)}$$

【解答】 性質 (1) より $K=0$ では極は $p_1=0, p_2=-1+j, p_3=-1-j$
$K=\infty$ では零点は $z_1=-1, \infty$ に 2 個
$m=3, l=1$ であるので軌跡の本数は 3 本 $(=m)$

性質 (3) より実軸上は $0 \sim -1$
性質 (4) より漸近線は $m-l=2$ [本]

$\lambda = \tan\frac{n\pi}{m-l}$ より $\lambda_1 = \tan\frac{\pi}{2}, \lambda_2 = \tan\frac{-\pi}{2}$

$\sigma_c = \frac{p_1+p_2+p_3-z_1}{m-l}$ より $\sigma_c = \frac{-1+j-1-j-(-1)}{2} = -\frac{1}{2}$

性質 (5) より出発点の角度は p_2 から

$\theta_2 = \angle(p_2-z_1) - \{\angle(p_2-p_1)+\angle(p_2-p_3)\} + \pi$
$= \frac{\pi}{2} - \left(\frac{3}{4}\pi + \frac{\pi}{2}\right) + \pi = \frac{\pi}{4}$

実軸に対して対称であるので $\theta_3 = -\frac{\pi}{4}$
性質 (6) より根軌跡は 右図 のようになる．
性質 (7) より $K>0$ の範囲で安定であるが応答の速さは K の値によることがわかる．

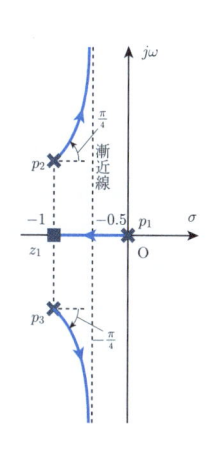

8.3 根軌跡法の応用

8.3.1 遅れ要素がある場合の根軌跡

遅れ要素の伝達関数は，表4.1 および式 (7.11) に示すように

$$G_{T_d}(s) = \varepsilon^{-sT_d} = \varepsilon^{-\sigma T_d} \angle(-\omega T_d)$$

である．ただし，$s = \sigma + j\omega$ である．位相は負の角度を持ち，大きさは角周波数に比例することがわかる．根軌跡は，一巡伝達関数に遅れ要素を加えた伝達関数としてゲイン条件式と位相条件式を求め，先に述べた方法で根軌跡を描く

ことができる．

たとえば，遅れ要素を含む一巡伝達関数が

$$G(s)H(s) = \frac{K\varepsilon^{-sT_{\mathrm{d}}}}{s(s-p_2)} = \frac{K\varepsilon^{-\sigma T_{\mathrm{d}}}\varepsilon^{-j\omega T_{\mathrm{d}}}}{s(s-p_2)} \quad (K>0)$$

で与えられるとき，大きさと位相に分割して条件を求めることができる．ゲイン条件式と位相条件式は以下の式で表される．これらの条件式から遅れ要素を持つ制御系の根軌跡を描くことができる．

(i) ゲイン条件式

$$|s|\,|s-p_2|\varepsilon^{\sigma T_{\mathrm{d}}} = K$$

(ii) 位相条件式

$$\angle s + \angle(s-p_2) + \angle\omega T_{\mathrm{d}} = n\pi$$

ただし，$n = +1, -1, +3, -3, \ldots$

8.3.2 $G(s)H(s)$ に極または零点を加える効果

実際の制御系では，特性を解析し，改善したり設計する場合は，制御装置に比例要素や積分要素などを加えたり，極や零点の配置を変えるなどの試行錯誤する．そこで，$G(s)H(s)$ に極または零点を加える効果や影響を調べる．

(a) $G(s)H(s)$ に極を加えると根軌跡を s 平面の右半面の方向にシフトする影響がある．

(b) $G(s)H(s)$ に零点を加えると根軌跡を s 平面の左半面の方向にシフトする効果がある．

いま，$G(s)H(s)$ が

$$G(s)H(s) = \frac{K}{s(s+a)} \quad (a>0) \tag{8.8}$$

で与えられるとして，(a) の場合を調べよう．式 (8.8) に極 $(-b)$ を加えると新たな $G(s)H(s)$ は

$$G(s)H(s) = \frac{K}{s(s+a)(s+b)} \tag{8.9}$$

となる．式 (8.8) の根軌跡の概形は [例題 8.1] で示したように 図8.4 (a) となる．また，式 (8.9) の根軌跡の概形は，[例題 8.2] に示すように 図8.4 (b) のようになる．この2つの図から 図 (a) では不安定ではない制御系であるが 同図 (b) では K の値により不安定な系になる．また，漸近線の分岐点での角度が $\pm\frac{\pi}{2}$ から $\pm\frac{\pi}{3}$ に変化し，分岐点の位置が実軸で $\frac{-a}{2}$ から $\frac{-(a+b)}{2}$ に移動していることがわかる．

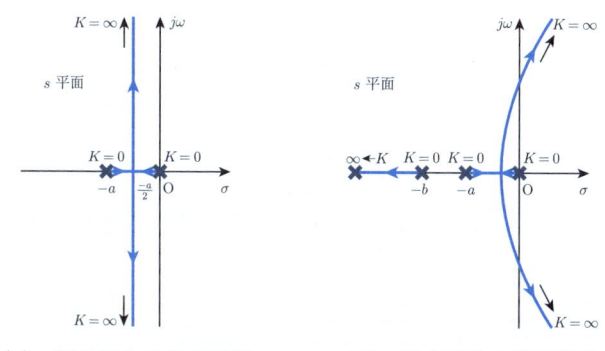

(a) 極を加える前の軌跡
(2本)($b = \infty$ のとき)

(b) 極を加えた後の軌跡
($b \neq \infty$ のとき)

図8.4 極を加えたときの軌跡への影響

8.3.3 パラメータが複数の場合の根軌跡

図8.5 に示すように制御系の複数のパラメータ (K_1, K_2) に対する根軌跡を描く必要が出てくる場合がある．この制御系では一巡伝達関数は

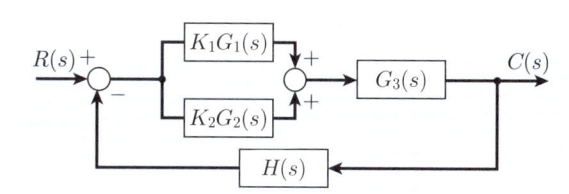

図8.5 パラメータ (K_1, K_2) が複数ある場合の制御系

$$G(s)H(s) = [K_1 G_1(s) G_3(s) + K_2 G_2(s) G_3(s)] H(s)$$

となる．この式を

$$G(s)H(s) = \frac{K_1 Q_1(s) + K_2 Q_2(s)}{P(s)}$$

のように多項式の形式に変形すると，特性方程式は

$$1 + G(s)H(s) = 1 + \frac{K_1 Q_1(s) + K_2 Q_2(s)}{P(s)} = 0 \tag{8.10}$$

となる．式 (8.10) は

$$P(s) + K_1 Q_1(s) + K_2 Q_2(s) = 0 \tag{8.11}$$

のように2個のパラメータを含む s に関する多項式で表現できる．ただし，K_1, K_2 は変化するパラメータ，$P(s), Q_1(s), Q_2(s)$ は s についての多項式．

ここで，パラメータの 1 つ（K_2）を 0 とおくと

$$P(s) + K_1 Q_1(s) = 0 \tag{8.12}$$

となる．この式はパラメータ K_1 だけを含む．式 (8.12) の両辺を $P(s)$ で割ると

$$1 + \frac{K_1 Q_1(s)}{P(s)} = 0$$

を得る．したがって，前述の根軌跡作図法に基づき根軌跡を描くことができる．

次に，K_1 を固定して，K_2 を変化させる．式 (8.11) の両辺を $P(s) + K_1 Q_1(s)$ で割ると

$$1 + \frac{K_2 Q_2(s)}{P(s) + K_1 Q_1(s)} = 0 \tag{8.13}$$

を得る．ここで，式 (8.13) は

$$G_2(s) H_2(s) = \frac{Q_2(s)}{P(s) + K_1 Q_1(s)} \tag{8.14}$$

として整理できる．ただし，$1 + K_2 G_2(s) H_2(s) = 0$ である．したがって，K_1 を固定して K_2 を変化させる根軌跡は式 (8.14) を用いて描くことができる．このようにすることでパラメータが 2 個以上の場合も根軌跡を描くことができる．

以上の方法を用いて，次の一巡伝達関数の根軌跡を描く．

$$s^3 + K_2 s^2 + K_1 s + K_1 = 0 \tag{8.15}$$

ここで，K_1, K_2 は変化するパラメータで $0 \sim \infty$ まで変化する．まず，$K_2 = 0$ とおくと式 (8.15) は

$$s^3 + K_1 s + K_1 = 0 \tag{8.16}$$

K_1 を変数のパラメータとして，s^3 で式 (8.16) を割ると

$$1 + \frac{K_1(s+1)}{s^3} = 0$$

式 (8.16) の根軌跡は，図 8.6 (a) に示すように $G_1(s) H_1(s) = \frac{s+1}{s^3}$ を用いて描くことができる．

次に，K_1 を 0 ではない一定の値に固定して K_2 を $0 \sim \infty$ に変化させ軌跡を描く．式 (8.15) の両辺を $s^3 + K_1 s + K_1$ で割って

$$1 + \frac{K_2 s^2}{s^3 + K_1 s + K_1} = 0$$

を得る．$G_2(s) H_2(s) = \frac{s^2}{s^3 + K_1 s + K_1}$ をもとに K_2 が $0 \sim \infty$ まで変化するときの根軌跡を描くと図 8.6 (b) のようになる．

8.3 根軌跡法の応用

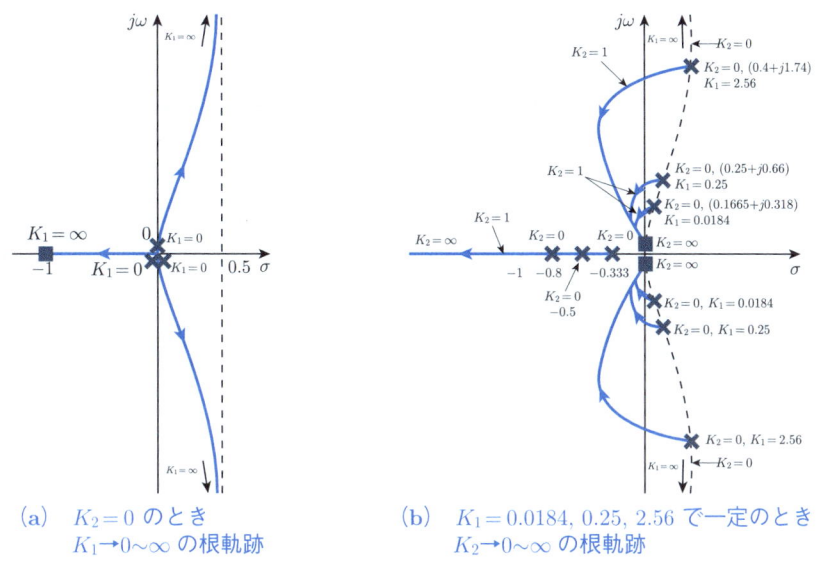

(a) $K_2 = 0$ のとき
$K_1 \to 0 \sim \infty$ の根軌跡

(b) $K_1 = 0.0184, 0.25, 2.56$ で一定のとき
$K_2 \to 0 \sim \infty$ の根軌跡

図8.6 パラメータが複数の根軌跡の例

8.3.4 多項式の求根に対する応用

根軌跡法を多項式の根を求めるために応用する例を説明する．いま

$$F(s) = s^3 + 3s^2 + 4s + 20 = 0 \tag{8.17}$$

の根を求めよう．式 (8.17) を変形して

$$1 + \frac{4(s+5)}{s^2(s+3)} = 0$$

とする．4を K とおき一巡伝達関数の形にすると

$$G(s)H(s) = \frac{K(s+5)}{s^2(s+3)}$$

図8.7 多項式の根の解法への応用例

となり，この式の根軌跡を描くと図8.7 を得る．K が4のときは図8.7 より式 (8.17) の根は -3 から -5 の間と正の実数部を持つ複素根からなっていることがわかる．試行錯誤で根は $s = -3.5, 0.25 + j2.4, 0.25 - j2.4$ が求まる．

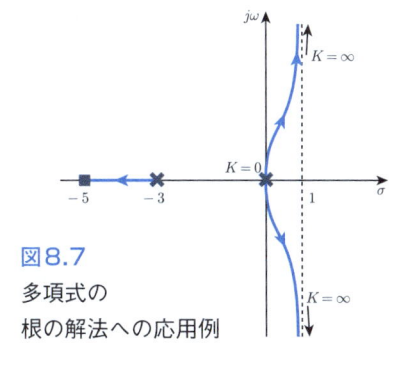

8章の問題

8.1 次のフィードバック制御系で特性根の配置を示せ．

$$G(s) = \frac{K}{s(s+4)}$$

$$H(s) = 1$$

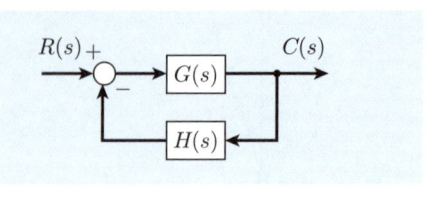

8.2 問題 8.1 に示すフィードバック制御系について，閉ループ伝達関数 $M(s)$ の極，零点の配置と伝達関数 $G(s)H(s)$ の極，零点との関係を述べよ．

8.3 一巡伝達関数が次式の根軌跡を描け．

$$G(s)H(s) = \frac{K(s+1)}{s(s+2)(s+3)}$$

8.4 一巡伝達関数が次式の根軌跡を描け．

$$G(s)H(s) = \frac{K(s+4)}{s(s+2)}$$

8.5 次の特性方程式を $(s+3)$ で分割して，根軌跡法を用いて根を求めよ．

$$s^3 + 3s^2 + 3s + 2 = 0$$

8.6 問題 8.5 の特性方程式の根を他の分割によって求めよ．

第9章
制御系の制御性能と評価指標

　制御系の性能の良し悪しを評価するために，制御性能が使われる．制御性能とは制御系がおかれているいろいろな状況のもとでどの程度よい制御応答を示すかの指標を使って表現することである．制御系の制御性能を判断するためには (1) 制御系の持つ多くの性質のなかから代表的な特性を選び出し，(2) その特性の定量的な評価法を確立することが必要である．その制御系を定量的に評価する基本的な特性として，制御精度，速応性，および安定度の基本3仕様があり，この他には制御対象のパラメータの変化や外乱・ノイズに対する影響が少ないことがあげられる．

　本章では制御システムの基本3仕様である制御精度，速応性，および安定度（減衰特性）をもとに制御系の制御性能を解析し，評価する方法を述べる．その方法については，これまで説明してきた制御系の表現法や特性解析法および安定判別などの手法を組み合わせて総合的に記述し，説明することになる．

9.1 制御系の基本性能と基本仕様

フィードバック制御系では，制御対象を (i) 目標値に常にすばやく追従させること，(ii) 外乱や雑音があるときその影響を打ち消し，目標値に常に一致させることが求められる．これらの要求への対応は，制御系の制御性能を指定する次の基本3仕様で判断できる．すなわち，(1) 定常状態での目標値に到達する精確さ，すなわち制御精度（定常偏差），(2) 目標値に到達する速さ，すなわち制御系の応答の速さ（速応性），(3) 過渡応答の減衰の速さ，すなわち目標値に整定できるかどうか（安定度）がある．

9.1.1 精度

制御システムの定常状態で制御量が目標値にどの程度の精確さで到達するかは，(i) 制御プラントや制御機器などに用いられている数多くの構成部品の性能や精度，組み立て製造精度，さらにセンサーの検出・計測誤差など製造物そのものの不完全さによる誤差，および (ii) 制御システムの制御動作によって本質的に生じる誤差，すなわち定常偏差などにかかわっている．

ここでは (ii) について第5章で述べた定常特性をナイキスト線図とボード線図から読み取り性能を評価する方法を示す．

図 9.1 に示すフィードバック制御系で，定常偏差は (1) 目標値に対する制御量との差の偏差と (2) 外乱に対する制御量の偏差がある．定常偏差は

$$E(s) = R(s) - H(s)C(s) = \left\{1 - \frac{G(s)H(s)}{1+G(s)H(s)}\right\}R(s) - \frac{G_2(s)H(s)}{1+G(s)H(s)}D(s)$$

の制御偏差から求められる．右辺の第1項が (1) の目標値に対する偏差となり，第2項が (2) の外乱による誤差である．ただし，$G(s) = G_1(s)G_2(s)$ とおく．

定常偏差は，第5章に示したように (1) および (2) ともに制御系のタイプと入力信号の関数によって決まることはすでに示したが，目標値と外乱がともにステップ入力である場合の定常偏差を調べる．

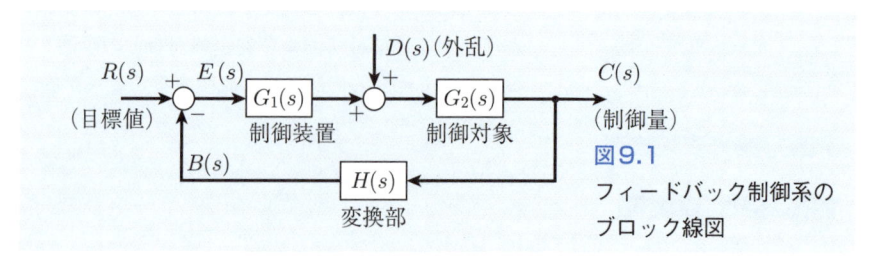

図 9.1 フィードバック制御系のブロック線図

9.1 制御系の基本性能と基本仕様

(1) 目標値に対する定常偏差 ステップ入力は，$r(t) = Ru(t)$，したがって $R(s) = \mathcal{L}[Ru(t)] = \frac{R}{s}$．

最終値の定理 $f(\infty) = \lim_{s \to 0} sF(s)$ より目標値に対する定常偏差 e_{sR} は

$$e_{\mathrm{sR}} = \lim_{s \to 0} \left[s \left\{ 1 - \frac{G(s)H(s)}{1+G(s)H(s)} \right\} \frac{R}{s} \right]$$

$$= \lim_{s \to 0} \left[\frac{R}{1+G(s)H(s)} \right] = \frac{R}{1+\lim_{s \to 0} G(s)H(s)}$$

ここで，$\lim_{s \to 0} G(s)H(s) = K_{\mathrm{p}}$，$K_{\mathrm{p}}$：位置偏差定数

0 形の系 　$e_{\mathrm{sR}} = \frac{R}{1+K_{\mathrm{p}}}$ $(K_{\mathrm{p}}：一定)$ $\cdots$ 定常偏差あり

1 形系以上 $e_{\mathrm{ss}} = 0$ $(K_{\mathrm{p}}：\infty)$ $\cdots$ 定常偏差なし

⇒ タイプを増すと定常偏差は 0 となる．

(2) 外乱による定常偏差 外乱の入力は $d(t) = Du(t)$，したがって $D(s) = \frac{D}{s}$．
外乱による定常偏差 e_{sD} の大きさは，$G(s) = G_1(s)G_2(s)$ とすると

$$e_{\mathrm{sD}} = \lim_{s \to 0} \left[s \frac{G_2(s)H(s)}{1+G(s)H(s)} \frac{D}{s} \right] = \lim_{s \to 0} \frac{G_2(s)H(s)D}{1+G(s)H(s)}$$

[I] $G_1(s)$, $G_2(s)$ と $H(s)$ がそれぞれ 0 形の場合

$$e_{\mathrm{sD}} = \frac{G_2(0)H(0)D}{1+G_1(0)G_2(0)H(0)} \qquad \cdots 定常偏差あり$$

ただし，$G_2(0)$, $G_1(0)$, $H(0)$ は定数となる．

[II] $G_1(s)G_2(s)H(s) = G(s)H(s)$ が 1 形の場合で

 (a) $G_2(s)$ または $H(s)$ が 1 形で，$G_1(s)$ は 0 形のとき

$$e_{\mathrm{sD}} = \lim_{s \to 0} \frac{\frac{G'_2(s)}{s}H(s)D}{1+G_1(s)\frac{G'_2(s)}{s}H(s)}$$

$$= \frac{G'_2(0)H(0)D}{G_1(0)G'_2(0)H(0)} = \frac{D}{G_1(0)} \qquad \cdots 定常偏差あり$$

ただし，$G_2(s)$ が 1 形のとき $G_2(s) = \frac{G'_2(s)}{s}$ とおく．したがって $G_1(s)$ が 0 形であれば $G_2(s)$ または $H(s)$ のタイプを増しても定常偏差は 0 にできない．

 (b) $G_1(s)$ が 1 形で，$G_2(s)$ および $H(s)$ が 0 形のとき

$$e_{\mathrm{sD}} = \lim_{s \to 0} \frac{G_2(s)H(s)D}{1+\frac{G'_1(s)}{s}G_2(s)H(s)} = 0 \qquad \cdots 定常偏差なし$$

ただし，$G_1(s)$ が 1 形のとき $G_1(s) = \frac{G'_1(s)}{s}$ とおく．したがって，外乱が入る位置よりも前（目標値側）にある伝達関数のタイプが増すと定常偏差は 0 となる．

[III] $G(s)H(s)$ が2形の場合 $G_1(s)$ のタイプが $G_2(s)$ と $H(s)$ の積のタイプと等しいか,それより大きいときの外乱による偏差は0となる.

表9.1 に定常偏差を決める制御系のタイプ (0形, 1形, 2形) とナイキスト線図およびボード線図との関係および特徴を示す.

定常特性および本節の結果から伝達関数のタイプが増加するほど定常偏差が少なくなり,特に外乱の影響は外乱が入る位置より前の目標値側にある伝達関数 $G_1(s)$ のタイプを増すと定常偏差は減少できることがわかる.一方,後に述べるように制御系のタイプが増すと安定化しにくくなるので注意する.

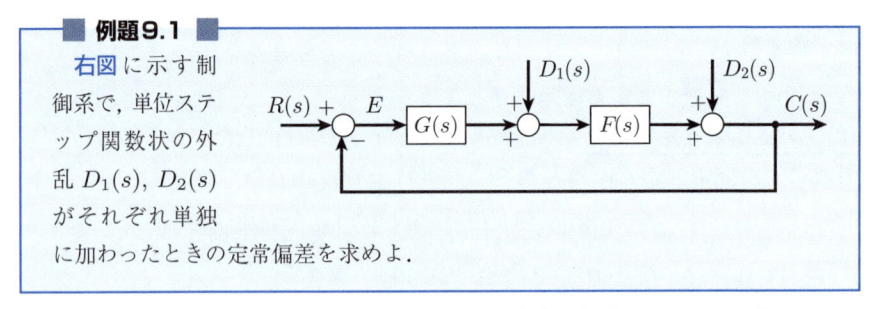

■ **例題9.1** ■
右図に示す制御系で,単位ステップ関数状の外乱 $D_1(s), D_2(s)$ がそれぞれ単独に加わったときの定常偏差を求めよ.

【解答】 $D_1(s), D_2(s)$ がそれぞれ単独で加わったときの偏差 $E_1(s)$ および $E_2(s)$ は $R(s)$ を0として

$$E_1(s) = -\{E_1(s)G(s) + D_1(s)\}F(s)$$
$$E_2(s) = -\{E_2(s)G(s)F(s) + D_2(s)\}$$

であるので

$$E_1(s) = \frac{-F(s)}{1+G(s)F(s)} D_1(s)$$
$$E_2(s) = \frac{-1}{1+G(s)F(s)} D_2(s)$$

となり,それぞれの定常偏差 e_{s1}, e_{s2} は

$$e_{s1} = \lim_{s \to 0} \left[-\frac{sF(s)}{1+G(s)F(s)} D_1(s) \right]$$
$$e_{s2} = \lim_{s \to 0} \left[-\frac{s}{1+G(s)F(s)} D_2(s) \right]$$

となるので,外乱がそれぞれ単位ステップ関数で与えられた場合は

$$e_{s1} = -\frac{F(0)}{1+G(0)F(0)}, \quad e_{s2} = -\frac{1}{1+G(0)F(0)}$$

となり,$F(s)$ の関数形により外乱に対する影響が異なる.

9.1 制御系の基本性能と基本仕様

表9.1 制御系のタイプとナイキスト線図およびボード線図との関係

	(a) ナイキスト線図の概形	(b) ボード線図 ゲイン特性の概形	特徴
(i) 0形			$G(j\omega)H(j\omega)\|_{\omega=0}$ $= K_\mathrm{p}$ (a) $0°$ から出発 (b) 低い周波数で $0\,\mathrm{dB\cdot dec^{-1}}$ の傾きの漸近線は $\omega=1$ で $g_\mathrm{b} = -20\log_{10}K_\mathrm{p}$.
(ii) 1形			$G(j\omega)H(j\omega)\|_{\omega=0}$ $= \left.\dfrac{K_\mathrm{v}}{j\omega}\right\|_{\omega=0}$ $= -j\infty$ (a) $-90°$ から出発 (b) 低い周波数で $-20\,\mathrm{dB\cdot dec^{-1}}$ の傾きの漸近線は $\omega=1$ で $g_\mathrm{b} = 20\log_{10}K_\mathrm{v}$. $0\,\mathrm{dB}$ とは $\omega=K_\mathrm{v}$ で交わる.
(iii) 2形			$G(j\omega)H(j\omega)\|_{\omega=0}$ $= \left.\dfrac{K_\mathrm{a}}{(j\omega)^2}\right\|_{\omega=0}$ $= -\infty$ (a) $-180°$ から出発 (b) 低い周波数で $-40\,\mathrm{dB\cdot dec^{-1}}$ の傾きの漸近線は $\omega=1$ で $g_\mathrm{b} = 20\log_{10}K_\mathrm{a}$. $0\,\mathrm{dB}$ とは $\omega=\sqrt{K_\mathrm{a}}$ で交わる.

9.1.2 速応性

目標値が変化した場合，制御量はなるべく短い時間で目標値の近くに達することが望まれる．この特性を表す仕様が**速応性**である．応答の速さの指標は，この (i) 速応性と (ii) 振動がある場合の減衰性がある．速応性は，どれくらい速く目標値に到達するかを定量的に評価し，減衰性は制御量が定常値に達するまでの振動の状態を評価する振動成分の減衰性である．

(1) **時間応答** 標準二次遅れ系のインディシャル応答で速応性を調べる．第4章の過渡応答で述べたように特性方程式は

$$s^2 + 2\zeta\omega_n s + \omega_n^2 = 0$$

ここで根 $s_1, s_2 = -\alpha \pm j\beta$ とする．インディシャル応答は

$$c(t) = 1 - \frac{\varepsilon^{-\zeta\omega_n t}}{\sqrt{1-\zeta^2}} \cos\left(\sqrt{1-\zeta^2}\,\omega_n t - \tan^{-1}\frac{\zeta}{\sqrt{1-\zeta^2}}\right)$$

$$= 1 - \frac{\varepsilon^{-\alpha t}}{\sqrt{1-\zeta^2}} \cos(\beta t - \phi)$$

ただし，$\alpha = \zeta\omega_n$, $\beta = \omega_n\sqrt{1-\zeta^2}$, $\phi = \tan^{-1}\frac{\zeta}{\sqrt{1-\zeta^2}}$

応答波形を**図9.2 (a)** に示す．**図9.2 (b)** に特性根の根配置と速応性の関係を示す．**同図 (a)** より過渡特性による評価として**遅れ時間** T_d，**立ち上がり時間** T_r，**応答時間** T_p が小さいほど速応性に優れている．**整定時間** T_s は速応性と減衰性の両方の影響を与えることがわかる．

(i) 　α：応答の減衰項，β：応答の振動項 ⇒ 過渡応答を支配

　　　$\alpha \to$ 大：応答が速い，$\beta \to$ 大：振動周波数が高い

(ii) 　α：減衰率　　　　　　　…応答の速さの定量的評価

　　　$\kappa = \frac{\alpha}{\beta} = \frac{\zeta}{\sqrt{1-\zeta^2}}$：減衰度　…振動の状態をも考慮した応答の速さを評価

また，**図9.2 (b)** の包絡線より α を大きくすると T_s が小さくなり応答は速くなり，根配置より根の位置が虚軸に近いほど応答が遅くなることが読み取れる．

(2) **時間応答と閉ループ周波数応答** **表9.2** に代表的な速応性を示す周波数応答と時間応答の関係を示している．**(A)** は一次遅れ系で，時定数 T が大きければ応答は速くなる．**(B)** は二次遅れ系である．**(C)** の特性 a と b は低周波のゲインのピークが同一周波数にあるが，b は高周波域にもピークがある．b の時間応答は a の低周波振動に高周波振動が重畳した波形となる．

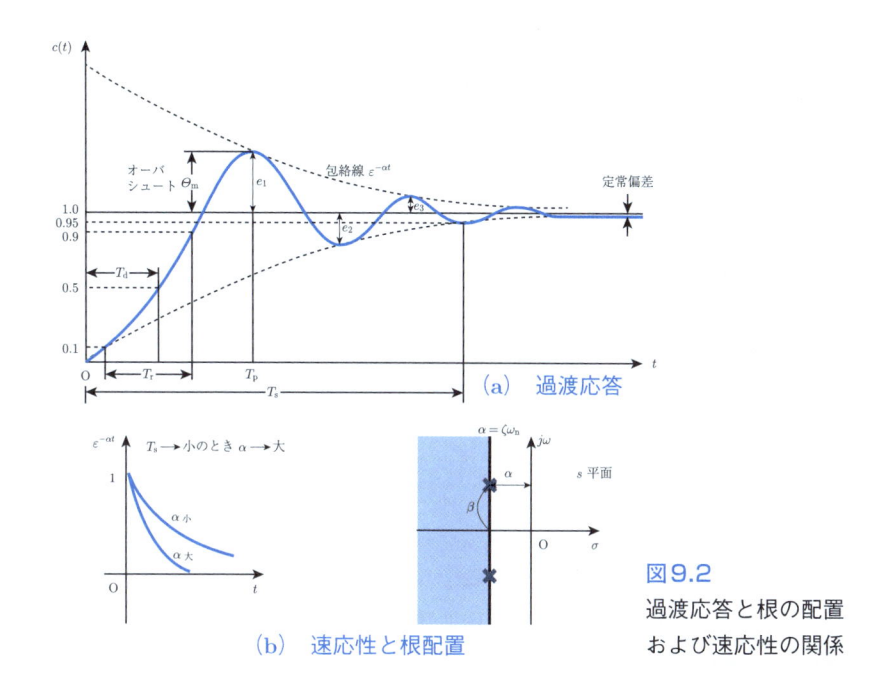

9.1　制御系の基本性能と基本仕様　　　**165**

(a) 過渡応答

(b) 速応性と根配置

図9.2 過渡応答と根の配置および速応性の関係

表9.2 速応性を示す周波数応答と時間応答の関係

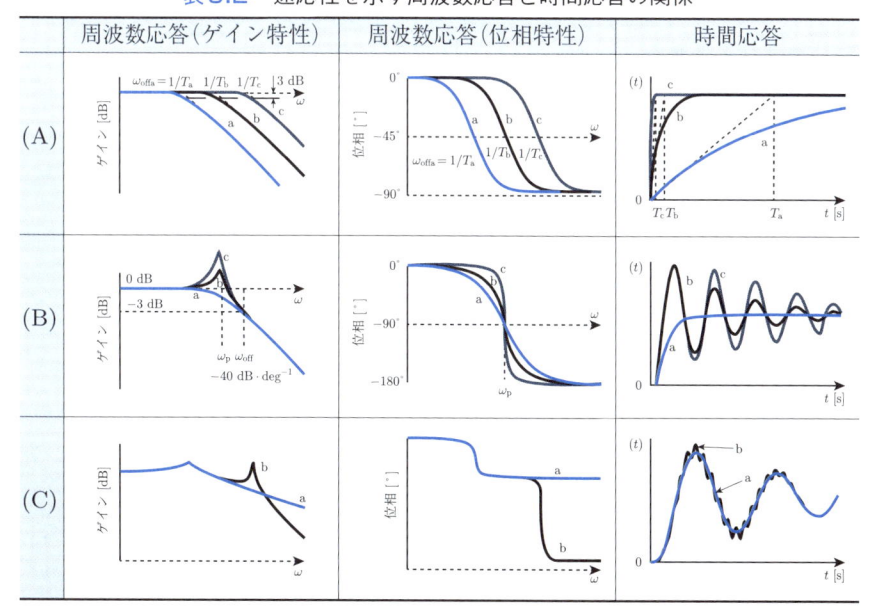

	周波数応答（ゲイン特性）	周波数応答（位相特性）	時間応答
(A)			
(B)			
(C)			

(3) 閉ループ周波数応答

閉ループ伝達関数（全体のフィードバック伝達関数）$M(s)$ は

$$M(s) = \frac{\omega_n^2}{s^2 + 2\zeta\omega_n s + \omega_n^2}$$

であるので周波数伝達関数 $M(j\omega)$ は

$$M(j\omega) = \frac{\omega_n^2}{\omega_n^2 - \omega^2 + j2\zeta\omega_n\omega} \quad (9.1)$$

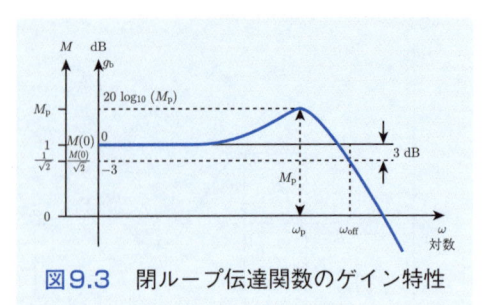

図9.3 閉ループ伝達関数のゲイン特性

式 (9.1) のボード線図の標準的なゲイン特性は**図9.3**のようになる．ゲイン特性はデシベル表示の g_b と振幅比の M を示している．

一般の制御系でも全体のフィードバック伝達関数について周波数応答のゲイン特性をこの図に示すように表示し，速応性に関する制御性能を評価する．

この周波数応答から時間応答の過渡特性と関連させ速応性について述べる．

速応性の目安を示す値には (i) **帯域幅** (bandwidth)，(ii) 一巡（開ループ）周波数応答で定義された**ゲイン交差角周波数**（cross-over frequency）および (iii) **共振ピーク角周波数**（resonant peak frequency）がある．

(i) 帯域幅（ω_{off}）：**図9.3**において閉ループ周波数応答のゲインが低周波（$\omega \to 0$）でのゲイン $M(0)$ の $\frac{1}{\sqrt{2}}$ 倍になり，3 dB 減衰する周波数を帯域幅という．**遮断角周波数**（cutoff frequency）ともいう．

$$\begin{aligned}\Delta g_b &= 20\log_{10} M(0) - 20\log_{10}\frac{M(0)}{\sqrt{2}} \\ &= 20\log_{10} M(0) - 20\log_{10} M(0) + 20\log_{10}(2)^{-1/2} \\ &= -10\log_{10} 2 = -3.01\,[\text{dB}]\end{aligned}$$

$|M(j\omega)| = \frac{M(0)}{\sqrt{2}}$ より

$$\omega_{\text{off}} = \omega_n\sqrt{1 - 2\zeta^2 + \sqrt{(1-2\zeta^2)^2 + 1}}$$

理想フィルタのステップ応答の特性から次のことがいえる．

$$T_r\omega_{\text{off}} \approx \pi, \quad T_d\omega_{\text{off}} = \phi_b$$

ϕ_b：位相特性の ω_{off} での位相角．したがって T_r, T_d を小さくするためには（速応性を高める）ω_{off} を大きくとることが必要である．

(ii) ゲイン交差周波数（ω_{cg}）：7.5節に示すように一巡周波数伝達関数のゲインが 1（0 dB）になるときの周波数であり ω_{cg} と書く．一巡周波数応答のゲ

9.1 制御系の基本性能と基本仕様

インが1になる周波数であるから

$$\omega_{\text{cg}} = \omega_{\text{n}} \sqrt{\sqrt{4\zeta^2+1}-2\zeta^2}$$

である．ω_{cg} が大きくなると速応性がよい．

(iii) 共振ピーク周波数（ω_{p}）：閉ループゲイン特性が図9.3に示すように共振ピーク値 M_{p} を持つ場合，最大値 M_{p} を与える周波数のことである．

図9.2 の T_{p} は $\frac{dc(t)}{dt}=0$ より

$$\omega_{\text{n}}\sqrt{1-\zeta^2}\,t = \pi \quad \therefore \quad T_{\text{p}} = \frac{\pi}{\omega_{\text{n}}\sqrt{1-\zeta^2}} = \frac{\pi}{\beta}$$

一方

$$|M(j\omega)|^2 = \frac{1}{\left\{1-\left(\frac{\omega}{\omega_{\text{n}}}\right)^2\right\}^2 + 4\zeta^2\left(\frac{\omega}{\omega_{\text{n}}}\right)^2}$$

$|M(j\omega)|$ が極値を持つための条件は上式を $\left(\frac{\omega}{\omega_{\text{n}}}\right)^2$ で微分して0とおけばよい．

共振ピーク周波数 ω_{p} は

$$\omega_{\text{p}} = \omega_{\text{n}}\sqrt{1-2\zeta^2}, \quad M_{\text{p}} = \frac{1}{2\zeta\sqrt{1-\zeta^2}}$$

したがって，T_{p} を短くする（応答を速くする）ためには β を大きくする必要があり，ω_{p} が大きくなれば応答は速くなる．

■ 例題9.2 ■

一次遅れ制御系の帯域幅と速応性の関係について述べよ．

【解答】 閉ループ伝達関数 $M(s)$ は4.3節より

$$M(s) = \frac{1}{1+T_1 s}$$

インディシャル応答 $c(t)$ は

$$c(t) = 1 - \varepsilon^{-t/T_1}$$

立ち上がり時間 T_{r} は

$$T_{\text{r}} = t_2 - t_1 = T_1(\ln 0.9 - \ln 0.1) = T_1 \ln 9 = 2.20 T_1$$

ただし，t_1, t_2：それぞれ $c(t)$ が最終値の10%および90%に達するまでの時間．

次に $|M(j\omega)|$ は

$$|M(j\omega)| = \left|\frac{1}{1+j\omega T_1}\right| = \frac{1}{\sqrt{1+(\omega T_1)^2}}$$

であるので $|M(j\omega)|$ が $\frac{1}{\sqrt{2}}$ になる場合は

$$\omega_{\text{off}} T_1 = 1$$

であり，表9.2 (A)からもわかるように

$$\omega_{\text{off}} = \frac{1}{T_1} \quad \text{となり} \quad T_{\text{r}} \propto T_1 = \frac{1}{\omega_{\text{off}}}$$

帯域幅が大きくなると応答は速くなることがわかる． ■

9.1.3 安 定 度

第7章のナイキストの安定判別法で安定・不安定の判別法とともに，安定な制御系でパラメータが変化しても安定である限界までの余有を，ゲイン余有および位相余有として説明した．たとえば，第7章の[例題7.3]の制御系でゲイン K をパラメータとしてナイキスト線図を描くと図9.4になる．ゲインが増してゆくほどに特性曲線は左によって，$K=6$ で安定限界となり，さらに大きくした $K=12$ では不安定になっている．特性曲線が負の実軸と交差する点が $-1+j0$ に近づくほど安定度が減少するといえる．すなわち，ゲインの増加によって安定な状態から不安定な状態に移っている．特性曲線の点 $(-1,0)$ との距離でゲインをどの程度増加すると不安定になるか，逆に不安定までの余有がどの程度あるかがわかるのでゲイン余有と位相余有はこの安定度の度合いを定量的に評価する一つの指標として用いられている．

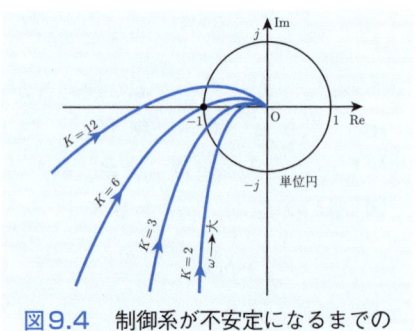

図9.4 制御系が不安定になるまでの K の余有 [例題7.3]

図9.5 に安定度についてのナイキスト線図とボード線図による制御性能の関係を示す．ゲイン余有と位相余有はナイキスト線図からは

$$\text{ゲイン余有} \quad g_\mathrm{m} = 20\log_{10}\left|\frac{1}{\overline{\mathrm{OC}}}\right| = -20\log_{10}|\overline{\mathrm{OC}}|\,[\mathrm{dB}] \quad (\phi = -180°)$$

$$\text{位相余有} \quad \phi_\mathrm{m} = \angle \mathrm{AOB} = \alpha\,[°] \quad (g = 0\,[\mathrm{dB}])$$

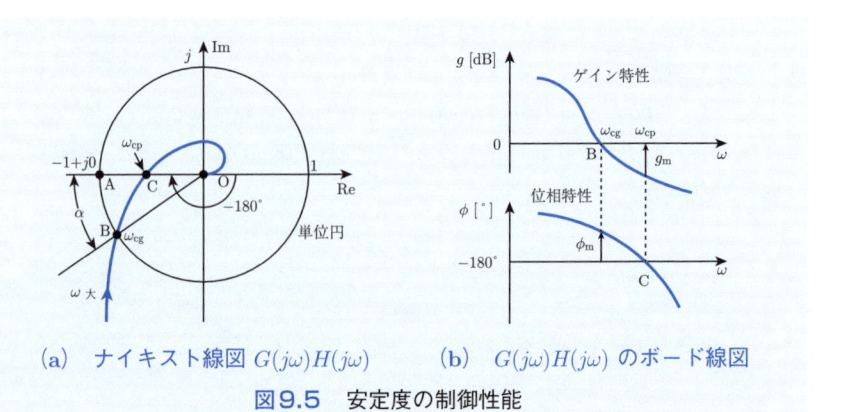

(a) ナイキスト線図 $G(j\omega)H(j\omega)$　　(b) $G(j\omega)H(j\omega)$ のボード線図

図9.5 安定度の制御性能

ボード線図では

　ゲイン余有　　$g_\mathrm{m} = -20\log|G(j\omega_\mathrm{cp})H(j\omega_\mathrm{cp})|$ [dB]

　位相余有　　$\phi_\mathrm{m} = \angle(G(j\omega_\mathrm{cg})H(j\omega_\mathrm{cg})) - (-180°)$

ただし，ω_cp：位相交差角周波数，ω_cg：ゲイン交差角周波数．

9.2 高次制御系の特性評価

9.2.1 代表特性根

　線形制御系の過渡応答特性は，系の特性根で決まることはすでに第 4 章で述べた．安定な制御系の特性根はすべて根平面の左半面にある．このうち，最も虚軸に近い特性根の成分が最も応答が遅く，最後まで過渡状態として残る成分である．それゆえに，この成分について注目し，速応性と安定度について検討すればよい．過渡特性はこの成分で代表されるので，この虚軸に最も近い特性根を**代表特性根**（dominant root）という．

(1)　**代表特性根が実数の場合**　振動成分が存在しないので，安定度がよく，その絶対値が大きいほど速応性がよい．[例題 9.2] を参照．

(2)　**代表特性根が複素数の場合**　多項式で表される特性方程式の代表特性根が複素根である場合は，その方程式は

$$s^2 + 2\zeta\omega_\mathrm{n} s + \omega_\mathrm{n}^2 = 0$$

である．代表特性根は

$$s = -\omega_\mathrm{n}\zeta \pm j\omega_\mathrm{n}\sqrt{1-\zeta^2} = -\alpha \pm j\beta$$

となり，自然角周波数 ω_n と減衰係数 ζ によって速応性と安定度の評価ができる．

9.2.2 代表根による速応性と安定度の評価

　図 9.6 に制御性能の速応性と安定度に関する代表特性根の配置と性能評価の目安を示す．図 9.6 (a) は ω_n と ζ の関係およびそれらの値に対する代表特性根の位置の変化を示したものである．図 4.8 に ζ に対するインディシャル応答波形を示している．ω_n を大きくすると応答は左に移動するため速応性がよくなることがわかる．したがって，ω_n は速応性の尺度となる．また，ζ を小さくすると振動的になり，大きくすると非振動的になり振動の減衰が速くなる．したがって，ζ は安定度（減衰性）の目安となることがわかる．

　以上のことより，速応性と安定度とよくするためには図 9.6 (b) に示す水色

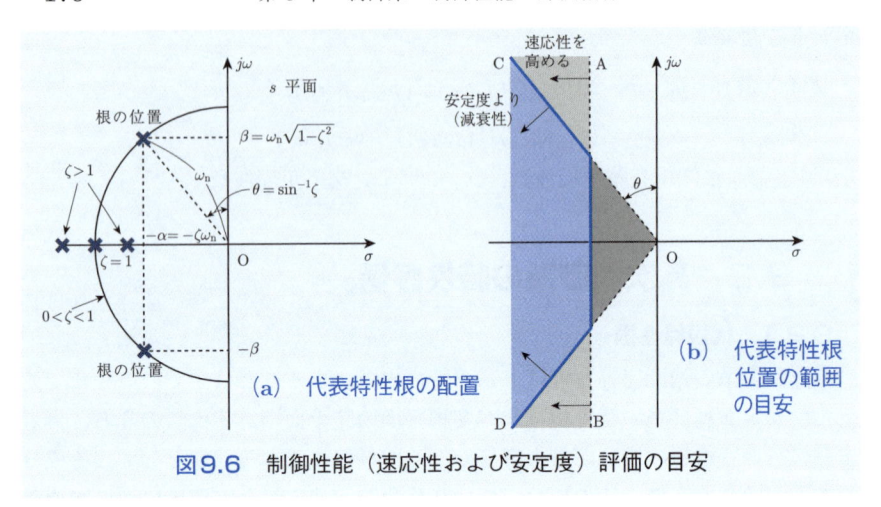

図9.6 制御性能（速応性および安定度）評価の目安

の範囲が望ましい．すなわち，速応性の要求からは虚軸との距離が必要であるので線 AB の左に，安定度の要求からは ζ は線 COD の左の範囲が好ましいことになる．

9.3 制御性能と指標

制御性能の基本 3 仕様をどのように数量的に評価するかを説明した．これらの制御性能を数量的に評価する特性を整理すると **表9.3** になる．

表9.3 制御性能の評価基準

制御性能	評価基準	
(1) 精度	定常偏差 (e_{ss})， 速度定常偏差 (e_{sv})， （第 5 章，表 5.2 参照）	位置定常偏差 (e_{sp})， 加速度定常偏差 (e_{sa})
(2) 速応性	立ち上がり時間 (T_r)， 帯域幅 (BW)，	整定時間 (T_s)， 共振角周波数 (ω_p)
(3) 安定度	オーバーシュート (Θ_m)， 減衰比 ($\frac{e_3}{e_1}$)， 共振ピーク値 (M_p)	ゲイン余有 (g_m)， 位相余有 (ϕ_m)

(1) **精度** 指標に関する目安として，位置偏差定数 K_p は ∞，速度偏差定数 K_v の値は指定する．たとえば，1 形の制御系では，ステップ入力には K_p を ∞ として定常偏差を 0 に，ランプ関数入力では定常偏差を一定値にすることになる．

(2) **速応性** 指標に関する目安では，定値制御か追値制御かの目標値の時間変化によって異なる．表1.3 に示されている分類で示すと，表9.4 のようになる．この指標は，実験的に求めたもので主として振動的応答成分の減衰性を評価する3つの指標（減衰率，減衰度，および減衰係数）をもとに，好ましい値として減衰係数 ζ と根平面の虚軸との角度 θ が示されている．次に，過渡特性から遅れ時間 T_d，立ち上がり時間 T_r，整定時間 T_s，時定数 T を，周波数特性から帯域幅（遮断角周波数 ω_{off}）のいずれかを指定し，基本設計で数値幅が選定される．

表9.4　速応性指標の目安

	減衰係数 ζ	角度 θ
追値制御	0.6〜0.8	37°〜53°
定値制御	0.2〜0.4	12°〜24°

定値制御の場合，遮断周波数やピーク周波数も速応性の指標として用いられる．速応性を高めるため帯域幅を広めるとその周波数まで雑音（ノイズ）が入ることになるのでノイズ対策が必要である．

(3) **安定度** 指標に関する目安では，評価基準に基づく適切な値が制御量の種類によって異なる．制御量は，目標値，外乱やノイズなどによって影響を受ける．これらの変動による不安定性の回避を総合的に判断し基準指標として与えることは制御系の設計や特性改善・調整では大きな意味を持つ．

安定度に関しては第1章の表1.4 に示す応用分野で異なり，プロセス制御とサーボ機構では最適調整条件の範囲として表9.5 に示すゲイン余有と位相余有が選ばれる．

表9.5　安定度についての指標の目安

	ゲイン余有 g_m	位相余有 ϕ_m
プロセス制御	3〜10 dB	16°〜18°
サーボ制御	10〜20 dB	40°〜65°

9章の問題

9.1 次の基準入力に対する定常偏差を 0 形，1 形および 2 形の制御系について求めよ．ただし，$K_\mathrm{p} = \lim_{s \to 0} G(s)H(s)$, $K_\mathrm{v} = \lim_{s \to 0} sG(s)H(s)$.
① $r(t) = Ru(t)$ ② $r(t) = Rtu(t)$

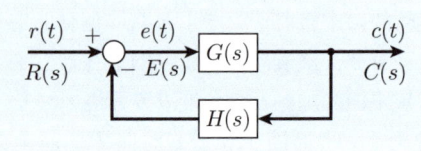

9.2 下図 の制御系で制御偏差 $E(s)$ と目標値 $R(s)$ および外乱 $D(s)$ の関係を求めよ．

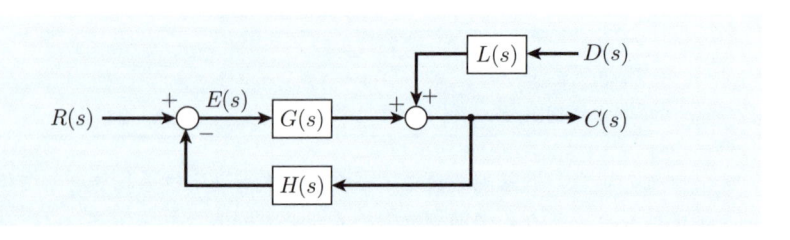

9.3 問題 9.2 で $H(s) = 1$, $G(s) = \frac{K_1 \varepsilon^{-s\tau}}{sT_1+1}$, $L(s) = \frac{K_2}{s}$ のとき，(1) 制御系のタイプと (2) 単位ステップ関数が目標値および外乱として印加されたときの定常偏差を求めよ．

9.4 一巡伝達関数が次式で与えられるとき，ゲイン余有 g_m が 20 dB になる K の値を求めよ．ただし，$K > 0$ とする．

$$G(s)H(s) = \frac{K}{(1+s)(1+2s)(1+3s)}$$

9.5 一巡伝達関数が次式で与えられたとき制御系のゲイン余有 g_m 位相余有 ϕ_m を求めよ．

$$G(s)H(s) = \frac{10}{s(s+1)(s+10)}$$

9.6 次のループ伝達関数の代表根を求めよ．
(1) $M(s) = \frac{10}{s^2+11s+10}$ (2) $M(s) = \frac{10}{s^3+7s^2+12s+10}$

第10章

制御系の特性補償と基本設計

　これまでは制御系の解析法，すなわち制御系を表現し，どのように制御特性を数量的に明らかにするか，性能をいかに数量的に評価するかの指標を述べてきた．次に必要なことは，制御特性や仕様が与えられたとき，どのように制御系を構成すれば要求された特性を補償し仕様や性能を満足するか，制御系に外乱や雑音が入りパラメータが変動したときにはどのようにするかを知ることである．

　本章では，既存の制御系の保守や調整を含め制御系の特性を改善し補償する方法，および与えられた仕様を満たす基本的な特性設計法について述べる．

10.1 制御系基本設計の考え方

制御系設計の標準的な流れについて第 1 章で述べたことを実現するための考え方は以下のようにいえる．

(1) 制御すべき対象および要求事項をしっかり理解すること：制御対象の機能，負荷や外乱の状態，要求される制御応答の精度および速応性などを数量的に調べる．制御系を働かせるエネルギー源の種類と仕様，すなわち電力であるか空気圧力または油圧であるかを調べ，必要なエネルギー源を整えること．
(2) 既存の要素の特性を知ること：設計すべき制御系にとって重要で本質的な既存の制御要素の動特性や静特性を十分調べておくこと．
(3) 制御系の制御動作についての要求を各種の制御理論から検討しておくこと：制御系の基本 3 仕様に関する要求データから，たとえば定常偏差の許容範囲，目標値あるいは外乱（負荷）のステップ変化に対する応答の遅れ，最大過渡偏差，過渡特性の減衰性など制御性能に関係の深い定数について知っておくこと．
(4) 制御系のブロック線図の作図と適切なシミュレーションソフトの選択：新しく使う制御要素や制御装置を決め，制御系の仮のブロック線図を作ること，および数多くあるシミュレーションソフトのなかから適切に選択すること．

10.2 PID 補償と基本設計

前節の考え方 (1)～(4) に基づき，精度，速応性および安定度に関して表9.3 の制御性能の評価基準を数値化しておく．

10.2.1 PID 補償による制御系設計

PID 補償は，現在の制御偏差に比例した修正動作（Proportional）を行う **P** 動作（比例動作），過去の偏差を積分して定常偏差を除去する動作（Integral）を行う **I** 動作（積分動作），将来を予測する動作（Derivative）を行う **D** 動作（微分動作）から構成される．この方法は **PID** 制御とも呼ばれる．一般に，PID 補償は，P 動作，**PI** 動作（比例積分動作），**PD** 動作（比例微分動作）および **PID** 動作の組合せで特性の補償を行うのでこれらの基本特性とその効果につい

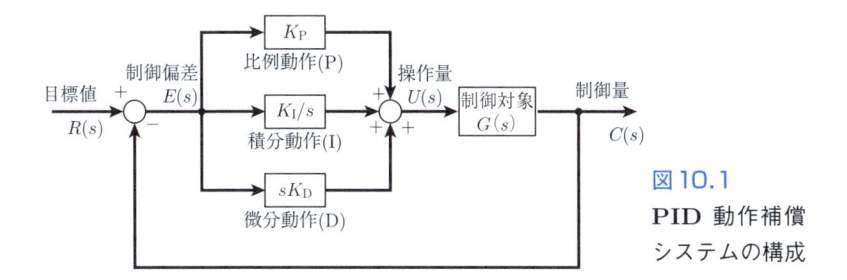

図 10.1 PID 動作補償システムの構成

て述べる．

図 10.1 に PID 補償システムの構成を示す．制御器の伝達関数は

$$\frac{U(s)}{E(s)} = K_P \left(1 + \frac{1}{sT_I} + sT_D\right) = K_P + \frac{K_I}{s} + sK_D \tag{10.1}$$

のように示される．ここで，K_P：比例ゲイン (proportional gain)，K_I：積分ゲイン (integral gain)，K_D：微分ゲイン (derivative gain)，$T_I = \frac{K_P}{K_I}$：積分時間 (integral time)，$T_D = \frac{K_D}{K_P}$：微分時間 (derivative time)．

(1) **P 補償** 一般に，P 補償では定常偏差を 0 にすることはできない．比例ゲイン K_P を大きくすれば定常偏差を少なくでき，速応性を向上することができるが減衰性が低下して応答は振動的になる．

(2) **PI 補償** P 補償と I 補償を組み合わせる方式である．伝達関数は

$$K_{PI}(s) = K_P \left(1 + \frac{1}{sT_I}\right)$$

となり，その周波数特性は図 10.2 になる．同図 (a) に示すように低周波数でのゲインの傾斜は $-20\,\mathrm{dB}\cdot\mathrm{dec}^{-1}$ で，周波数が小さくなるとゲインが ∞ になるのでステップ変化の目標値や外乱に対して定常偏差は 0 となる．折点角周波数 $\omega = \frac{1}{T_I}$ でゲインが $20\log K_P$ [dB] となり，同図 (b) のように低周波数では位相は遅れ，応答も遅くなる．

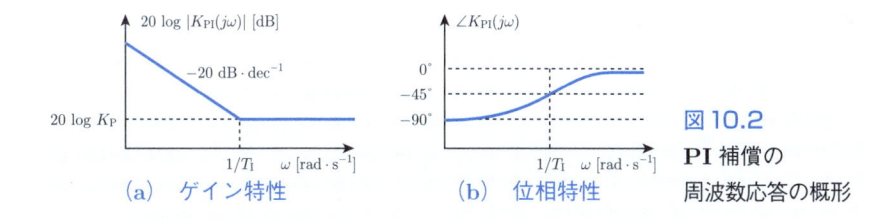

図 10.2 PI 補償の周波数応答の概形
(a) ゲイン特性
(b) 位相特性

(3) **PD 補償**　D 補償は，わずかなノイズで過大な出力信号を発生するので単独では用いられない．しかし，P 動作と併用して，速応性を高め減衰性を改善するために使用される．しかし，定常偏差を除去することはできない．伝達関数は次式で示され，その周波数特性は 図10.3 となる．

$$K_{PD}(s) = K_P(1 + sT_D)$$

図 10.3 PD 補償の周波数応答の概形

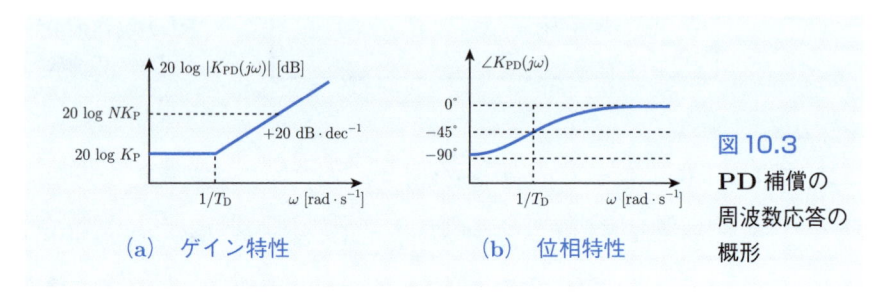

(a) ゲイン特性　(b) 位相特性

(4) **PID 補償**　PI 補償に D 動作を加えることにより，比例ゲイン K_P および積分ゲイン K_I を大きくすることができ，速応性を改善できる．伝達関数は式 (10.1) であり，周波数応答の概略は 図10.4 になる．式 (10.1) を分数にして分子の多項式は

$$T_I T_D s^2 + T_I s + 1 \tag{10.2}$$

となる．一般に $T_I \gg T_D$ のように設定することが多いので，式 (10.2) は

$$T_I T_D s^2 + T_I s + 1 \approx T_I T_D s^2 + (T_I + T_D)s + 1 = (T_I s + 1)(T_D s + 1)$$

の近似が成立する．したがって，式 (10.1) は次式となり 図10.4 が求まる．

$$K_{PID}(s) = K_P \frac{T_I T_D s^2 + T_I s + 1}{T_I s} \approx K_P \frac{(T_I s + 1)(T_D s + 1)}{T_I s}$$

定常特性と過渡特性の両方を改善できるがパラメータが増えるので各パラメータの調整を実システムについて行う．パラメータの2つの組合せ (K_P, K_I, K_D)，または (K_P, T_I, T_D) は **PID パラメータ**と呼ばれ，その決定は制御系の設計では重要である．

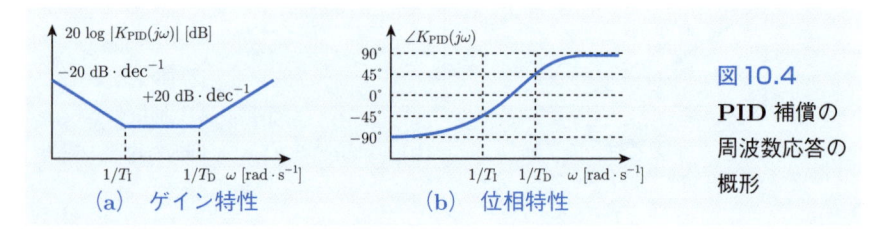

図 10.4 PID 補償の周波数応答の概形

(a) ゲイン特性　(b) 位相特性

10.2.2　PID パラメータの応答データによる決定法

PID パラメータの決定法には，限界感度法，過渡応答法，およびモデルマッチング法などが提案され実用化されている．**モデルマッチング法**は制御対象のモデルが得られている場合に可能な方法であり，全体の伝達関数（閉ループ伝達関数）が要望されるものに，可能な限り一致するようパラメータを決める．ここでは比較的簡単で一般に用いられている前記の2つの方法についてその特徴を述べ，決定法の概略を紹介する．

(1) **限界感度法**　この方法は，安定限界における系のふるまいに基づいて PID パラメータを調整し決定するので**限界感度法**と呼ばれる．まず，比例ゲイン K_P のみによる補償を考える．このゲインを増加させてゆくと系のステップ応答は持続振動が起こり安定限界に達する．このときの比例ゲインを限界ゲイン K_u とし，この応答の周期から限界周期 P_u を定める．これらの値を基準として表 10.1 に示すように PID パラメータを決める．PI 補償に D 補償を加えることにより比例ゲイン K_P を大きくし，積分時間 T_I を小さくできるので速応性が改善される．PID 補償では，定常偏差を無くして目標値に収束し，外乱の影響を除去できる．この方法は，鉄鋼プラント，石油プラントなどの巨大な制御対象では安定限界までプラントの制御量の行き過ぎや持続振動の試行ができないのでこれらのプラントには不向きである．

表 10.1　限界感度法によるパラメータ調整値

コントローラ	K_P	T_I	T_D
P	$0.5K_u$	∞	0
PI	$0.45K_u$	$\frac{P_u}{1.2}$	0
PID	$0.6K_u$	$\frac{P_u}{2.0}$	$\frac{P_u}{8.0}$

(2) **過渡応答法**　制御対象のステップ応答の波形から PID パラメータを決める方法である．制御対象にステップ入力が印加されたとき，図 10.5 のような出力波形が得られるとする．図 a は制御対象が積分系とむだ時間 L の和で表現できること，図 b は一次遅れ系とむだ時間の和であり値 K で収束すること，そして傾斜はともに R であることを示している．これらの応答はそれぞれ無定位性および定位性の制御対象であり，伝達関数は次式で表現できる．

$$\text{無定位性制御対象}\quad G(s) = \frac{R}{s}\varepsilon^{-Ls}$$
$$\text{定位性制御対象}\quad G(s) = \frac{K}{1+Ts}\varepsilon^{-Ls}$$

図 10.5 ステップ応答法のパラメータ
(a) 無定位性制御対象
(b) 定位性制御対象

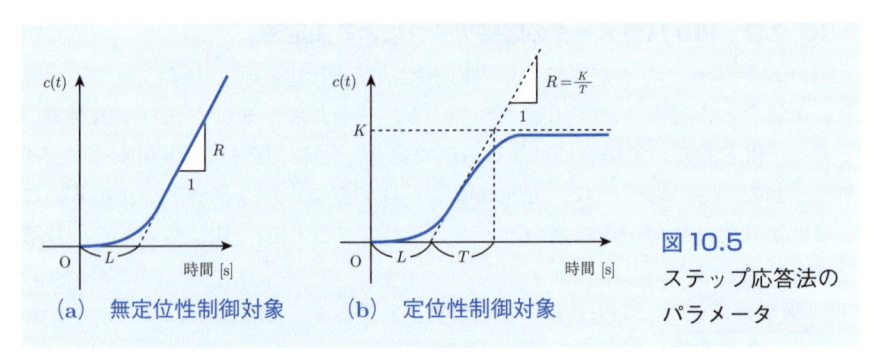

むだ時間 L と時定数に関係する傾斜 R を用いた各パラメータの初期設定の目安は，表 10.2 になる．実際の制御系の特性補償に当たっては現場において，より詳細なパラメータ調整が必要になる．

表 10.2　ステップ応答法によるパラメータ調整値

コントローラ	K_P	T_I	T_D
P	$\frac{1}{RL}$	∞	0
PI	$\frac{0.9}{RL}$	$3.3L$	0
PID	$\frac{1.2}{RL}$	$2L$	$0.5L$

10.2.3　PID 補償の実現

制御装置において P 動作，I 動作および D 動作をアナログデバイスを用いて実現する方法について述べよう．第 2 章の [例題 2.8] で演算増幅器（オペアンプ）を用いた加算回路，積分回路および微分回路を紹介した．CPU を用いたディジタル回路でも実現できるが，最近では動作速度が速く精度も高いアナログデバイスの出現もありオペアンプによる方法を述べよう．

P 動作の回路は，[例題 2.8] の **図 (c)** を用いて，ゲインは [例題 2.8] の (i) の式で抵抗を調整する．I 動作は，**同図 (d)** を用いる．そして D 動作は **同図 (e)** を用いて実現することができる．

図 10.6 はオペアンプによる PID 演算の基本回路である．この回路の伝達関数は [例題 2.8] に示すように

$$G(s) = \frac{M(s)}{E(s)} = -\frac{Z_f(s)}{Z_i(s)}$$

である．この式において $Z_f(s) = R_2, Z_i(s) = R_1$ のようにインピーダンスを抵抗で構成すると

に示す P 動作の回路になる．

PI 動作の回路は 図10.7 であり，$Z_\mathrm{f}(s) = R_2 + \frac{1}{sC_2}$, $Z_\mathrm{i}(s) = R_1$ のようにインピーダンスを設定すると

$$G(s) = -\frac{R_2 + \frac{1}{sC_2}}{R_1}$$
$$= -\frac{R_2}{R_1}\left(1 + \frac{1}{sR_2C_2}\right)$$

となりこの動作の演算ができる．ここで，$K_\mathrm{P} = \frac{R_2}{R_1}$, $T_\mathrm{I} = R_2C_2$．

PID 動作の演算回路は，図10.8 に示すようになる．インピーダンスをそれぞれ $Z_\mathrm{f}(s) = R_2 + \frac{1}{sC_2}$, $Z_\mathrm{i}(s) = \frac{1}{sC_1 + \frac{1}{R_1}}$ とすると伝達関数は

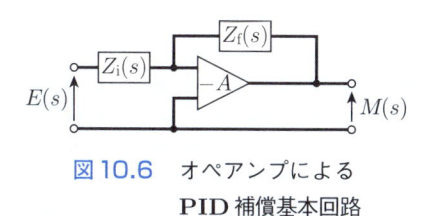

$G(s) = -\frac{R_2}{R_1} = -K_\mathrm{P}$

図10.6 オペアンプによる PID 補償基本回路

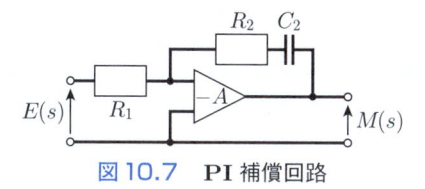

図10.7 PI 補償回路

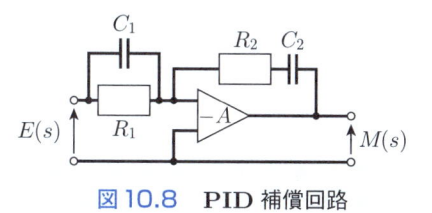

図10.8 PID 補償回路

$$G(s) = -\frac{R_2 + \frac{1}{sC_2}}{\frac{1}{sC_1 + \frac{1}{R_1}}} = -\left(R_2 + \frac{1}{sC_2}\right)\left(sC_1 + \frac{1}{R_1}\right)$$
$$= -K_\mathrm{P}\left(1 + \frac{1}{sT_\mathrm{I}} + sT_\mathrm{D}\right)$$

となり，PID パラメータの $K_\mathrm{P}, T_\mathrm{I}, T_\mathrm{D}$ を求めることができる．ただし，$K_\mathrm{P} = \frac{R_1C_1 + R_2C_2}{R_1C_2}$, $T_\mathrm{I} = R_1C_1 + R_2C_2$, $T_\mathrm{D} = \frac{R_1R_2C_1C_2}{R_1C_1 + R_2C_2}$．

10.3 位相進み–遅れ補償による特性設計

　一般の制御系では，制御対象の特性には大きな変更を加えることが困難である場合が多く，システムの速応性が低い，振動的であるなど制御系全体として解決する必要が出てくる．そこで，制御対象には触れずその前段に直列に制御器を設けて特性の補償を行うことがある．図10.9 にこのような場合の補償法を示す．

図 10.9　補償法の種類

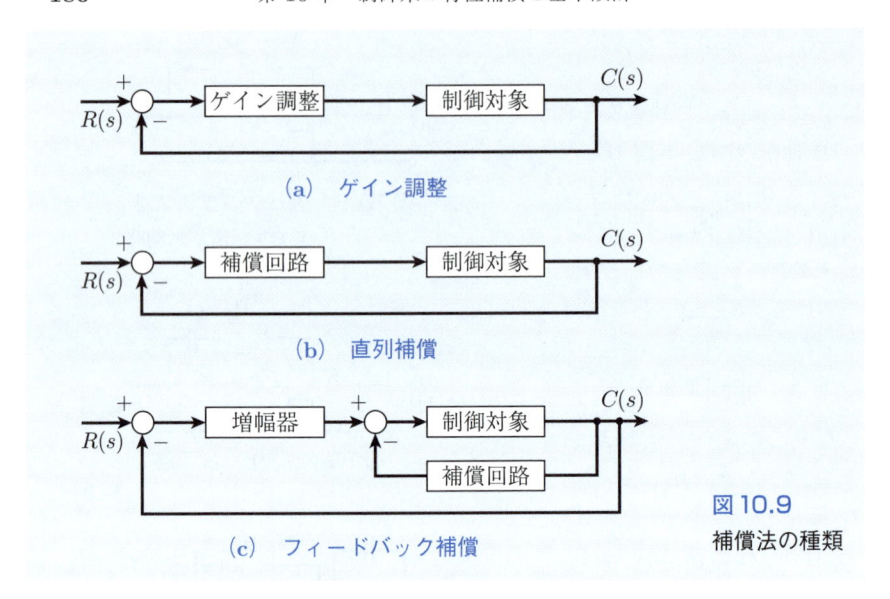

(a) ゲイン調整
(b) 直列補償
(c) フィードバック補償

10.3.1　位相補償法の種類

図 10.9 (a) はゲイン調整（補償）で，一定値のゲインを挿入したとき，ボード線図において位相特性曲線は変化せず，ゲイン特性曲線のみ上下に並行移動する．ゲインを下げると補償後のゲイン交差角周波数が低くなり，位相余有，ゲイン余有ともに増加する．この場合，制御系の安定性は向上するが，閉ループ制御系の帯域幅が低下して，速応性は低下する．またステップ応答の立ち上がり時間も大きくなる．

ゲイン調整だけでは，満足な定常特性や過渡特性を実現できないときには，同図 (b) のように適当な補償要素（回路）を直列に挿入して開ループ伝達関数の形を変更して特性を改善する．また，同図 (c) のように適当な補償回路フィードバック要素として局部的なフィードバックループを構成し，特性を改善する．

直列補償要素では，入力信号に対して減衰器的な作用をするので制御装置のゲインを高めるか，ゲインを高めるために増幅器を挿入しなければならない．しかし，フィードバック補償は出力側からの信号を入力側にフィードバックするので補償要素に特別な増幅器を必要とせず，装置が簡単で制御対象のパラメータ変動の影響を軽減できる．そこで，機械系や流体系で直列補償が困難な場合には用いられることが多い．

10.3.2 直列補償

位相遅れ補償は定常特性を改善し，位相進み補償は過渡特性を改善すると同時に安定性の改善を図るために行われる．補償器の伝達関数を

$$K(s) = \frac{E_o(s)}{E_i(s)} = K\frac{1+sT_2}{1+sT_1} \tag{10.3}$$

で表すと時定数 T_1 と T_2 の関係は

$$\begin{array}{ll}\text{位相遅れ補償} & T_1 > T_2 \\ \text{位相進み補償} & T_1 < T_2\end{array} \tag{10.4}$$

(1) **位相遅れ補償** 実用的には式 (10.3) と (10.4) を満たす

$$K(s) = \alpha K\frac{1+sT}{1+s\alpha T} \tag{10.5}$$

を作成する．ただし，$\alpha > 1$．この周波数応答をボード線図で示すと **図 10.10 (a)**, **(b)** になり，電気回路で作成した補償回路は **同図 (c)** となる．低周波域と高周波域のゲインはそれぞれ $\alpha K, K$ となり，角周波数の $\frac{1}{\alpha T}$ と $\frac{1}{T}$ 間で遅れ位相になっている．

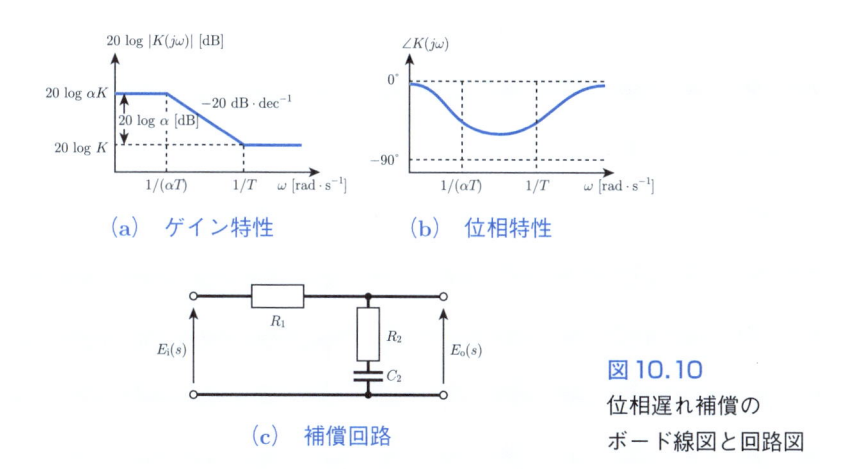

(a) ゲイン特性　　(b) 位相特性

(c) 補償回路

図 10.10 位相遅れ補償のボード線図と回路図

(2) **位相進み補償** 式 (10.3) と (10.4) を満たす次式を作成する．

$$K(s) = K\frac{1+sT}{1+s\alpha T}$$

ただし，$\alpha < 1$．この周波数応答をボード線図で示すと **図 10.11 (a)**, **(b)** になり，電気回路で作成した補償回路は **同図 (c)** となる．低周波域と高周波域のゲインはそれぞれ $K, \frac{K}{\alpha}$ となり，角周波数の $\frac{1}{T}$ と $\frac{1}{\alpha T}$ 間で進み位相になっている．

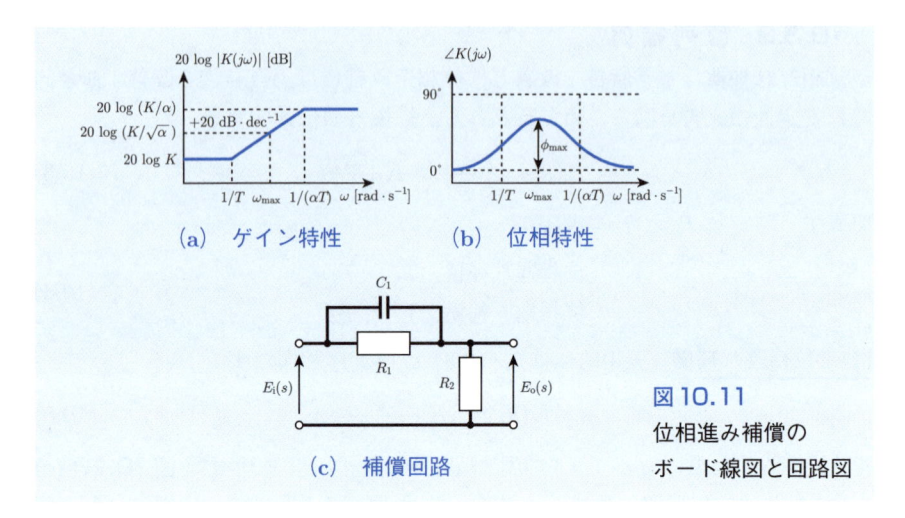

(a) ゲイン特性 (b) 位相特性

(c) 補償回路

図 10.11 位相進み補償のボード線図と回路図

(3) **位相進み–遅れ補償** 位相進みと遅れ特性を持つ伝達関数は

$$K(s) = K\left(\frac{1+sT_1}{1+s\alpha_1 T_1}\right)\left\{\frac{\alpha_2(1+sT_2)}{1+s\alpha_2 T_2}\right\}$$

となる．ただし，$\alpha_1 < 1$, $1 < \alpha_2$．この周波数応答をボード線図で示すと図 10.12 **(a)**, **(b)** になり，電気回路で作成した補償回路は同図 **(c)** となる．角周波数の $\frac{1}{T_1}$ と $\frac{1}{\alpha_1 T_1}$ 間で進み位相になっている．

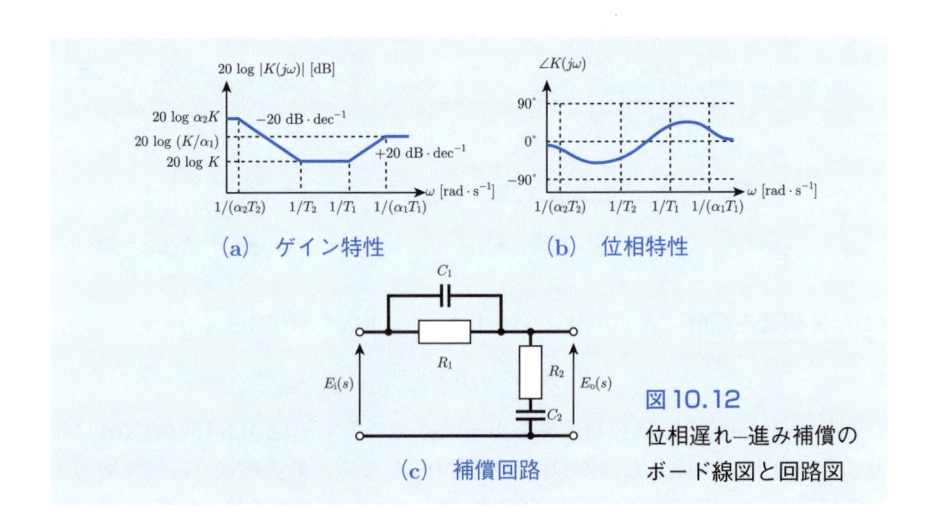

(a) ゲイン特性 (b) 位相特性

(c) 補償回路

図 10.12 位相遅れ–進み補償のボード線図と回路図

■ 例題 10.1 ■

(1) 位相遅れ補償，(2) 位相進み補償，(3) 位相遅れ–進み補償のそれぞれの回路の時定数 T とパラメータの関係を示し，各動作を行う条件を求めよ．

【解答】 (1) 図 10.10 (c) の伝達関数は次式となる．

$$K(s) = \frac{E_o(s)}{E_i(s)} = \frac{R_2 + \frac{1}{sC_2}}{R_1 + R_2 + \frac{1}{sC_2}} = \frac{1 + sR_2C_2}{1 + s(R_1 + R_2)C_2} = \frac{1 + sT}{1 + s\alpha T}$$

上式を式 (10.5) と比較すると，時定数 T は $T = C_2 R_2$，$\alpha = \frac{R_1 + R_2}{R_2} > 1$ となり $\alpha > 1$ となるので位相遅れ補償の条件が満たされる．折点角周波数は

$$\omega_{b1} = \frac{1}{\alpha T} < \omega_{m0} < \omega_{b2} = \frac{1}{T}$$

(2) 図 10.11 (c) の伝達関数は次式となる．

$$K(s) = \frac{E_o(s)}{E_i(s)} = \frac{R_2}{R_2 + \frac{1}{\frac{1}{R_1} + sC_1}}$$

$$= \frac{R_2}{R_1 + R_2} \left(\frac{1 + sR_1C_1}{1 + s\frac{R_2}{R_1 + R_2}R_1C_1} \right) = \alpha \frac{1 + sT}{1 + s\alpha T}$$

$$T = C_1 R_1, \quad \alpha = \frac{R_2}{R_1 + R_2} < 1$$

となり位相進み補償の条件が満たされる．折点角周波数は

$$\omega_{b1} = \frac{1}{T} < \omega_{max} < \frac{1}{\alpha T}$$

(3) 図 10.12 (c) の伝達関数は次式となる．

$$K(s) = \frac{E_o(s)}{E_i(s)} = \frac{R_2 + \frac{1}{sC_2}}{\frac{1}{sC_1 + \frac{1}{R_1}} + R_2 + \frac{1}{sC_2}}$$

$$= \frac{R_1C_1R_2C_2s^2 + (R_1C_1 + R_2C_2)s + 1}{R_1C_1R_2C_2s^2 + (R_1C_1 + R_2C_2 + R_1C_2)s + 1}$$

$$= \frac{T_1T_2s^2 + (T_1 + T_2)s + 1}{T_1T_2s^2 + (T_1 + T_2 + T_3)s + 1}$$

ただし，$T_1 = R_1C_1$, $T_2 = R_2C_2$, $T_3 = R_1C_2$. 大きな位相進みや遅れを得るためには

$$K(s) = \frac{\frac{T_1T_2}{T_3}s^2 + \frac{T_1 + T_2}{T_3}s + \frac{1}{T_3}}{\frac{T_1T_2}{T_3}s^2 + \left(\frac{T_1 + T_2}{T_3} + 1\right)s + \frac{1}{T_3}}$$

となり $\frac{T_1 + T_2}{T_3} = \frac{C_1}{C_2} + \frac{R_2}{R_1}$ を小さくすればよい．

すなわち，図 10.12 (a), (b) よりこの要素は $\omega = \frac{1}{\sqrt{T_1T_2}}$ を境にして，これより低周波域では位相遅れとなり，高周波域においては位相進みとなる． ■

10.4　2自由度制御系とフィードフォワード制御

1.4節で目標値と外乱に同時に対応できる制御系として2自由度制御系を紹介し，第4章および第5章では外乱が制御量にどのように影響を与えるかを定常偏差と過渡応答から説明した．また，前節では主に目標値に対する制御系の特性を改善する補償法を述べた．しかし，モータドライブによる位置・速度制御系などでは，設定位置や回転速度で駆動しているときの負荷の急変など外乱の影響を抑制することも重要である．このような場合，フィードバック制御とフィードフォワード制御を併用する2自由度制御法はその威力を発揮する．

制御系の自由度とは，制御系の構造を決めたとき，独立に変化させ得る閉ループ伝達関数の個数のことを示し，具体的には独立に設けることのできる制御装置の数をいう．

10.4.1　1自由度制御系

図10.13に示すフィードバック制御系では，制御量は

$$C(s) = \frac{B(s)G(s)}{1+B(s)G(s)}R(s) + \frac{G(s)}{1+B(s)G(s)}D(s)$$

で表される．右辺第1項は目標値追従特性，第2項が外乱抑制特性を示している．

制御量と目標値および外乱との伝達関数は

$$G_{\mathrm{CR}}(s) = \frac{B(s)G(s)}{1+B(s)G(s)} \quad \left(= \frac{C(s)}{R(s)}\right) \tag{10.6}$$

$$G_{\mathrm{CD}}(s) = \frac{G(s)}{1+B(s)G(s)} \quad \left(= \frac{C(s)}{D(s)}\right) \tag{10.7}$$

図10.13　フィードバック制御系
（1自由度制御系）

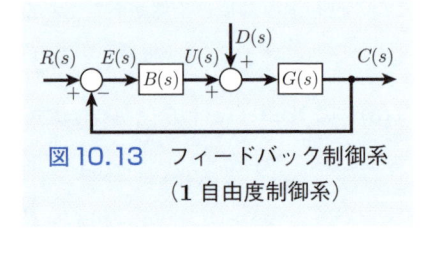

となる．これらの式から伝達関数の関係は

$$\frac{G_{\mathrm{CD}}(s)}{G(s)} + G_{\mathrm{CR}}(s) = \frac{1}{1+B(s)G(s)} + \frac{B(s)G(s)}{1+B(s)G(s)} = 1$$

となり，$G_{\mathrm{CR}}(s)$ の特性を $B(s)$ により決定した場合は，$G_{\mathrm{CD}}(s)$ の特性もこの関係式により一意的に決まる．すなわち制御装置 $B(s)$ によって両特性を独立に設定することができないことがわかる．このような単一の制御装置による制御系を **1自由度制御系**（one-degree-of-freedom control system）と呼んでいる．

1自由度制御系では第1章に述べた以下の制御の目的の (a)〜(c) は図10.13のフィードバック制御で制御装置 $B(s)$ の調整で達成できたとしても (d) の目

的の達成は困難であるといえる．この制御系は本質的に設計自由度が不足している．

(a) 制御対象の安定化
(b) 外乱の影響の抑制
(c) 制御対象の特性変動やパラメータ変化による影響の抑制
(d) 制御量の目標値追従（過渡状態および定常状態)

10.4.2　2自由度制御系（フィードフォワード形）

図 10.14 に 2 自由度制御系を示す．目標値にフィードフォワード制御装置 $B_\mathrm{f}(s)$ を追加して 2 自由度制御系を構成すると，制御量の目標値と外乱に対する伝達関数は

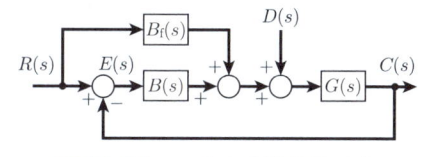

$$\frac{C(s)}{R(s)} = \frac{\{B_\mathrm{f}(s)+B(s)\}G(s)}{1+B(s)G(s)} \quad (10.8)$$

$$\frac{C(s)}{D(s)} = \frac{G(s)}{1+B(s)G(s)} \quad (10.9)$$

図 10.14　2自由度制御系（I）

ここで，$B_\mathrm{f}(s) = G^{-1}(s)$ の関係があると目標値に対する制御対象の伝達関数は

$$\frac{C(s)}{R(s)} = 1$$

となり，完全追従が可能になる．したがって，$B(s)$ は外乱応答特性のみを考えて設計できることになる．しかし，制御対象 $G(s)$ は一般に分母の次数が分子より高いのでその逆数 $B_\mathrm{f}(s) = G^{-1}(s)$ は分子の次数が分母より高くなり，制御装置 $B_\mathrm{f}(s)$ に微分項が必要で実現が困難である．

そこで，図 10.15 のように補償回路 $F(s)$ を挿入して修正する．制御量の目標値と外乱に対する伝達関数は

$$\frac{C(s)}{R(s)} = \frac{G^{-1}(s)F(s)G(s)+F(s)B(s)G(s)}{1+B(s)G(s)} = F(s) \quad (10.10)$$

$$\frac{C(s)}{D(s)} = \frac{G(s)}{1+B(s)G(s)} \quad (= G_\mathrm{CD}(s)) \quad (10.11)$$

となる．フィードフォワード制御装置の伝達関数 $G^{-1}(s)F(s)$ および $F(s)$ はともに分母の次数を分子の次数より高く設定することができる．したがって，目標値応答特性は $F(s)$ で，外乱応答特性は $B(s)$ で独立して設計が可能となる．式 (10.11) は式 (10.7) に等しくなり，1自由度制御系の外乱応答特性になる．

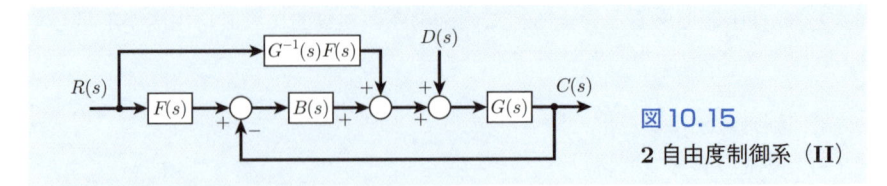

図 10.15　2 自由度制御系（II）

10.4.3　2 自由度制御系（フィードバック形）

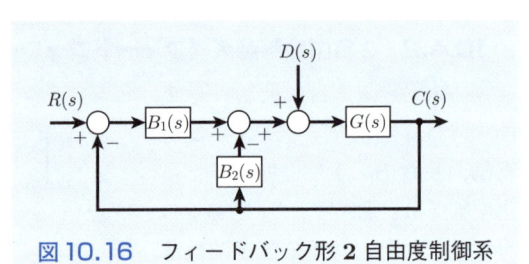

サーボモータの電流，位置および速度制御系で適用されているフィードバック形 2 自由度制御系を図 10.16 に示す．一般には，この $B_1(s)$ が I 要素，$B_2(s)$ は P 要素または PD 要素として用いられることが多く，**I-P 制御**または **I-PD 制御**と呼ばれている．制御量の目標値と外乱に対する伝達関数は

図 10.16　フィードバック形 2 自由度制御系

$$\frac{C(s)}{R(s)} = \frac{B_1(s)G(s)}{1+\{B_1(s)+B_2(s)\}G(s)} \tag{10.12}$$

$$\frac{C(s)}{D(s)} = \frac{G(s)}{1+\{B_1(s)+B_2(s)\}G(s)} \tag{10.13}$$

となり，$B_1(s) = B(s) + B_f(s)$, $B_2(s) = -B_f(s)$ とおくと式 (10.8), (10.9) となる．図 10.16 が 2 自由度制御構造の制御系であることがわかる．

■ 例題 10.2 ■

制御対象の伝達関数が $\frac{1}{Js}$ であるときの I-P 制御のブロック線図を描き，単位ステップ関数が目標値および外乱として入力されたときの制御量を求めよ．

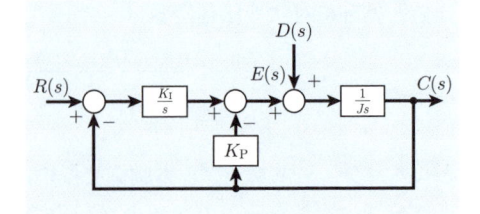

【解答】　I-P 制御のブロック図は右図になる．ここで K_I, K_P はゲイン定数．式 (10.12) より目標値 $R(s)$ から制御量 $C(s)$ までの閉ループ伝達回数 $G_1(s)$ は $B_1(s) = \frac{K_I}{s}$, $B_2(s) = K_P$ とおくと次式となる．

$$G_1(s) = \frac{K_I}{s^2 + \frac{K_P}{J}s + \frac{K_I}{J}}$$

また，外乱 $D(s)$ から $C(s)$ までの閉ループ伝達関数 $G_2(s)$ は

$$G_2(s) = \frac{\frac{s}{J}}{s^2 + \frac{K_\mathrm{P}}{J}s + \frac{K_\mathrm{I}}{J}}$$

となる．したがって単位ステップ入力が目標値および外乱に加わったときの制御量は

$$C(s) = \frac{K_\mathrm{I}}{s\left(s^2 + \frac{K_\mathrm{P}}{J}s + \frac{K_\mathrm{I}}{J}\right)} + \frac{\frac{1}{J}}{s^2 + \frac{K_\mathrm{P}}{J}s + \frac{K_\mathrm{I}}{J}}$$

となる．$K_\mathrm{I}, K_\mathrm{P}$ の調整により，所望の閉ループ特性と外乱抑制特性が得られる．

10.5 サーボ制御系の設計

ここでは，ナノスケールサーボ制御系の設計にも参考になる DC サーボ制御系の設計例とその手順を概説する．

図 10.17 に DC モータで XY テーブルを駆動する位置決めサーボ系の一軸のみの構成を示す．位置決めサーボ系はモータの回転角度を検出して，これを制御してテーブルの機械的直線位置を決定するシステムである．位置決めサーボ系の制御装置では時々刻々変化する位置指令に対して，実際のモータの回転角度（位置），回転角速度（速度），および電流を検出して制御演算を行い，DC モータの電機子に印加する電圧指令が決定される．この電圧指令に応じて，半導体電力変換器は電源からの電圧をモータに印加する．この結果，モータに電機子電流が流れ，トルクが発生して速度が変化し，位置が制御される．モータの回転角度変化は，ボールスクリューにより，テーブルの直線運動に変換され，テーブルを要求される速度で目標位置まで制御する．

図 10.18 に位置指令から DC モータの回転角度（位置）制御までの制御系のブロック線図を示す．制御装置は，位置・速度・電流センサからの検出信号を位置制御器，速度制御器および電流（トルク）制御器からそれぞれ構成されている．モータの位置，速度，電流のセンサはそれぞれ動特性を持っているが，制御系の特性設計では，それぞれの検出値は遅れなく検出できるとしている．

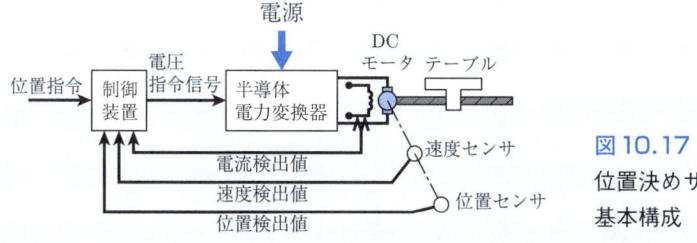

図 10.17 位置決めサーボ系の基本構成

図 10.18　位置決めサーボ系のブロック線図

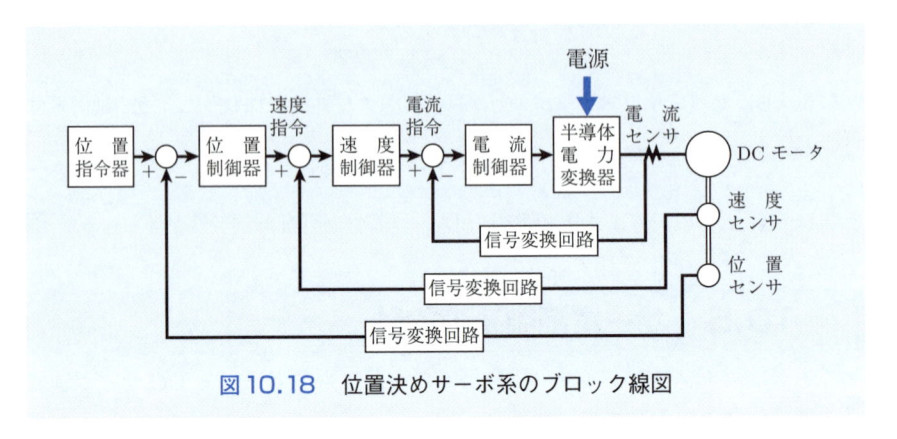

10.5.1　制御対象のモデル化とブロック線図

第 4 章の [例題 4.8] で述べた他励式（ここでは界磁磁束は永久磁石で作るものとする）DC モータのブロック線図は図 10.19 になる．

図 10.19
直流サーボモータの
ブロック線図

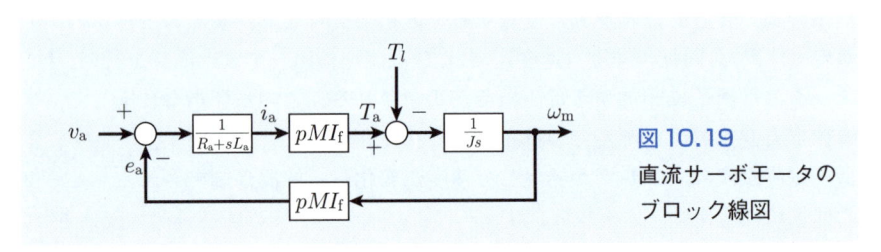

図 10.19 において，誘導起電力 $E_a(s)$ と回転角速度 $\Omega_m(s)$ との関係は

$$E_a(s) = K_E \Omega_m(s)$$

ただし，$K_E = pMI_f$ とおく．発生トルク $T_a(s)$ は

$$T_a(s) = K_T I_a(s)$$

であり電機子電流に比例する．ただし，$K_T = pMI_f$ とおく．また負荷トルク $T_l(s)$ および発生トルクと回転角速度の関係は

$$\Omega_m(s) = \frac{1}{Js}(T_a - T_l)$$

ただし，$J = J_m + J_L$，J_m：モータの慣性モーメント，J_L：テーブルのモータ軸換算慣性モーメント，T_l：モータ軸に加わる負荷トルク（テーブルに加わる外力，テーブルの摩擦抵抗およびモータの摩擦トルクの和とする）．

また，モータ位置 $\Theta_m(s)$ と $\Omega_m(s)$ の関係は

10.5 サーボ制御系の設計

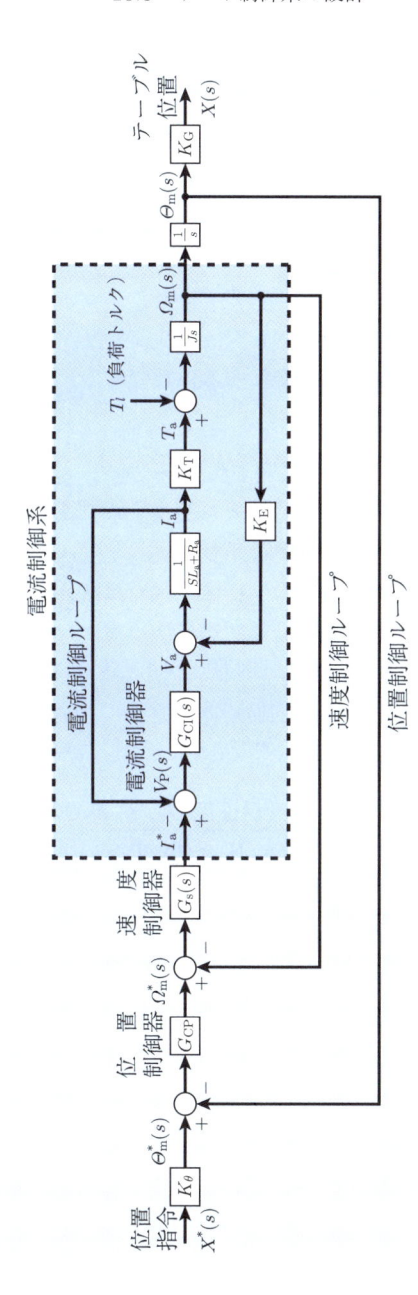

図10.20 位置決めサーボ系のブロック線図

$$\Theta_\mathrm{m}(s) = \tfrac{1}{s}\Omega_\mathrm{m}(s)$$

$\Theta_\mathrm{m}(s)$ とテーブル位置 $X(s)$ およびその指令値の関係は

$$X(s) = K_\mathrm{G}\Theta_\mathrm{m}(s), \quad \Theta^*{}_\mathrm{m} = K_\theta X^*(s)$$

ここで，K_G, K_θ：変換比である．さらに，半導体電力変換器の制御信号 $V_\mathrm{P}(s)$ と電力変換器の出力，すなわちモータに加える電圧 $V_\mathrm{a}(s)$ との関係は

$$V_\mathrm{a}(s) = K_\mathrm{U} V_\mathrm{P}(s)$$

のように比例関係にある．ただし，K_U は，制御装置が取り扱える数値または電圧をモータへ加える印加電圧に変換する係数である．さらに，電流制御器の伝達関数を

$$V_\mathrm{a}(s) = G_\mathrm{CI}(s)(I^*{}_\mathrm{a}(s) - I_\mathrm{a}(s))$$

とおき，$G_\mathrm{CI}(s)$ は K_U を含むものとする．発生トルク T_a は電機子電流 I_a に比例するので電流制御器はトルク制御器でもある．

　以上の関係を用いて，制御対象の動特性を含めた位置決めサーボ系のブロック線図は 図 10.20 のように描くことができる．

　図 10.20 で，位置制御器，速度制御器，および電流（トルク）制御器の伝達関数をそれぞれ $G_\mathrm{CP}(s), G_\mathrm{S}(s), G_\mathrm{CI}(s)$ とおく．

10.5.2　制御対象の基本特性

(1)　**制御装置の出力 $V_\mathrm{P}(s)$ からモータ速度 $\Omega_\mathrm{m}(s)$ までの特性**　図 10.20 および第 4 章の [例題 4.9] より負荷トルク T_l を 0 として，モータ速度までの特性は

$$\Omega_\mathrm{m}(s) = \frac{K_\mathrm{U} K_\mathrm{T}}{J L_\mathrm{a} s^2 + R_\mathrm{a} J s + K_\mathrm{E} K_\mathrm{T}} V_\mathrm{P}(s) \tag{10.14}$$

となる．[例題 4.9] より電気的時定数は機械的時定数に対して短いので省略でき，式 (10.14) は

$$\Omega_\mathrm{m}(s) = \frac{K_\mathrm{U} K_\mathrm{T}}{R_\mathrm{a} J s + K_\mathrm{E} K_\mathrm{T}} V_\mathrm{P}(s) = \frac{\frac{K_\mathrm{U}}{K_\mathrm{E}}}{1 + \frac{R_\mathrm{a} J}{K_\mathrm{E} K_\mathrm{T}} s} V_\mathrm{P}(s)$$

の一次遅れ要素の特性を持つ．ここで

$$\tau_\mathrm{m} = \frac{R_\mathrm{a} J}{K_\mathrm{E} K_\mathrm{T}}（機械的時定数）\gg \tau_\mathrm{a} = \frac{L_\mathrm{a}}{R_\mathrm{a}}（電気的時定数）$$

(2)　**負荷トルク $T_l(s)$ からモータ速度 $\Omega_\mathrm{m}(s)$ までの特性**　図 10.20 および第 4 章の [例題 4.10] より負荷トルク T_l からモータ速度までの特性は

$$\Omega_\mathrm{m}(s) = \frac{R_\mathrm{a} + L_\mathrm{a} s}{J L_\mathrm{a} s^2 + R_\mathrm{a} J s + K_\mathrm{E} K_\mathrm{T}} T_l(s)$$

(3) $V_P(s)$ および $T_l(s)$ からモータ速度 $\Omega_m(s)$ までの特性 図10.20 より，$V_P(s)$ および $T_l(s)$ からモータ速度までの特性は

$$\Omega_m(s) = \frac{K_U K_T V_P(s) - (R_a + L_a s) T_l(s)}{J L_a s^2 + R_a J s + K_E K_T}$$

$V_P(s), T_l(s)$ のステップ入力に対する定常速度は

$$\omega_{m\infty} = \frac{K_U K_T}{K_E K_T} v_{P0} - \frac{R_a}{K_E K_T} t_{l0}$$

となる．ただし，v_{P0}, t_{l0} はステップ入力の大きさ．右辺第1項が目標値に，第2項が外乱による定常偏差である．[例題4.9] および [例題4.10] などからもわかるように，制御対象自身でも速度制御機能を備えているが負荷トルク変動があると速度が変動することになる．また，位置決めサーボ系の目的は，モータ位置を高速応答で高精度に制御することである．したがって，単なる位置フィードバックと直列補償では制御性能を確保することは困難である．

10.5.3 電流制御系の設計

一番内側にあるマイナーループの制御系は最も高速な応答が必要であり，図10.20 の位置決めサーボ系では図示のモータ電流制御系である．この制御系は電機子電流とトルクが比例するのでトルク制御系でもある．

電流制御系のブロック線図は，図10.21 である．電流制御系では誘導起電力 E_a は一種の外乱とみなせるので，電流制御器 G_{CI} を設計することになる．一般に τ_m は τ_a より一桁以上大きな値である．また，この電流制御系の過渡特性を考える時間内では慣性モーメント J は大きいので誘導起電力 $E_a(s)$ は，ほぼ一定であると考えてよい．したがって，図10.22 に示す電流制御ループのように電流制御器（補償要素）と電機子回路の直列接続として開ループ伝達関数を考えることができる．

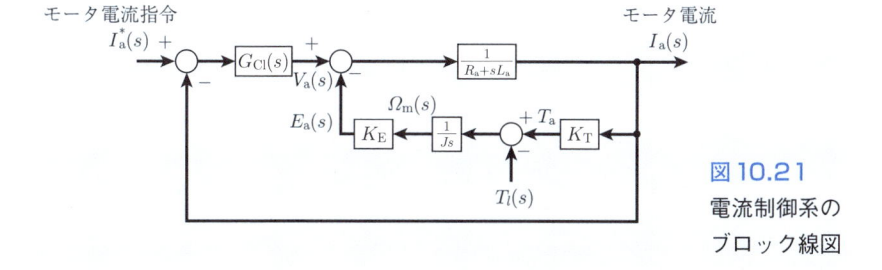

図10.21 電流制御系のブロック線図

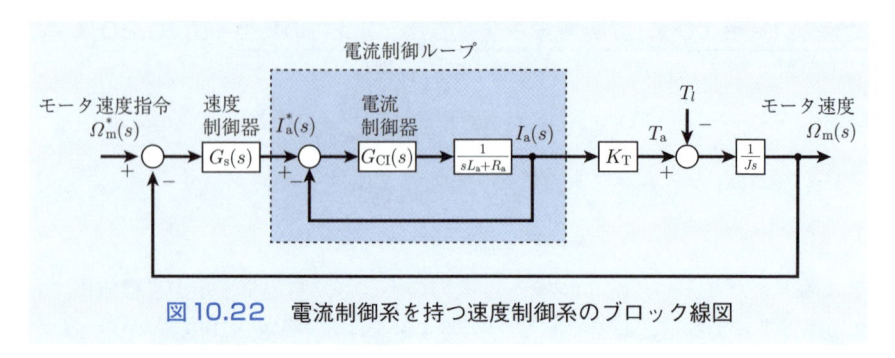

図 10.22 電流制御系を持つ速度制御系のブロック線図

そこで，電流制御器（補償要素）$G_{\mathrm{CI}}(s)$ を

$$G_{\mathrm{CI}}(s) = K_{\mathrm{P}} + \frac{K_{\mathrm{I}}}{s} \tag{10.15}$$

の PI 補償要素として使用することにする．ただし，K_{P}：比例ゲイン，K_{I}：積分ゲイン．

前向き伝達関数 $G_{\mathrm{f}}(s)$ は

$$G_{\mathrm{f}}(s) = \frac{K_{\mathrm{P}}s + K_{\mathrm{I}}}{s} \frac{1}{R_{\mathrm{a}} + L_{\mathrm{a}}s} = \frac{K_{\mathrm{I}}}{R_{\mathrm{a}}} \frac{1 + \frac{K_{\mathrm{P}}}{K_{\mathrm{I}}}s}{s} \frac{1}{1 + \frac{L_{\mathrm{a}}}{R_{\mathrm{a}}}s} \tag{10.16}$$

となる．ここで

$$\frac{K_{\mathrm{P}}}{K_{\mathrm{I}}} = \frac{L_{\mathrm{a}}}{R_{\mathrm{a}}} \tag{10.17}$$

のように分母の一次遅れ要素の時定数と分子の一次進み補償要素の時定数を等しくおくと前向き伝達関数 $G_{\mathrm{f}}(s)$ は

$$G_{\mathrm{f}}(s) = \frac{K_{\mathrm{I}}}{R_{\mathrm{a}}s} \tag{10.18}$$

のように I 要素で表される．

結局，モータ電流指令 $I^*{}_{\mathrm{a}}(s)$ からモータ電流 $I_{\mathrm{a}}(s)$ までの特性は

$$I_{\mathrm{a}}(s) = \frac{1}{1 + \tau_{\mathrm{a}}s} I^*{}_{\mathrm{a}}(s) \tag{10.19}$$

の一次遅れ要素で表せる．ただし，$\tau_{\mathrm{a}} = \frac{R_{\mathrm{a}}}{K_{\mathrm{I}}}$．電流制御ループの電流ステップ応答時のモータ電流の定常値は，電流指令値を $i_{\mathrm{a}}(t) = I_{\mathrm{a}0}u(t)$ とすると

$$i_{\mathrm{a}\infty} = \lim_{t \to \infty} i_{\mathrm{a}}(t) = \lim_{s \to 0} s I_{\mathrm{a}}(s) = \lim_{s \to 0} I_{\mathrm{a}0} \frac{1}{1 + \tau_{\mathrm{a}}s} = I_{\mathrm{a}0} \tag{10.20}$$

となり，電流指令値に完全に一致し，電流制御器の特性設計が行われたことになる．

10.5.4 速度制御系の設計

前述の電流制御系を持つモータ速度制御系は図 10.22 となる．ここで，電流制御ループは図 10.21 のブロック線図から式 (10.15)～(10.19) を用いて簡略化した電流制御系を表している．速度制御系の設計では目標値および付加トルクに対応する PI 制御と 2 自由度（I-P）制御の設計を行う．図 10.22 を用いて速度制御系の補償要素 $G_S(s)$ を直接設計してもよいが，マイナーループ（ここでは電流制御ループ）がその外側のループの応答に比べて十分（3～10 倍程度）速いとすれば，このマイナーループの過渡特性は無視でき，すなわち，式 (10.20) の τ_a を 0 とおくことができる．したがって，速度制御系の設計は図 10.23 で $\tau_a = 0$ とした簡略化した速度制御系のブロック線図を用いて設計する．

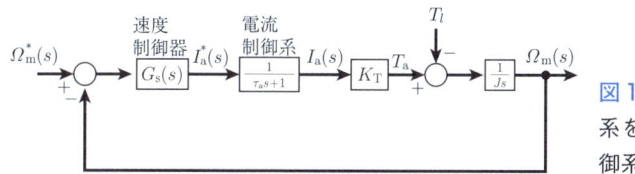

図 10.23　電流制御系を簡略化した速度制御系のブロック線図

(1) **PI 制御**　速度制御系でも，電流制御系と同様に定常偏差を 0 にして，かつ過渡応答を高速に制御するため図 10.23 の速度制御器 $G_S(s)$ も

$$G_S(s) = K_{SP} + \frac{K_{SI}}{s}$$

に示す PI 補償を用いる．ただし，K_{SP}：比例ゲイン，K_{SI}：積分ゲイン．速度制御系の応答は

$$\Omega_m(s) = \frac{K_T(K_{SP}s + K_{SI})\Omega^*{}_m(s) - sT_l(s)}{Js^2 + K_{SP}K_Ts + K_{SI}K_T} \tag{10.21}$$

の二次遅れ要素になる．

いま，速度指令 $\Omega^*{}_m(s)$ と負荷トルク $T_l(s)$ に

$$\Omega^*{}_m(s) = \frac{\Omega_{m0}}{s}, \quad T_l(s) = \frac{T_{l0}}{s}$$

のステップ指令を印加する．このステップ応答の定常特性は

$$\omega_{m\infty} = \lim_{t \to \infty} \omega_m(t) = \lim_{s \to 0} s\Omega_m(s) = \Omega_{m0}$$

となりモータ速度は指令速度に完全に一致することがわかる．また，負荷トルクが変動しても速度の定常値には影響を与えないことがわかる．PI 補償の効果により定常状態では偏差を 0 に制御できることがわかる．過渡特性は速度制御系が二次遅れ要素であるので比例ゲインおよび積分ゲインを所望の過渡特性が

得られる値に調整すればよい．ただし，式 (10.21) からわかるように，目標値特性と外乱抑制特性が独立に設定できない．

(2) **2 自由度（I-P）制御**　10.4 節で説明した 2 自由度制御法を用いて目標値応答特性と外乱抑制応答特性を独立に設定する設計を述べる．図 10.16 に示した I-P 制御系の 2 自由度速度制御系のブロック線図を図 10.24 に示す．

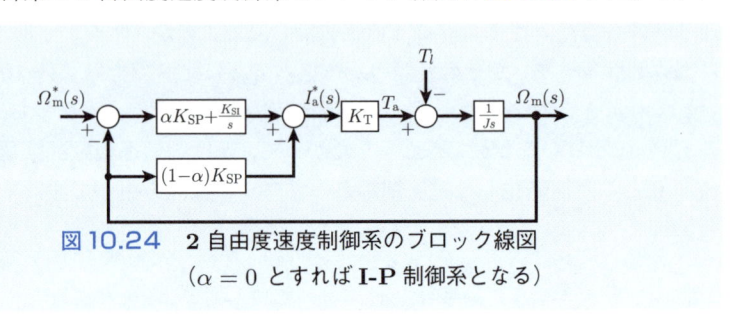

図 10.24　2 自由度速度制御系のブロック線図
（$\alpha = 0$ とすれば **I-P** 制御系となる）

この図から，速度指令および負荷トルクに対するモータ速度の伝達関数は

$$\frac{\Omega_m(s)}{\Omega^*_m(s)} = \frac{K_T(\alpha K_{SP}s + K_{SI})}{Js^2 + K_T K_{SP}s + K_T K_{SI}}$$

$$\frac{\Omega_m(s)}{T_l(s)} = \frac{-s}{Js^2 + K_T K_{SP}s + K_T K_{SI}}$$

となる．これらの伝達関数から，ゲイン K_{SP}, K_{SI} の値を決めると負荷トルクに対するモータ速度の応答特性が決まる．また，速度指令についてはパラメータの α の値を調節して応答特性を変えられる．つまり，目標値と外乱による応答特性を独立に設定できることがわかる．

速度制御系に適用した前述の PI 制御系と 2 自由度制御系の目標値および外乱のステップ応答波形例を図 10.25 に示す．

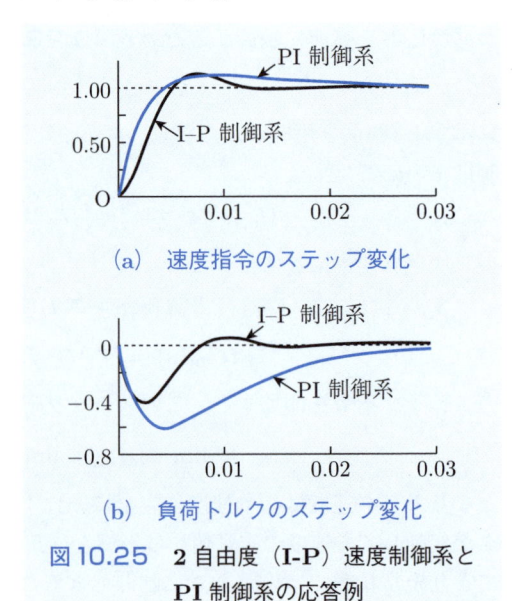

(a)　速度指令のステップ変化

(b)　負荷トルクのステップ変化

図 10.25　2 自由度（I-P）速度制御系と PI 制御系の応答例

10.5.5 位置制御系の設計

位置決めサーボ系では，位置を精度良く高速に制御することが最終的な目標である．この位置制御系の設計は，これまで述べてきた最小のマイナーループの電流制御系，次の速度制御系の順に設計し，それぞれが正確に設計されていると最大のループを持つ位置制御系は比較的に簡単に設計できる．図 10.26 に速度制御系に PI 補償を用いた位置制御系のブロック線図を示す．位置制御では目標値に精度良く到達させる必要があり行き過ぎは許されないので補償要素 $G_{\mathrm{CP}}(s)$ には一般に P 補償が用いられる．

設計法としてボード線図を用いたゲイン余有や位相余有から仕様を満たすように補償要素 $G_{\mathrm{CP}}(s)$ を決定している．

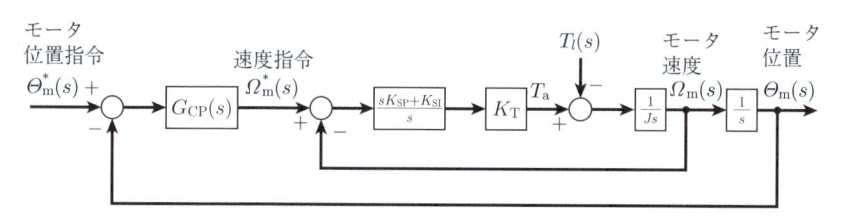

図 10.26　位置制御系のブロック線図

10章の問題

□**10.1**　下図に示す位置制御系の PID コントローラ $C(s)$ を限界感度法を用いて設計せよ．

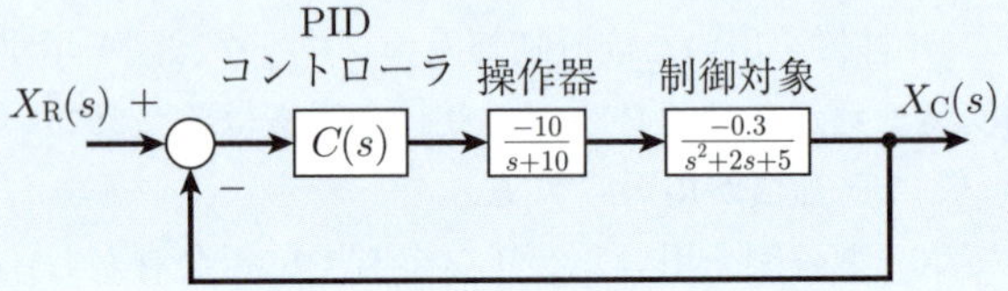
PID
コントローラ
操作器
制御対象
$X_R(s)$
+
−
$C(s)$
$\frac{-10}{s+10}$
$\frac{-0.3}{s^2+2s+5}$
$X_C(s)$

□**10.2**　位相遅れ補償要素のボード線図（図 10.10）を求めよ．

□**10.3**　位相進み補償要素のボード線図（図 10.11）を求めよ．

□**10.4**　一巡伝達関数が次式の直結フィードバック制御であるとき代表特性根の ζ が 0.5 となるゲイン定数を求めよ．

$$G(s)H(s) = \frac{4K}{s(s+1)(s+4)}$$

□**10.5**　問題 10.4 で速応性を改善するため次式の位相進み要素を付加した．$\zeta = 0.5$ となるからゲイン定数を求めよ．

$$K(s) = \frac{0.1(1+s)}{1+0.1s}$$

□**10.6**　問題 10.5 で位相進み補償の結果，速応性と定常速度偏差はどの程度改善されたかを求めよ．

□**10.7**　図 10.14 に示す 2 自由度制御系を下図のブロック線図で示す 2 自由度制御系に等価変換する場合，$B_A(s)$, $B_B(s)$ の $B_f(s)$ と $B(s)$ との関係を求めよ．

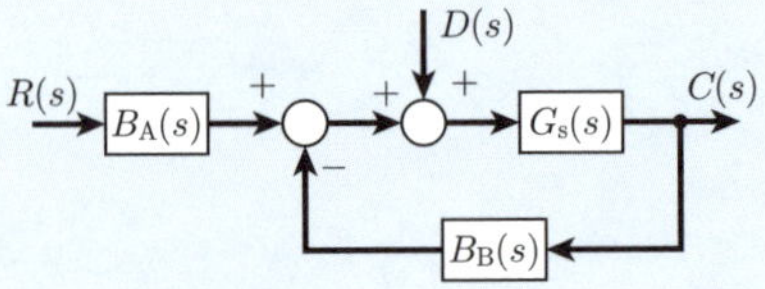
$D(s)$
$R(s)$
$B_A(s)$
+
−
+
+
$G_s(s)$
$C(s)$
$B_B(s)$

第11章

非線形制御系の基礎

　一般の制御系は，厳密にいえばほとんどすべて非線形システムである．しかし，動作範囲が狭く，動的に平衡である動作点の近傍で線形性が成り立つ場合には，適切な線形近似を行って解析し，制御システムを構築することができる．また，実在の系では非線形要素を含むなど非線形性が無視できない場合も数多く存在し，線形系として説明できない非線形現象に出会うことがある．

　この章では，まず，制御対象が非線形微分方程式で表されるとき，その線形化の方法とその線形化された制御系の基本的な設計法を述べ，次に非線形要素が制御系に含まれるときの取扱い方を紹介する．

11.1 非線形微分方程式の線形化とブロック線図

11.1.1 非線形微分方程式の線形化の一例

制御対象の方程式は (1) 定係数を持った線形微分方程式, (2) 時間の関数を係数に持った線形微分方程式, (3) 係数が未知数の関数である微分方程式で, 一般に非線形微分方程式といわれるもの, の3つの形に分けられる. 線形, 非線形は重ね合わせの理が成り立つか否かで区別される.

一般の制御対象の方程式は非線形微分方程式になり, 非線形に対する一定の解法はない. そこで一般にコンピュータによる数値解法, 後述の図式解法 (位相面解析法) や周波数特性を等価的に線形化した周波数応答法 (記述関数法) などに頼っている. 数値解法では各要素の役割などを定性的に知るには必ずしも十分ではない.

そこで, 非線形微分方程式を平衡動作点の近傍の限られた範囲でのみ成立する微分方程式を考え, 非線形微分方程式を近似的に線形化することは制御対象の定性的な傾向を知る上で役に立ち, 制御系の設計に用いることもできるので工学的にもよく用いられる.

図 11.1 に示す電磁石の動作を表す非線形微分方程式の線形化を例に取り, その方法を述べる. 電気系と機械系の微分方程式は

$$e(t) = Ri + \frac{d}{dt}(L(x)i) = Ri + L(x)\frac{di}{dt} + i\frac{dL(x)}{dx}\frac{dx}{dt} \tag{11.1}$$

$$f(t) = M\frac{d^2x}{dt^2} + R_\mathrm{v}\frac{dx}{dt} + S(x - D) - \frac{1}{2}i^2\frac{dL(x)}{dx} \tag{11.2}$$

で表される. ただし, $e(t)$:コイルに加える電圧, $f(t)$:鉄片に加える外力, $L(x)$:コイルのインダクタンス (磁気飽和を無視して $L(x) = \frac{c}{d+x}$, c:定数, 鉄心の透磁率は ∞ と仮定), d:鉄片と鉄心とのギャップ, D:$i = 0$ のときの x, M:鉄片の質量, R_v:制動係数, S:スプリングの弾性係数. ここで, 与えられた

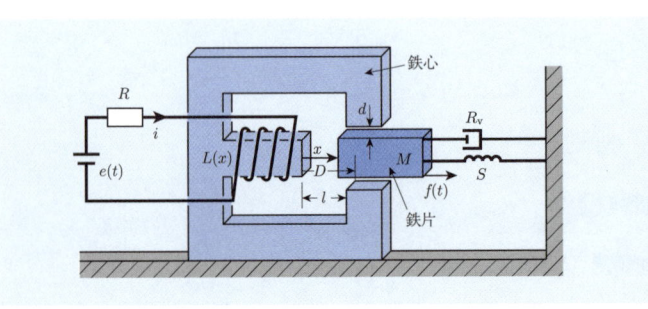

図 11.1 電磁石の運動系

11.1 非線形微分方程式の線形化とブロック線図

電圧 $e(t)$ と外力 $f(t)$ に対して電流 i と変位 x の時間的変化を求めたいが，式 (11.1) では $L(x), \frac{dL(x)}{dx}\frac{dx}{dt}$ があり，式 (11.2) では i^2 の未知数の係数を持っているため，これらの式は非線形微分方程式であるといえる．

(1) **平衡点** まず，この運動系に平衡点が存在するものとする．平衡点では次のようにそれぞれの変数を一定の値とする．

$$e(t) \to E_0, \quad f(t) \to F_0, \quad i(t) \to I_0,$$
$$x(t) \to X_0, \quad L(x) \to L_0 \tag{11.3}$$

平衡点では，式 (11.1), (11.2) より

$$E_0 = RI_0, \quad F_0 = S(X_0 - D) + \tfrac{1}{2}I_0^2 \frac{L_0}{d+X_0} \tag{11.4}$$

が成り立つ．ただし，インダクタンスは

$$\left[\frac{dL(x)}{dx}\right]_{x=X_0} = \left[\frac{d}{dx}\left(\frac{c}{d+x}\right)\right]_{x=X_0}$$
$$= \left[-\frac{c}{(d+x)^2}\right]_{x=X_0}$$
$$= -\frac{c}{d+X_0}\frac{1}{d+X_0} = -\frac{L_0}{d+X_0} \quad (\because \ L_0 = \tfrac{c}{d+X_0}) \tag{11.5}$$

(2) **平衡点からの微小な変化**

$$e(t) \to E_0 + e_1(t), \quad f(t) \to F_0 + f_1(t) \tag{11.6}$$

のように印加電圧 $e(t)$，入力 $f(t)$ が，その平衡点 E_0, F_0 からわずかに変化 $(e_1(t), f_1(t))$ するものとする．この変化に対応する未知数 $i(t), x(t)$ も平衡点から

$$i(t) \to I_0 + i_1(t), \quad x(t) \to X_0 + x_1(t) \tag{11.7}$$

のように変化したとする．

(3) **非線形微分方程式の線形化** 式 (11.6) および (11.7) を，式 (11.1) および (11.2) に代入し，式 (11.3)〜(11.5) を用いて整理して 2 次以上の微小分を省略すると，未知変数の微小量 i_1, x_1 に対して

$$e_1(t) = Ri_1 + L_0 \frac{di_1}{dt} - \frac{I_0 L_0}{d+X_0}\frac{dx_1}{dt} \tag{11.8}$$

$$f_1(t) = M\frac{d^2 x_1}{dt^2} + R_{\mathrm{v}}\frac{dx_1}{dt} + \left(S - \frac{I_0^2 L_0}{(d+X_0)^2}\right)x_1 + \frac{I_0 L_0}{d+X_0} i_1 \tag{11.9}$$

が得られる．上の 2 式の各係数は定数とみなされるので，非線形微分方程式は線形化されていることがわかる．

■ 例題 11.1 ■

式 (11.8) および (11.9) を導け.

【解答】 $L(x)$ は次式のように展開できる.

$$L(x) = \frac{c}{d+X_0+x_1} = \frac{c}{d+X_0}\left(1+\frac{x_1}{d+X_0}\right)^{-1}$$
$$\approx L_0\left\{1 - \frac{x_1}{d+X_0} + \frac{x_1^2}{(d+X_0)^2} - \frac{x_1^3}{(d+X_0)^3} + \cdots\right\}$$

上式と式 (11.6), (11.7) を式 (11.1), (11.2) に代入すると

$$E_0 + e_1 = RI_0 + Ri_1 + \left(L_0 - L_0\frac{x_1}{d+x_0} + L_0\frac{x_1^2}{(d+x_0)^2} - L_0\frac{x_1^3}{(d+x_0)^3} + \cdots\right)\frac{di_1}{dt}$$
$$+ (I_0+i_1)\left\{-\frac{L_0}{d+X_0} + \frac{2L_0 x_1}{(d+X_0)^2} - \frac{3L_0 x_1^2}{(d+X_0)^3} + \cdots\right\}\frac{dx_1}{dt}$$

$$F_0 + f_1(t) = M\frac{d^2 x_1}{dt^2} + R_v\frac{dx_1}{dt} + S(X_0 + x_1 - D)$$
$$- \frac{1}{2}(I_0+i_1)^2\left\{-\frac{L_0}{d+X_0} + \frac{2L_0 x_1}{(d+X_0)^2} + \frac{3L_0 x_1^2}{(d+X_0)^3} + \cdots\right\}$$

x_1^2, i_1^2 や $x_1 i_1$ など微小変化分の積を省略すると

$$E_0 + e_1 = RI_0 + Ri_1 + L_0\frac{di_1}{dt} - I_0\frac{L_0}{d+X_0}\frac{dx_1}{dt}$$
$$F_0 + f_1 = M\frac{d^2 x_1}{dt^2} + R_v\frac{dx_1}{dt} + S(X_0 + x_1 - D)$$
$$+ \frac{1}{2}I_0^2\left\{\frac{L_0}{d+X_0} - \frac{2x_1 L_0}{(d+X_0)^2}\right\} + I_0 i_1\left(\frac{L_0}{d+X_0}\right)$$

この式に平衡点の関係式 (11.4) を代入すると式 (11.8), (11.9) の線形化された微分方程式となる. ■

(4) 平衡点存在の確認 平衡点が存在するためには,$F_0 = 0$ のとき,ある E_0 に対して $0 < X_0 < l$ と式 (11.4) を満足する I_0, X_0 が存在する必要がある.いま,力 Z_1, Z_2 を

$$Z_1 \equiv S(D - X_0) = Z_1(X_0),$$
$$Z_2 \equiv \frac{1}{2}\frac{I_0^2 L_0}{d+X_0} = Z_2(I_0, X_0) \tag{11.10}$$

のように定めると復元力(反抗力,右方向の力)Z_1 は X_0,吸引力(左方向の力)Z_2 は X_0 と I_0 の関数になる.

式 (11.4) を満足する X_0 と I_0 を求めるには

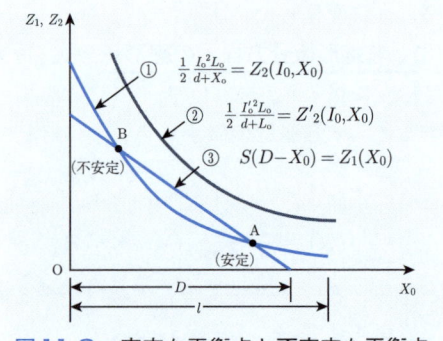

図 11.2 安定な平衡点と不安定な平衡点

11.1 非線形微分方程式の線形化とブロック線図

$$Z_1 = Z_2$$
$$E_0 = RI_0 \quad (11.11)$$

を解く必要がある．いま，$I_0 \left(= \frac{E_0}{R}\right)$ に対して，縦軸に力 Z_1, Z_2 を取り，横軸に X_0 を取って式(11.10)を曲線で示すと，図11.2 の曲線①と③になる．この2つの曲線の交点 A, B が式(11.11)の解になる．Z_1 はスプリングによる収縮力，Z_2 は電磁力であるので交点 B は不安定な平衡点，交点 A は安定な平衡点である．E_0 が大きい値の E'_0 $\left(I'_0 = \frac{E'_0}{R}\right)$ になると I'_0 と大きく曲線②になり交点がないので平衡点も存在しないことになる．これは，第7章図7.1 の B 点と A 点に対応している．

11.1.2 磁気浮上系の非線形微分方程式の線形化と制御系のブロック線図

前項の応用例として，制御対象が非線形微分方程式で制御系が表され，本来不安定であるシステムの線形化と安定化の方法の一例を述べる．

図11.3 に磁気吸引力を利用した非接触磁気浮上システムの構成とモデルを示す．各記号は次のとおり N：コイルの巻数，L：インダクタンス，e：印加電圧，R：コイルの抵抗，S：鉄心断面積，i：コイル電流，B：ギャップの磁束密度，M：浮上側質量の合計（電磁石には漏れ磁束なし，磁気飽和，ヒステリシスはない．鉄心の透磁率は ∞ と仮定）．この浮上システムは，電磁石が磁性体を吸引する性質を用いて物体を非接触で浮上させる構造になっており，制御対象の微分方程式は非線形で，平衡点から離れると吸引力が小さくなって落下し，近づくと吸引力が増大して電磁石に引き上げられるので不安定なシステムである．

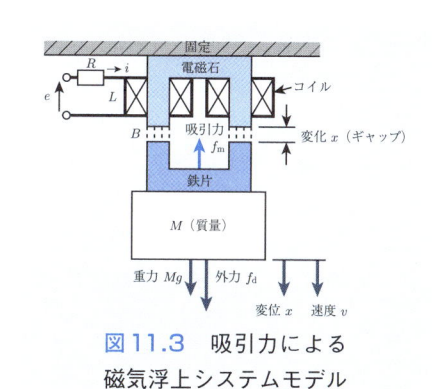

図11.3　吸引力による磁気浮上システムモデル

(1) システムの運動方程式の導出　図11.3 においてギャップの磁束密度はコイル電流とギャップ距離の関数で

$$B = \frac{\mu_0 N i}{2x} \quad (11.12)$$

となる．ここで，μ_0：真空の透磁率（$\approx$ 空気中の透磁率）．電磁石と磁性体が相対する2つの磁極表面に働く磁気吸引力は

$$f_\mathrm{m} = \frac{B^2}{2\mu_0} 2S = \frac{B^2 S}{\mu_0}$$

となり，式 (11.12) を用いてコイル電流と変位の関数として表すと

$$f_\mathrm{m} = \frac{\mu_0 N^2 S}{4}\left(\frac{i}{x}\right)^2 = k\left(\frac{i}{x}\right)^2$$

となる．ここで，$k = \frac{\mu_0 N^2 S}{4}$．また，電源端子から見たコイルのインダクタンスは，変位の関数として表され $L = \frac{\mu_0 N^2 S}{2x} = \frac{2k}{x}$ である．浮上物体に働く運動方程式は，下向きの外力と重力，そして上向きの磁気吸引力から

$$M\frac{d^2 x}{dt^2} = Mg - k\left(\frac{i}{x}\right)^2 + f_\mathrm{d}$$

で表され，電気系の回路方程式は

$$e = \frac{d}{dt}(Li) + Ri = i\frac{dL}{dx}\frac{dx}{dt} + L\frac{di}{dt} + Ri$$

となり，右辺第 1 項が速度起電力，第 2 項が変圧器起電力による電圧降下に相当する．

　上の 2 式は制御対象の動作を表す方程式であり，いずれも非線形微分方程式であることがわかる．また，電磁石の吸引力は電流の 2 乗に比例し，変位の 2 乗に反比例するので電流が一定のときは 図 11.4 の破線のようになる．電流が少なくなると Mg との平衡点は X_0' と距離が短くなり，不安定であるので電流の値を制御して安定化を図る必要がある．

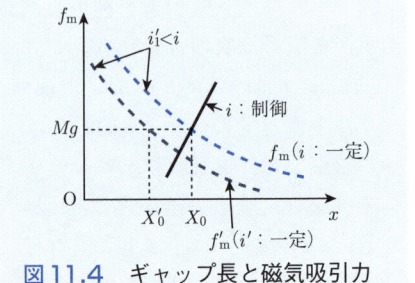

図 11.4　ギャップ長と磁気吸引力

(2) 非線形微分方程式の線形化と制御対象のブロック線図　いま，前項に従って，平衡点の近傍で微小変動分を考え，非線形微分方程式の線形化を行う．x_1, i_1, e_1 を変位，電流，電圧の微小変動分として，変数を

$$x = X_0 + x_1, \quad i = I_0 + i_1, \quad e = E_0 + e_1$$

のように平衡点での値と微小変動分の和とする．ただし，X_0, I_0, E_0 は平衡点での変位，電流，電圧の定常値で一定．平衡点での定常値は

$$Mg = k\left(\frac{I_0}{X_0}\right)^2, \quad RI_0 = E_0 \tag{11.13}$$

ただし，平衡点では外力 $f_\mathrm{d} = 0, x_1 = i_1 = e_1 = 0$ とおいている．

　線形化された微分方程式はそれぞれ

$$M\frac{d^2x_1}{dt^2} = \frac{2kI_0^2}{X_0^3}x_1 - \frac{2kI_0}{X_0^2}i_1 + f_\mathrm{d} \tag{11.14}$$

$$e_1 = L_0\frac{di_1}{dt} + Ri_1 - L_0\left(\frac{I_0}{X_0}\right)\frac{dx_1}{dt} \qquad \left(L_0 = \frac{2k}{X_0}\text{とおく}\right) \tag{11.15}$$

式 (11.14), (11.15) は係数が定数となり線形化された方程式である．これらの方程式をラプラス変換して，印加電圧を入力とし，変位を出力とする制御対象のブロック線図を描くと図11.5 である．

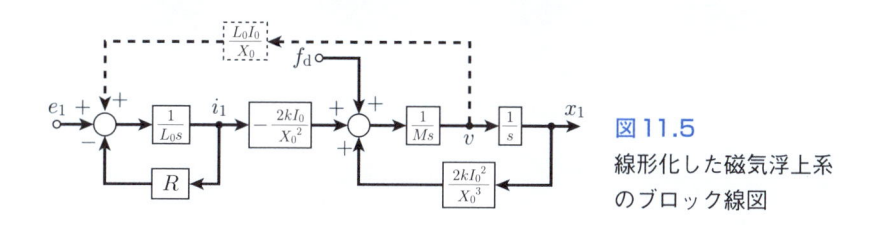

図11.5 線形化した磁気浮上系のブロック線図

このブロック線図より印加電圧 e_1 を入力，変位 x_1 を出力とした伝達関数の特性方程式は

$$-ML_0s^3 - RMs^2 + \frac{2kI_0^2R}{X_0^2} = 0$$

となる．ラウスの安定判別法によると安定のためにはすべての次数の係数が存在し，かつ同一符号であることから，このことに反するので不安定であることがわかる．磁気吸引力による物体の浮上系はその構成上，この制御対象は本来不安定系である．

図11.5 中の破線の部分は速度起電力による項であるが，この項は系を安定化させる働きをするので磁気浮上系をより厳しい状態として考えること，およびシステムを簡単化するため以後は省略する．

(3) <u>非接触磁気浮上制御系のフィードバック制御による安定化と設計</u>　前述のように本来不安定である制御対象を PID 補償によるフィードバックにより安定制御系に設計することができる．制御対象の変位，速度，変位の変動分の積分値，およびコイル電流を検出してフィードバックし，コイル電圧を制御するシステムに再構成する．次式にその関係を示す．

$$e_1 = K_\mathrm{P}x_1 + K_\mathrm{v}v - K_\mathrm{i}i_1 + K_\mathrm{I}\int x_1 dt$$

ただし，$K_\mathrm{P}, K_\mathrm{v}, K_\mathrm{i}, K_\mathrm{I}$ はそれぞれの変数に対するフィードバック係数でいずれも正の値．PID 補償を行った制御系のブロック線図を図11.6 に示す．このブロック線図で負帰還とするため目標値は負の入力としている．

第 11 章　非線形制御系の基礎

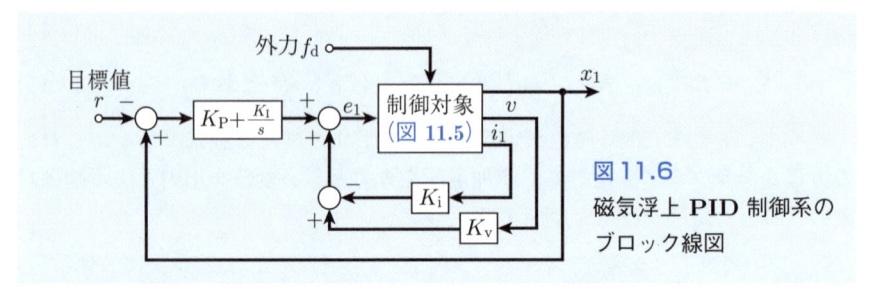

図 11.6
磁気浮上 PID 制御系の
ブロック線図

図 11.6 で変位の目標値から出力の変位までの伝達関数は

$$\frac{X_1(s)}{R(s)} = \frac{2kI_0}{MX_0^2 L_0} \frac{K_\mathrm{P} s + K_\mathrm{I}}{D(s)} \tag{11.16}$$

となる．分母の $D(s)$ は

$$\begin{aligned} D(s) &= s^4 + \frac{R+K_\mathrm{i}}{L_0} s^3 + \frac{2kI_0}{MX_0^2}\left(\frac{K_\mathrm{v}}{L_0} - \frac{I_0}{X_0}\right) s^2 \\ &\quad + \frac{2kI_0}{MX_0^2 L_0}\left\{K_\mathrm{P} - \frac{I_0}{X_0}(R+K_\mathrm{i})\right\} s + \frac{2kI_0}{MX_0^2 L_0} K_\mathrm{I} \\ &= a_0 s^4 + a_1 s^3 + a_2 s^2 + a_3 s + a_4 \end{aligned} \tag{11.17}$$

である．式 (11.16) は 4 つの極と 1 つの零点を持っている．式 (11.17) を 0 とおいた式はこの系の特性方程式であり，安定性の判断ができる．

ラウス–フルビッツの安定判別法では，特性方程式のすべての次数の係数が存在しかつ同一符号であることが必要条件である．さらに十分条件としてラウス表による判断する．表 11.1 にこの系のラウス表を示す．

表 11.1　ラウス表

s^4	a_0	a_2	a_4
s^3	a_1	a_3	0
s^2	b_1	$b_3 = a_4$	0
s^1	c_1	0	
s^0	d_1		

ここで

$$a_0 = 1, \quad a_1 = \frac{R+K_\mathrm{i}}{L_0}, \quad b_1 = \frac{2kI_0}{MX_0^2}\left(\frac{K_\mathrm{v}}{L_0} - \frac{K_\mathrm{P}}{R+K_\mathrm{i}}\right)$$

$$c_1 = \frac{\frac{2kI_0}{X_0 L_0}\left\{K_\mathrm{P}\left(\frac{K_\mathrm{v}}{L_0}+\frac{I_0}{X_0} - \frac{K_\mathrm{P}}{R+K_\mathrm{i}}\right) - \frac{R+K_\mathrm{i}}{L_0}\left(\frac{I_0}{X_0}+\frac{MK_\mathrm{I} X_0}{2kI_0}\right)\right\}}{\frac{K_\mathrm{v}}{L_0} - \frac{K_\mathrm{P}}{R+K_\mathrm{i}}}$$

$$d_1 = \frac{2kI_0 K_\mathrm{I}}{ML_0 X_0^2}$$

制御系が安定のためには式 (11.17) の特性方程式の係数から

$$K_\mathrm{v} > \frac{I_0 L_0}{X_0}, \quad K_\mathrm{P} > \frac{I_0}{X_0}(R+K_\mathrm{i})$$

表 11.1 のラウス表から

$$R + K_\mathrm{i} > L_0 \frac{K_\mathrm{P}}{K_\mathrm{v}}$$

$$K_\mathrm{P}\left(\frac{K_\mathrm{v}}{L_0} + \frac{I_0}{X_0} - \frac{K_\mathrm{P}}{R+K_\mathrm{i}}\right) - \frac{R+K_\mathrm{i}}{L_0}\left(\frac{I_0}{X_0} + \frac{MX_0 K_\mathrm{I}}{2kI_0}\right) > 0$$

ラウス–フルビッツの条件より，フィードバック係数 $K_\mathrm{v}, K_\mathrm{P}$ によって s^2, s の係数が適切な正の値にされ，ラウス表から決まる条件を満たす値に $K_\mathrm{i}, K_\mathrm{I}$ を決めるとともに s^3 の項と定数項が調整される．したがって，希望する位置に極を設定できるので，制御系を安定化し希望の特性を持たせることができる．さらに，式 (11.16) から，ステップ入力の目標位置に対して定常状態ではまったく一致することもわかる．

また，外乱から変位までの伝達関数を求めると

$$\frac{X(s)}{F_\mathrm{d}(s)} = \frac{s\left(s + \frac{R+K_\mathrm{i}}{L_0}\right)}{MD(s)}$$

となる．この式よりステップ入力の外乱に対して定常状態では，変位の偏差を 0 にすることができることがわかる．

> **例題 11.2**
> 式 (11.14) および (11.15) を導け．

【解答】

$$M\frac{d^2(X_0+x_1)}{dt^2} = Mg - k\left(\frac{I_0+i_1}{X_0+x_1}\right)^2 + f_\mathrm{d} \qquad \cdots (\mathrm{A})$$

$$E_0+e_1 = (I_0+i_1)\left.\frac{dL(x)}{dx}\right|_{x=x_0}\frac{d(X_0+x_1)}{dt} + L(x_0+x_1)\frac{d(I_0+i_1)}{dt} + R(I_0+i_1) \qquad \cdots (\mathrm{B})$$

$$\begin{aligned}
k\left(\frac{I_0+i_1}{X_0+x_1}\right)^2 &= k\left(\frac{I_0}{X_0}\right)^2\left(\frac{1+\frac{i_1}{I_0}}{1+\frac{x_1}{X_0}}\right)^2 = \left(\frac{I_0}{X_0}\right)^2\left(1+\frac{i_1}{I_0}\right)^2\left(1+\frac{x_1}{X_0}\right)^{-2}\\
&= k\left(\frac{I_0}{X_0}\right)^2\left\{1 + \frac{2i_1}{I_0} + \left(\frac{i_1}{I_0}\right)^2\right\}\left\{1 - 2\frac{x_1}{X_0} + \frac{2(2+1)}{2!}\left(\frac{x_1}{X_0}\right)^2 - \cdots\right\}\\
&\approx k\left(\frac{I_0}{X_0}\right)^2\left(1 + \frac{2i_1}{I_0} - \frac{2x_1}{X_0}\right)
\end{aligned}$$

$$\left.\frac{dL(x)}{x}\right|_{x=x_0} = \left.\frac{d}{dx}\left(\frac{2k}{x}\right)\right|_{x=x_0} = \left.-\frac{2k}{x^2}\right|_{x=x_0} = -\frac{2k}{X_0^2}$$

$$\begin{aligned}
L(x) &= \frac{2k}{X_0+x_1} = \frac{2k}{X_0}\left(1+\frac{x_1}{X_0}\right)^{-1} = \frac{2k}{X_0}\left\{1 - \frac{x_1}{X_0} + \frac{2}{2!}\left(\frac{x_1}{X_0}\right)^2 - \cdots\right\}\\
&\approx \frac{2k}{X_0} - \frac{2k}{X_0^2}x_1
\end{aligned}$$

が得られ，それぞれの値を式 (A), (B) に代入し，2 次以上の微小変動分を省略し，平衡点での式 (11.13) を用いて整理すると式 (11.14) および (11.15) が得られる．

例題 11.3

第 4 章 [例題 4.8] の非線形微分方程式で表される DC サーボモータ制御系を線形化してブロック線図を求めよ．

【解答】 [例題 4.8](a) の解より DC サーボモータの運動方程式が与えられる．ある平衡な動作点を中心にして，それぞれの変数を次のように微小変動分との和として表す．

$$v_f = V_{f0} + v_{f1}, \quad i_f = I_{f0} + i_{f1}, \quad T_l = T_{l0} + T_{l1}, \quad T_a = T_{a0} + T_{a1},$$
$$\omega_m = \Omega_{m0} + \omega_{m1}, \quad I_a = I_{a0} + i_{a1}, \quad v_a = V_{a0} + v_{a1}, \quad e_a = E_{a0} + e_{a1}$$

2 次の微小分を省略すると e_a は

$$e_a = E_{a0} + e_{a1} = pM\omega_m i_f = pM(\Omega_{m0} + \omega_{m1})(I_{f0} + i_{f1})$$
$$= pM\Omega_{m0}I_{f0} + pM\Omega_{m0}i_{f1} + pMI_{f0}\omega_{m1} + pM\omega_{m1}i_{f1}$$

平衡点では $E_{a0} = pMI_{f0}\Omega_{m0}$，$pM\omega_m i_{f1}$ は微小分の積であるので省略する．微小変動分は T_{a1} も同様に

$$T_{a1} = pMI_{a0}i_{f1} + pMI_{f0}i_{a1}, \quad e_{a1} = pMI_{f0}\omega_{m1} + pM\Omega_{m0}i_{f1}$$

微小変動分に対するブロック線図は下図のようになり乗算を含まないものとなる．これは微分方程式が線形化されたことを意味している．

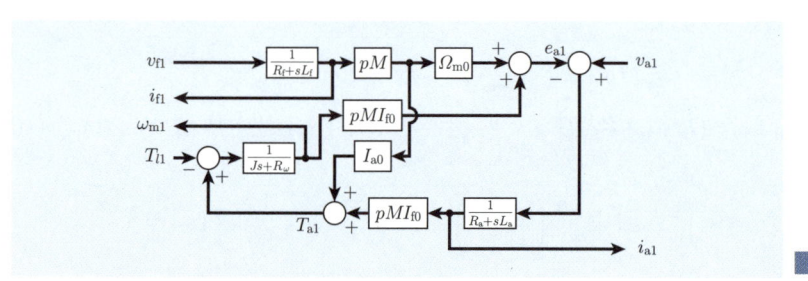

11.2 非線形要素

非線形要素は図 11.7 に示すブロック線図の N の箇所に示され，G_1, G_2 は線形要素である．代表的な非線形要素の名称と基本入出力特性を図 11.8 に示す．

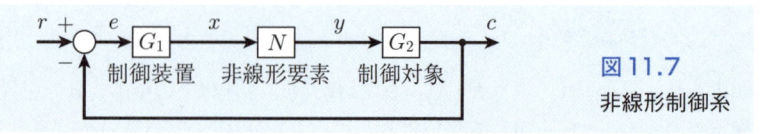

図 11.7 非線形制御系

11.2 非線形要素

　(a)　**飽和**：入力 x がある値より大きくなると出力 y が一定になる特性を持つ要素

　(b)　**不感帯**：入力がある値により大きくなってはじめて出力を生じるような特性を持つ要素

　(c)　**リレー（コンパレータ）**：入力信号の正負に応じて出力が正の値と負の値の一定値を取るもので，オンオフ動作または2値制御動作

　(d)　**ヒステリシスコンパレータ**：入力信号の正負のある値以上に応じて出力が正と負の一定値を取る特性を持つ要素

　(e)　**バックラッシュ**：入力が反転するときあそびを生じる要素で歯車のある制御系に見られる

　(f)　飽和と不感帯のある要素

図11.8　非線形要素と特性

(a) 飽和　(b) 不感帯　(c) リレー（コンパレータ）　(d) ヒステリシスコンパレータ　(e) バックラッシュ　(f) 飽和+不感帯

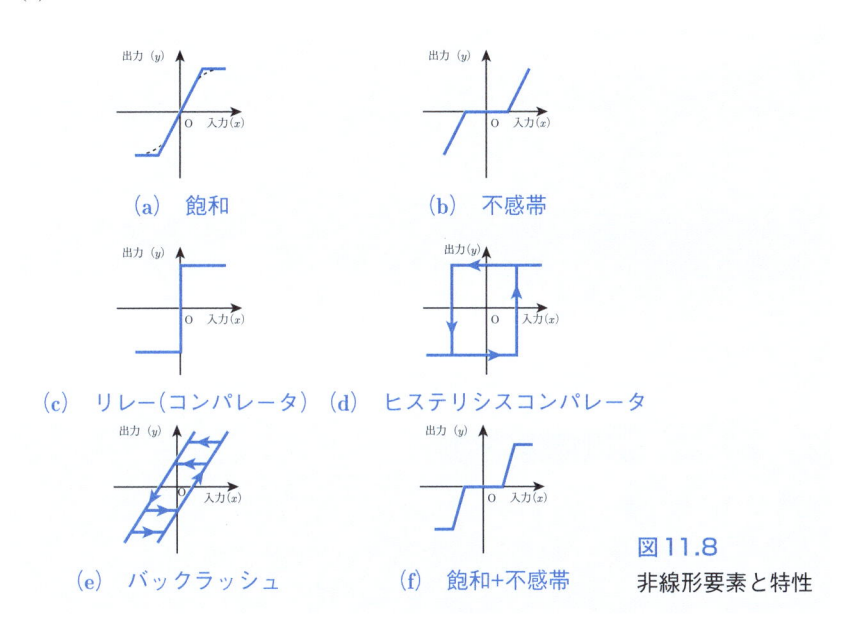

　図11.9にヒステリシスコンパレータを用いる制御系の例を示す．電流追従制御の原理である．指令値 i^* と出力電流 i との誤差は図 (a) のようにヒステリシス特性を持つコンパレータに入力される．この出力によりトランジスタ Q_1 と Q_2 がオン・オフさせられ図 (b) のように出力電流 i は指令値との誤差がしきい値 I_T 以内になるように振動的に追従制御できる．

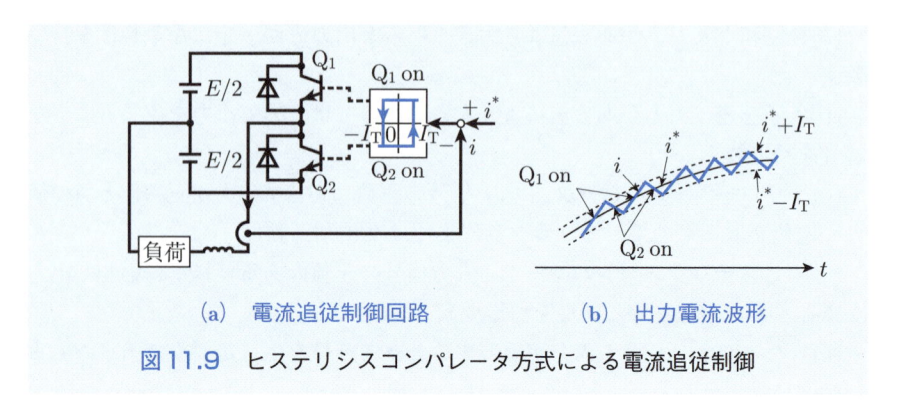

(a) 電流追従制御回路　　**(b) 出力電流波形**

図11.9 ヒステリシスコンパレータ方式による電流追従制御

　上記のような非線形要素を含む非線形制御系の解析法には，位相面解析法と記述関数法の2つの解析法がある．

　まず，**位相面解析法**は2次の非線形微分方程式で制御系を近似し，出力とその微分値を用いて動作を2次元の位相面での軌跡としてとらえる図式的に解く方法で1次あるいは2次系に近似可能な場合に用いることができる．3次系以上では位相立体になるため図式的に軌跡を表すことが困難である．また，自由系で入力がない場合か，入力があってもステップ入力やランプ入力の場合に限られる．

　記述関数法は，正弦波入力に対する出力応答をフーリエ級数で近似し，その基本波成分にのみ着目した非線形要素の記述関数を用いて，安定判別には周波数応答法を用いる方法である．

11.3　位相面解析法

11.3.1　原　理

位相面 (phase plane) は，非線形制御系を

$$\frac{d^2x}{dt^2} + a\left(x, \frac{dx}{dt}\right)\frac{dx}{dt} + b\left(x, \frac{dx}{dt}\right)x = 0 \tag{11.18}$$

のような2次の非線形微分方程式で記述し，x と $\frac{dx}{dt}$ との関係を，横軸に x，縦軸に $\frac{dx}{dt}$ とした平面における軌跡として表したものである．

　図11.10 に示すサーボ制御系の入力にステップ関数，およびランプ関数が入った場合の式 (11.18) の形式への変換法を示す．ブロック線図から

$$Ke(t) = T\ddot{c}(t) + \dot{c}(t)$$
$$c(t) = r(t) - e(t)$$

11.3 位相面解析法

図 11.10 サーボ制御系

が求められる．この式から $c(t)$ を消去すると

$$\ddot{e}(t) + \tfrac{1}{T}\dot{e}(t) + \tfrac{K}{T}e(t) = \ddot{r}(t) + \tfrac{1}{T}\dot{r}(t) \tag{11.19}$$

まず，ステップ入力 $r(t) = u(t), t > 0$ で $\ddot{r}(t) = a\dot{r}(t) = 0$ の場合は

$$\ddot{e}(t) + \tfrac{1}{T}\dot{e}(t) + \tfrac{K}{T}e(t) = 0$$

$$e(0) = 1, \quad \dot{e}(0) = 0$$

となり式 (11.18) の形式に変換されたことがわかる．

次にランプ関数入力 $r(t) = tu(t)$ の場合は，新しい変数の式

$$x(t) = e(t) = \tfrac{1}{K}$$

を導入して，式 (11.19) に代入すると

$$\ddot{x}(t) + \tfrac{1}{T}\dot{x}(t) + \tfrac{K}{T}x(t) = 0$$

$$x(0) = -\tfrac{1}{K}, \quad \dot{x}(0) = 1$$

が得られ，式 (11.18) の形式が得られる．

11.3.2 作 図 法

$$\ddot{x}(t) + \omega_\mathrm{n}^2 x(t) = 0$$

で与えられる線形2次微分方程式の位相面軌跡を求めよう．この解とその微分は

$$x(t) = K\sin(\omega_\mathrm{n} t + \theta)$$

$$\dot{x}(t) = \omega_\mathrm{n} K\cos(\omega_\mathrm{n} t + \theta)$$

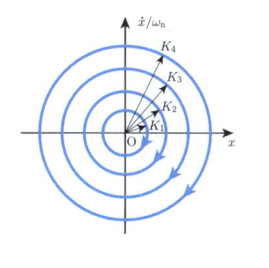

図 11.11 持続振動（リミットサイクル）の位相面

になるので，この式から時間を消去すると

$$\tfrac{\dot{x}^2}{\omega_\mathrm{n}^2} + x^2 = K^2$$

の円を表す式となる．いま，ゲイン K を変化させると位相面軌跡は図 11.11 の同心円を描くことになる．

次に最も一般的な作図法の**等傾斜曲線法**を述べる．式 (11.18) で $\frac{dx}{dt} = \dot{x} = y$, $\dot{y} = \frac{dy}{dt}$ とおいて

$$\dot{y} + a(x,y)y + b(x,y)x = 0 \tag{11.20}$$

のように書き換え，y で両辺を割ると

$$\frac{\dot{y}}{x} + a(x,y) + b(x,y)\frac{x}{y} = 0$$
$$\frac{dy}{dx} = -a(x,y) - b(x,y)\frac{x}{y}$$

この式で $\frac{dy}{dx}$ は位相面における軌跡の勾配であるから，$\frac{dy}{dx}$ が一定の軌跡は**等傾斜線**と呼ばれる．$\frac{dy}{dx} = m$ に対応する等傾斜線 L は

$$m = -a(x,y) - b(x,y)\frac{x}{y}$$
$$y = -\frac{b}{m+a}x = Lx$$

ただし，$L = -\frac{b}{m+a}$．$m_1, m_2, m_3, \ldots$ に対する等傾斜線 $L_1, L_2, L_3, \ldots$ は**図 11.12** のようになる．

まず，与えられた初期値 x_0, y_0 に対応する出発点 P_0 を記入する．この点を通る等傾斜線 L_0 が示す傾斜 m_0 で線分を引き，次の m_1 に対する線 L_1 との交点まで線を引き，結合させる．この間隔を狭くすれば求める曲線の軌跡となる．

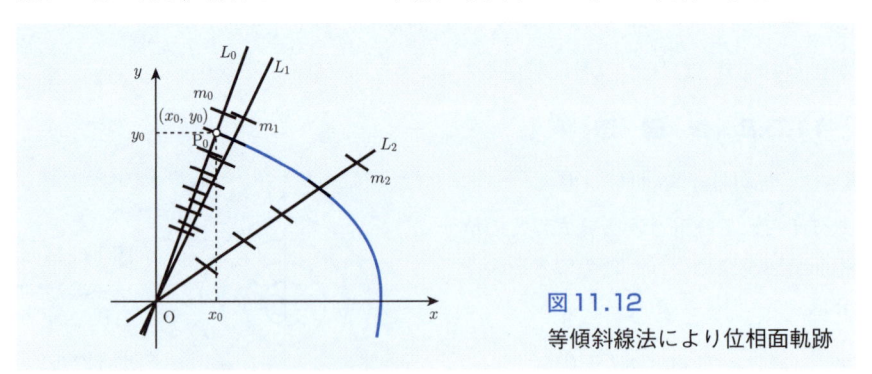

図 11.12
等傾斜線法により位相面軌跡

11.3.3 位相面からわかる諸量

(1) **全エネルギー** **図 11.13** に LCR 直列回路を示す．L：インダクタンス，R：抵抗，C：静電容量，i：電流，q：電荷とする．この回路の方程式は

$$\frac{di}{dt} + \frac{R}{L}i + \frac{1}{LC}q = 0$$

であり，全エネルギーを x と y で表すと

$$E = \tfrac{1}{2}Ly^2 + \tfrac{1}{2C}x^2$$
$$= \tfrac{1}{2C}\left(\tfrac{y^2}{\omega_\mathrm{n}^2} + x^2\right)$$

ただし
$$E = \tfrac{1}{2}Li^2 + \tfrac{1}{2}\tfrac{q^2}{C}, \quad \omega_\mathrm{n}^2 = \tfrac{1}{LC},$$
$$y = i, \qquad x = q = \int i\, dt$$

　この式は，図 11.13 のように $R=0$ の位相面の円を表し，原点からの距離の 2 乗の $\frac{1}{2C}$ 倍はその全エネルギーを表している．もし抵抗 R が 0 でなければ図示のように抵抗でエネルギーが消費され位相曲線は原点に近づくことになる．

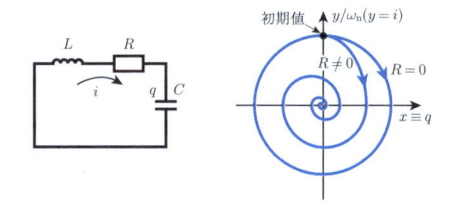

図 11.13 減衰振動系と位相面

(a) LCR 直列回路　　(b) 位相面

(2) **時間**　図 11.14 は位相平面上に $\frac{1}{y}$ の軌跡を描いたものである．点 t_1 から t_2 までの時間は $y = \frac{dx}{dt}$ であるので $dt = \frac{1}{y}dx$．

$$t = t_1 - t_2 = \int_{x_1}^{x_2} \frac{1}{y}dx$$

より $\frac{1}{y}$ の面積から求めることができる．

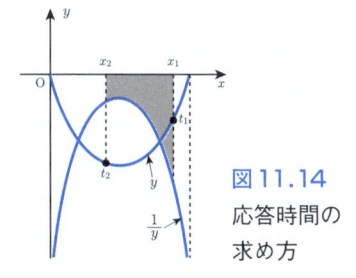

図 11.14 応答時間の求め方

11.3.4　制御系の位相面による安定判別

　第 4 章に示した二次遅れ線形制御系の伝達関数と対応させ，減衰係数 ζ をパラメータとして単位ステップ入力に対する位相面軌跡を描くと，図 11.15 のようになる．位相面軌跡が原点に収束すれば安定な制御系，∞ に発散すると不安定であることがわかる．図 11.15 は二次遅れ線形制御系の位相面軌跡であるが，非線形要素を含む系でも同様なことがいえる．

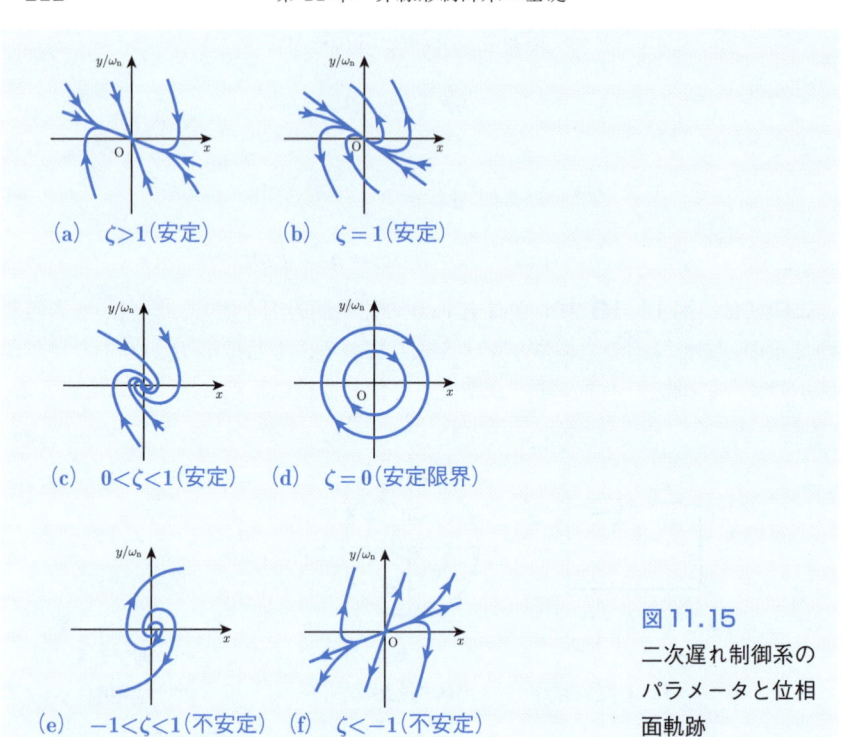

(a) $\zeta > 1$（安定）　　(b) $\zeta = 1$（安定）

(c) $0 < \zeta < 1$（安定）　　(d) $\zeta = 0$（安定限界）

(e) $-1 < \zeta < 1$（不安定）　　(f) $\zeta < -1$（不安定）

図 11.15 二次遅れ制御系のパラメータと位相面軌跡

■ **例題 11.4** ■

下図 に示す飽和要素を持つ非線形サーボ制御系の位相面軌跡の概形を描け．

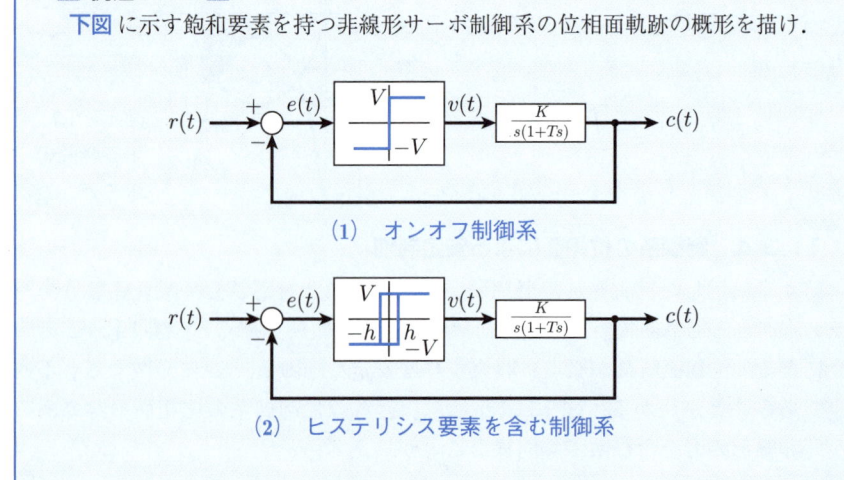

(1) オンオフ制御系

(2) ヒステリシス要素を含む制御系

11.3 位相面解析法

【解答】 (1) 等傾斜線法により求める．ブロック線図より微分方程式は

$$T\frac{d^2c(t)}{dt^2} + \frac{dc(t)}{dt} = Kv(t)$$

$$e(t) = r(t) - c(t)$$

$$Kv(t) = v(e) = \begin{cases} V & (e \geq 0) \\ -V & (e < 0) \end{cases}$$

ここで，$T = K = 1$ とおき，$r(t) = u(t)$ とおくと

$$\frac{d^2c(t)}{dt^2} + \frac{dc(t)}{dt} = v(e) \quad \longleftarrow \quad v(e) = \begin{cases} V & (e \geq 0) \\ -V & (e < 0) \end{cases}$$

$r(t)$：一定，$\dot{e} = \frac{de(t)}{dt}$，また $e(t) = r(t) - c(t)$ より

$$\dot{e}(t) = -\dot{c}(t)$$

したがって，偏差 $e(t)$ に対して次式が得られる．

$$-\frac{d^2e}{dt^2} - \frac{de}{dt} = v(e)$$

$\frac{d\dot{e}}{dt} = \frac{d\dot{e}}{de}\frac{de}{dt} = \frac{d\dot{e}}{de}\dot{e}$ であるので上式は

$$-\frac{d\dot{e}}{de}\dot{e} - \dot{e} = v(e)$$

であるので

$$\frac{d\dot{e}}{de} = -\frac{v(e)+\dot{e}}{\dot{e}} = m$$

または

$$\dot{e} = -\frac{v(e)}{m+1} = \begin{cases} -\frac{V}{m+1} & (e \geq 0) \\ \frac{V}{m+1} & (e < 0) \end{cases}$$

とおける．ここで，位相面では偏差 e が $e \geq 0$（右半面）と $e < 0$（左半面）に分けて傾斜 m を求める．横軸上（$\dot{e} = 0$）では $m = \pm\infty$ である．また，たとえば $e \geq 0$ で傾斜 $m = -2$ のとき，上式のように等傾斜線は $\dot{e} = +V$ で一定となる．したがって，$m = \ldots, -3, -2, -1, 0, 1, 2, \ldots$ などに変化させ傾斜を描くと 図 **(a)** のようになる．

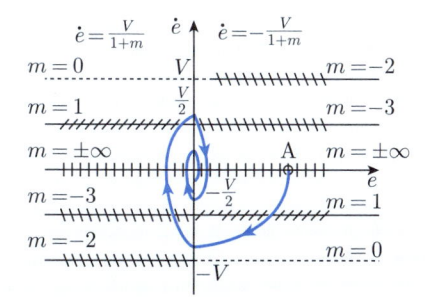

(a) オンオフ制御系の位相面軌跡

結局，与えられた初期値 $\dot{e}(0) = 0, e(0) = e_0$ の点 A から出発して 図示 の矢印に沿って軌跡が描かれる．

(2) 微分方程式からの直接解法により求める．ブロック線図より

$$T\frac{d^2c(t)}{dt^2} + \frac{dc(t)}{dt} = Kv(t)$$

$$e(t) = r(t) - c(t)$$

ヒステリシスがあるので

$$Kv(t) = \begin{cases} V & (e > -h,\ \text{ただし}\ e\ \text{が減少のとき}\ e > h) \\ -V & (e < -h,\ \text{ただし}\ e\ \text{が増加のとき}\ e < h) \end{cases}$$

(1) と同様に条件を代入して偏差 e の式に変換すると

$$-\frac{d^2e}{dt^2} - \frac{de}{dt} = v(e)$$

であるので

$$-\frac{d\dot{e}}{de}\dot{e} - \dot{e} = v(e)$$

$$\frac{de}{d\dot{e}} = \frac{-\dot{e}}{\dot{e}+v(e)}$$

積分すると

$$e = -\dot{e} + v(e)\ln\left|1 + \frac{\dot{e}}{v(e)}\right| + C$$

ただし，C は積分定数．出発点を $P_0(e(0), 0)$ に取る．したがって位相面軌跡は次のように求められ，概形は 図 **(b)** となる．

曲線 I ：$e = -\dot{e} + V\log\left(1 + \frac{\dot{e}}{V}\right) + C$
$\quad v(e) = V$

曲線 II ：$e = -\dot{e} - V\log\left(1 - \frac{\dot{e}}{V}\right) - C'$
$\quad v(e) = -V$

曲線 III：$e = -\dot{e} + V\log\left(1 + \frac{\dot{e}}{V}\right) + C''$
$\quad v(e) = V$

$\quad\vdots$

また，初期値が P_1 のときは破線のようになる．

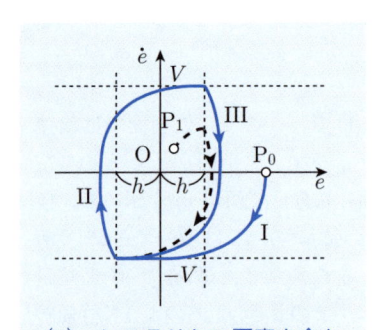

(b) ヒステリシス要素を含む制御系の位相面軌跡

11.4 記述関数法

11.4.1 原理

図11.7に示すブロック線図の非線形要素に正弦波信号を入力すると，その出力はひずみ波形の信号となる．ひずみ波信号はフーリエ級数に展開でき，入力信号の周波数に等しい波形の基本波と直流分および多数の高調波の合計で表現できる．直流分は波形が対称であれば 0 で，高調波成分は基本波成分に比べ小さいと仮定すれば，出力信号の基本波だけに注目して非線形要素の周波数伝達関数を定義できる．これを**記述関数**（describing function）または**等価伝達関数**という．

図11.7 の非線形要素に

$$x(t) = X \sin \omega t \tag{11.21}$$

の入力を加えると，出力は

$$\begin{aligned} y(t) &= \tfrac{A_0}{2} + A_1 \cos \omega t + A_2 \cos 2\omega t + A_3 \cos \omega t + \cdots \\ &\quad + B_1 \sin \omega t + B_2 \sin 2\omega t + B_3 \sin 3\omega t + \cdots \end{aligned} \tag{11.22}$$

のフーリエ級数で表されるひずみ波になると仮定する．ただし

$$\left. \begin{aligned} A_n &= \tfrac{1}{\pi} \int_0^{2\pi} y(t) \cos n\omega t\, d(\omega t) \\ B_n &= \tfrac{1}{\pi} \int_0^{2\pi} y(t) \sin n\omega t\, d(\omega t) \end{aligned} \right\} \quad (n = 0, 1, 2, 3, \ldots)$$

式 (11.22) は

$$\begin{aligned} y(t) &= \tfrac{Y_0}{2} + Y_1 \sin(\omega t + \phi_1) + Y_2 \sin(2\omega t + \phi_2) \\ &\quad + Y_3 \sin(3\omega t + \phi_3) + \cdots \end{aligned}$$

のように整理できる．ここで，$Y_0 = A_0$, $Y_n = \sqrt{A_n^2 + B_n^2}$, $\phi_n = \tan^{-1} \tfrac{A_n}{B_n}$．この式の直流分および高調波成分を無視し，基本波成分だけを取り上げ入力に対する比を求めると

$$N(j\omega, X) = \frac{Y_1 \varepsilon^{j(\omega t + \phi_1)}}{X \varepsilon^{j\omega t}} = \frac{Y_1}{X} \varepsilon^{j\phi_1} = G_1 \varepsilon^{j\phi_1}$$

ここで，$G_1 = \tfrac{Y_1}{X} = \tfrac{\sqrt{A_1^2 + B_1^2}}{X}$, $\phi_1 = \tan^{-1} \tfrac{A_1}{B_1}$．この式が入力の大きさと周波数を変数とする非線形要素の記述関数 $N(j\omega, X)$ である．

11.4.2 求め方

図 11.7 のブロック線図の非線形要素が，図 11.16 に示す飽和要素の場合の記述関数を求めよう．入力の振幅が飽和レベルの S より小さいときはゲイン K の増幅器であるが，S を超えると出力は一定の値となる．飽和特性は

$$y = \begin{cases} KS & (\text{一定}: x \geq S) \\ Kx & (\text{比例}: -S \leq x \leq S) \\ -KS & (\text{一定}: x \leq -S) \end{cases}$$

であり，入力に正弦波の式 (11.21) を加えると

$$y(t) = \begin{cases} KX \sin \omega t & (0 \leq \omega t \leq \alpha) \\ KS = KX \sin \alpha & (\alpha \leq \omega t \leq \pi - \alpha) \\ KX \sin \omega t & (\pi - \alpha \leq \omega t \leq \pi) \end{cases}$$

のように表される．ここで，$S = X \sin \alpha$ より $\alpha = \sin^{-1} \frac{S}{X}$．

出力の基本波の振幅は

$$A_1 = \tfrac{1}{\pi} \int_0^{2\pi} y(t) \cos \omega t \, d(\omega t) = 0$$

$$\begin{aligned} B_1 &= \tfrac{1}{\pi} \int_0^{2\pi} y(t) \sin \omega t \, d(\omega t) \\ &= \tfrac{2}{\pi} \left(\int_0^{\alpha} KX \sin^2 \omega t + \int_{\alpha}^{\pi-\alpha} KS \sin \omega t + \int_{\pi-\alpha}^{\pi} KX \sin^2 \omega t \right) d(\omega t) \\ &= \tfrac{KX}{\pi} (2\alpha + \sin 2\alpha) \end{aligned}$$

したがって，飽和要素の記述関数は

$$N = \begin{cases} K & (X \leq S) \\ \tfrac{2K}{\pi} \left(\alpha + \tfrac{1}{2} \sin 2\alpha \right) & (X > S) \end{cases}$$

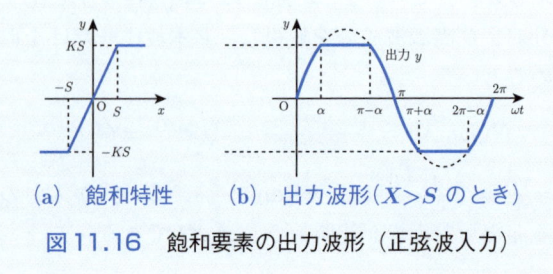

(a) 飽和特性　　(b) 出力波形（$X > S$ のとき）

図 11.16　飽和要素の出力波形（正弦波入力）

11.4 記述関数法

表 11.2 に，図 11.8 で示した主要な非線形要素の特性と記述関数を示す．

表 11.2 非線形要素と記述関数

名称	非線形特性	記述関数
(a) 飽和		$N = \begin{cases} K & (X \leq S) \\ \frac{2K}{\pi}\left(\alpha + \frac{1}{2}\sin 2\alpha\right) & (X > S) \end{cases}$ $\alpha = \sin^{-1}\frac{S}{X}$
(b) 不感帯		$N = \begin{cases} 0 & (X \leq D) \\ \frac{2K}{\pi}\left(\frac{\pi}{2} - \alpha - \frac{1}{2}\sin 2\alpha\right) & (X > D) \end{cases}$ $\alpha = \sin^{-1}\frac{D}{X}$
(c) リレー（オンオフ）		$N = \frac{4H}{\pi X}$
(d) ヒステリシスコンパレータ		$N = \begin{cases} 0 & (X \leq D) \\ \frac{4H}{\pi X}\angle\theta & (X > D) \end{cases}$ $\theta = -\sin^{-1}\frac{D}{X}$
(e) バックラッシュ		$N = \begin{cases} 0 & (X \leq D) \\ \sqrt{A_1^2 + B_1^2}\angle\tan^{-1}\frac{A_1}{B_1} & (X > D) \end{cases}$ $A_1 = \frac{2KD}{\pi X}\left(\frac{2D}{X} - 2\right)$ $B_1 = \frac{K}{\pi}\left(\frac{\pi}{2} + \beta + \frac{1}{2}\sin 2\beta\right)$ $\beta = \sin^{-1}\left(1 - \frac{2D}{X}\right)$
(f) 飽和と不感帯		$N = \begin{cases} 0 & (X \leq D) \\ \frac{4H}{\pi X}\sqrt{1 - \left(\frac{D}{X}\right)^2} & (X > D) \end{cases}$

11.4.3 ナイキストの安定判別法の適用による解析

図 11.17 に示す非線形制御系の記述関数による安定判別の方法を述べよう．この系の特性方程式は

$$1 + N(j\omega, X)G(j\omega) = 0$$

したがって，次式の関係がある．

$$G(j\omega) = -\frac{1}{N(j\omega, X)} \tag{11.23}$$

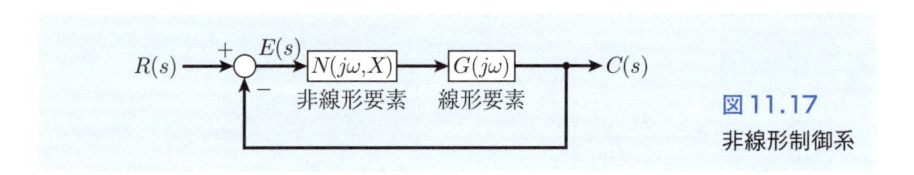

図 11.17 非線形制御系

いま簡単のため記述関数は ω に無関係で，入力の振幅 X だけの関数であると仮定すると式 (11.23) は

$$G(j\omega) = -\frac{1}{N(X)} \tag{11.24}$$

ナイキストの安定判別において，$G(j\omega)$ の軌跡が点 $(-1, 0)$ をまわるかどうかの判別の代わりに，式 (11.24) の $-\frac{1}{N(X)}$ の点をどのようにまわるかを考察すればよいことになる．この点は X によって変わるので，$X = 0 \sim \infty$ の変化に対して図 11.18 の (a), (b), (c) のように軌跡を描く．この軌跡を**振幅軌跡**と呼んでいる．

したがって，安定判別は $G(j\omega)$ の軌跡と振幅軌跡の位置関係をナイキストの判別法に従って判断すればよいことがわかる．

(1) **安定** G の軌跡が，振幅軌跡 $-\frac{1}{N(X)}$ と交わらず，つねに振幅軌跡を左側にみれば安定である．図 11.18 の曲線 (c) の場合である．

(2) **不安定** G の軌跡が，振幅軌跡 $-\frac{1}{N(X)}$ と交わらず，つねに振幅軌跡を右側にみれば不安定である．図 11.18 の曲線 (b) の場合である．

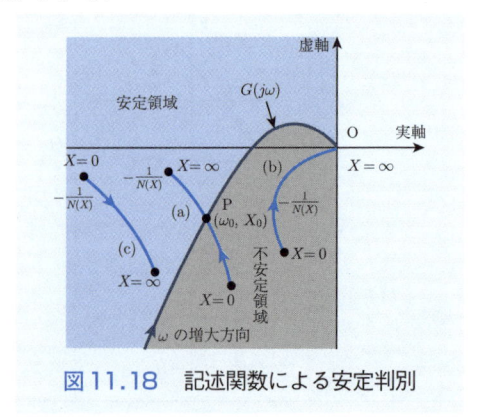

図 11.18 記述関数による安定判別

11.4 記述関数法

(3) **安定限界** G の軌跡が，振幅軌跡 $-\frac{1}{N(X)}$ と交われば，振幅 X によって系は安定になったり，不安定になったりする．交点 $\mathrm{P}(\omega_0, X_0)$ が安定限界であり，持続振動のリミットサイクルを示す．図 11.18 の曲線 (a) の場合である．

■ **例題 11.5** ■

[例題 11.4] に示す 2 つの非線形制御系の記述関数を用いて安定判別を行え．

【解答】 (1) [例題 11.4](1) の制御系は記述関数 $N(j\omega, X)$ の表 11.2 (c) より，$N(X)$ が

$$N(X) = \frac{4V}{\pi X} \angle 0°$$

したがって，振幅軌跡と $G(j\omega)$ は

$$-\frac{1}{N(X)} = \frac{\pi X}{4V} \angle 180°$$

$$G(j\omega) = \frac{K}{j\omega(1+j\omega T)}$$

上式の軌跡を描くと図 (a) となり安定である．

(2) [例題 11.4](2) の制御系は記述関数 $N(j\omega, X)$ の表 11.2 (d) より，$N(X)$ が

$$N(X) = \frac{4V}{\pi X} \angle \left(-\sin^{-1}\frac{h}{X}\right)$$

したがって，振幅軌跡は次式となる．

$$-\frac{1}{N(X)} = -\frac{\pi X}{4V} \angle \left(\sin^{-1}\frac{h}{X}\right)$$

上式の振幅軌跡を複素平面上に描くと図 (b) のようになる．軌跡は $X = h \sim \infty$ について存在し，これは，点 $\mathrm{P}\left(0, -\frac{\pi h}{4V}\right)$ を出発し，実軸と平行で左方に向かう半直線となる．$G(j\omega)$ を描くと振幅軌跡と交点が存在し，持続振動が存在することがわかる．

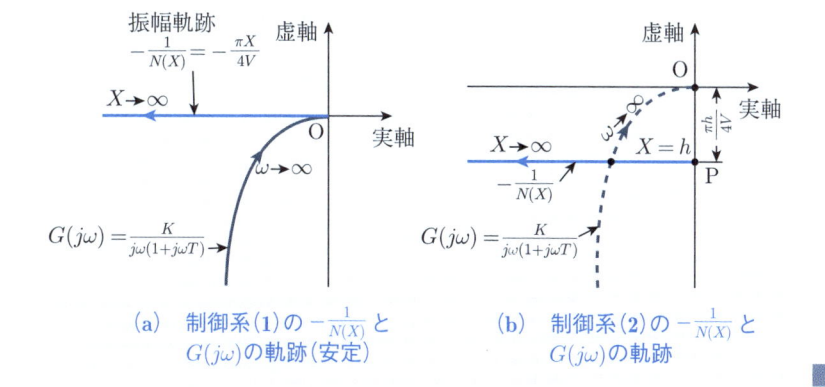

(a) 制御系(1)の $-\frac{1}{N(X)}$ と $G(j\omega)$ の軌跡（安定）

(b) 制御系(2)の $-\frac{1}{N(X)}$ と $G(j\omega)$ の軌跡

11章の問題

☐ **11.1** 右図 に示す振り子について運動方程式を導き，微分方程式の線形化を行え．

☐ **11.2** 図 1.3 の倒立振り子系の各パラメータを 下図 のようにした．この系の運動方程式を求め，直立制御のための微分方程式を線形化せよ．

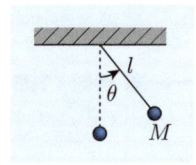

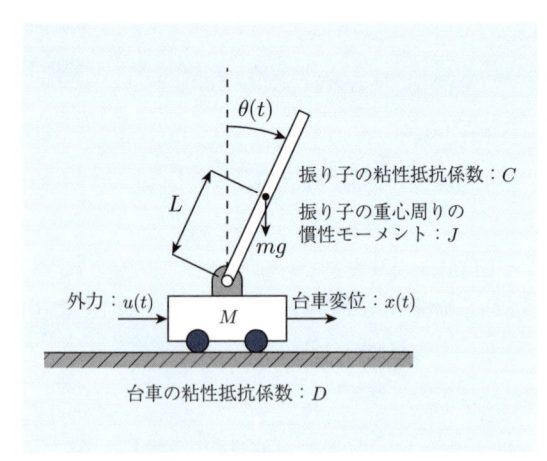

☐ **11.3** 図 11.15 **(a)** と **(c)** の詳細を描け．ただし，$\zeta = 2$ および 0.5 とし，$\omega_n = 1$ とする．

☐ **11.4** 表 11.2 **(c)** のリレー（オンオフ）要素の記述関数を求めよ．

☐ **11.5** 表 11.2 **(d)** のヒステリシスコンパレータの記述関数を求めよ．

第12章

ディジタル制御の基礎

　制御系の連続信号を間欠的に取り出し，すなわち時間的にサンプリングした離散値として扱って制御系の演算処理を行うサンプル値制御がある．ディジタル制御はこのサンプル値制御に記憶装置などを加えたマイクロコンピュータを用いる制御法であり，実際の制御装置にごく普通に用いられている．

　本章では，まずディジタル制御系の基本構成と機能を示し，次にサンプル値信号の取扱い，数学的表現法，およびサンプル値制御系の時間応答と安定性などディジタル制御系の基本を述べる．

12.1 ディジタル制御系の基本構成

図12.1 に，制御用マイクロコンピュータ（マイクロプロセッサまたは CPU またはマイコン）を用いて機械系を可変速駆動および位置制御を行うシステムの基本構成例を示す．主な構成要素は，制御対象のモータと機械システム，操作機器である**半導体電力変換回路**，コントローラの機能を持つ**マイクロコンピュータ**，および**信号検出器（センサ）**である．ディジタル制御装置は，マイクロコンピュータおよび入力・出力インターフェース回路から構成され，インターフェース回路はマイクロコンピュータに含まれる場合もある．

マイクロコンピュータの主要な機能は，加算，減算など演算処理，各装置への制御信号を発生する機能，および半導体メモリに記憶することなどである．また，入力インターフェースには，センサによって得られたモータの電圧や電流，機械系の位置，速度，トルク，および半導体電力変換回路のパルス幅，出力周波数などのアナログ信号をディジタル信号に変換する **A/D**（continuous time signal/discrete time signal または analog time signal/digtal time signal）**変換回路**が含まれる．一方，出力インターフェース回路にはマイクロコンピュータから出力されるディジタル信号をアナログ信号に変換する **D/A 変換回路**，および制御信号を絶縁し，かつ増幅して電力変換回路に出力する回路が含まれる．

ディジタル制御システムでは，コンピュータの機能を利用して位置・速度・トルクなど同時多入力指令に対する多出力システムを構築することができる．

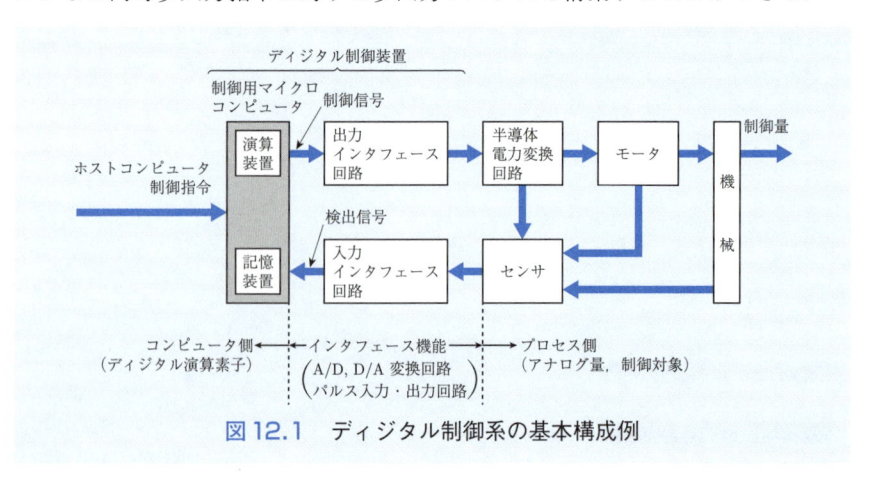

図12.1 ディジタル制御系の基本構成例

12.1 ディジタル制御系の基本構成

図 12.1 のディジタル制御系を制御ブロック線図で示すと，図 12.2 のように示される．コンピュータで演算処理される値は入力や出力の間欠的なデータ（**離散値**（discrete time signal または digital time signal））であり，連続量から間欠データの値を取り出す**サンプラ**（sampler），および離散値を連続値の変換する**ホールド回路**（hold circuit）を持つブロック線図で示される．

ここで，ある種の量がある単位量の整数倍としてすべて表される場合，その単位量を**量子**といい，連続的な量を離散的な数値で表すことを**量子化**するという．たとえば，いくつかの区間に区切って，各区間内の値を同一の数値（初期値など）とみなすことによって行われる．連続量をディジタル信号で表すときなどにこの操作が必要である．ディジタル信号は量子化された**サンプル値**である．したがって，A/D 変換は，アナログ量を量子化する変換である．

ディジタル制御では，時間方向が離散化されている**時間量子化**と，振幅方向が階段状に変化する値を取る**空間（振幅）量子化**の 2 種類の量子化されたディジタル信号（データ）がある．その制御精度は，量子化幅に影響を受けてこの幅以下の精度は得られない．しかし，最近ではディジタル制御で用いる制御用 1 チップマイコンの CPU のビット数が 32 Gb になるなど空間量子化による誤差はほとんど制御精度には影響を与えなくなっている．

また，ディジタル制御ではマイコンに記憶能力があるので過去のデータを利用すると，制御対象や制御系が非線形な場合の制御や故障診断処理なども行える．

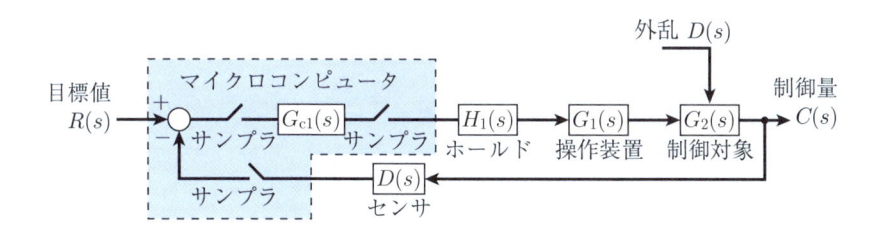

図 12.2　ディジタル制御系のブロック線図例

12.2 サンプル値信号の取扱い

12.2.1 サンプル値信号の取扱い（A/D 変換）

図 12.3 に示す入力信号 $e(t)$ が図 12.4 (a) の連続量の信号として与えられた場合の時間量子化と空間量子化を示そう．ただし，h：サンプリング幅．図 12.3 に示すサンプラは，一定時間 T（**サンプリング時間**）ごとに閉じて，連続信号 $e(t)$ をパルス幅が 0 のインパルス状の信号 $e^*(t)$ に変換する要素である．実際にはサンプラを瞬間に開くことができないので，この波形は図 12.4 (a) に示すようにサンプリング幅 h を持っていて，この h の間で高さが異なることがわかる．ディジタル処理回路はサンプラの出力信号 $e^*(t)$ をサンプリング幅 h の間に高さが一定の信号 $v^*(t)$ に変換する要素である．サンプラは，連続信号のアナログ量をサンプル値列の信号に変換するアナログ（A）/ディジタル（D）変換器でもある．

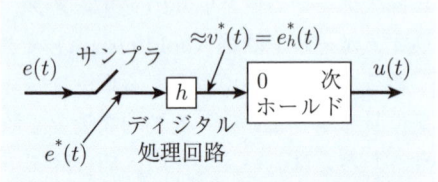

0 次ホールド（**Z.O.H.**：zero order hold）は，ディジタル信号処理回路の出力信号の値を期間 T の間，一定に保つ回路でありディジタル（D）/アナログ（A）変換器となる．信号波形 $e^*{}_h(t)$ は

$$e^*{}_h(t) = e(t) \sum_{k=0}^{\infty} \{u(t-kT) - u(t-kT-h)\} \tag{12.1}$$

で表され，図 12.4 (a) に示すようになる．ディジタル処理回路の出力信号は $h \ll T$ とすると式 (12.1) は

$$\begin{aligned} e^*{}_h(t) &\approx v^*(t) \\ &= \sum_{k=0}^{\infty} e(kT)\{u(t-kT) - u(t-kT-h)\} \end{aligned} \tag{12.2}$$

の $v^*(t)$ とおくことができる．式 (12.2) に $\frac{1}{h}$ を掛け，$h \to 0$ とすると

$$\begin{aligned} \lim_{h \to 0} \tfrac{1}{h} e^*{}_h(t) &\approx \lim_{h \to 0} \sum_{k=0}^{\infty} \tfrac{1}{h} e(kT)\{u(t-kT) - u(t-kT-h)\} \\ &= \sum_{k=0}^{\infty} e(kT)\delta(t-kT) \end{aligned}$$

の関係が得られる．ただし，$\delta(t) = \lim_{h \to 0} \tfrac{1}{h}\{u(t) - u(t-h)\}$：単位インパルス

12.2 サンプル値信号の取扱い

(デルタ関数).したがって,サンプラの出力信号は

$$e^*(t) = \lim_{h \to 0} \frac{1}{h} e^*{}_h(t) \approx \lim_{h \to 0} v^*(t) = \sum_{k=0}^{\infty} e(kT)\delta(t - kT) \tag{12.3}$$

図 12.4 は連続信号を時間量子化および空間量子化変換する過程での信号波

(a) サンプラの入力・出力波形

(b) ディジタル処理回路の出力波形

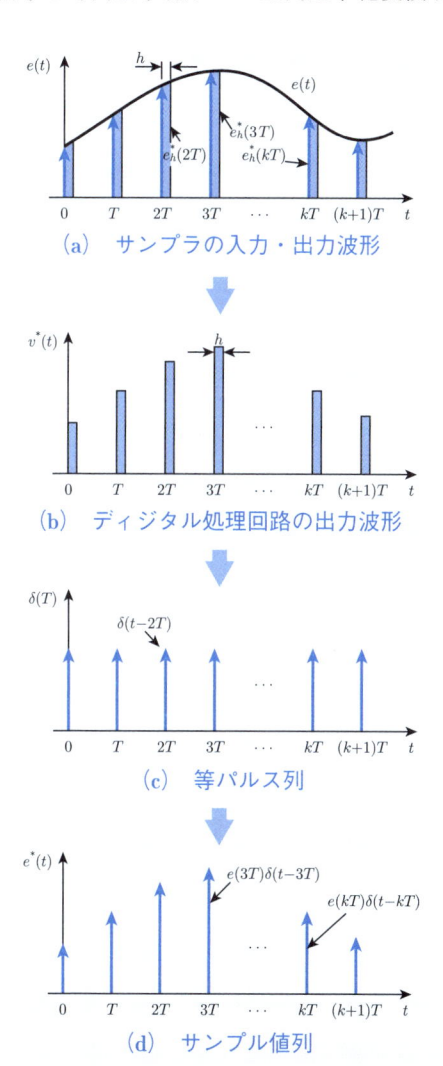

(c) 等パルス列

(d) サンプル値列

図 12.4 ディジタル信号処理過程

形の変化を示している．連続信号を一定時間間隔でサンプルされた信号（時間量子化）その振幅を不連続に与える（空間量子化）された図12.4 (d) の信号 $e^*(t)$ がサンプル値（離散値）の信号列を表している．

ここで，$e^*(t)$ のラプラス変換を求めよう．図12.5にサンプリング時点の波形を示す．同図 (a) は式 (12.1) で示される波形であり，$h \ll T$ であるのでパルスの頭をフラットであるとすると同図 (b)，(c) の波形となる．したがって，同図 (c) は式 (12.2) で表されることは前に示した．式 (12.2) の両辺にラプラス変換をほどこすと

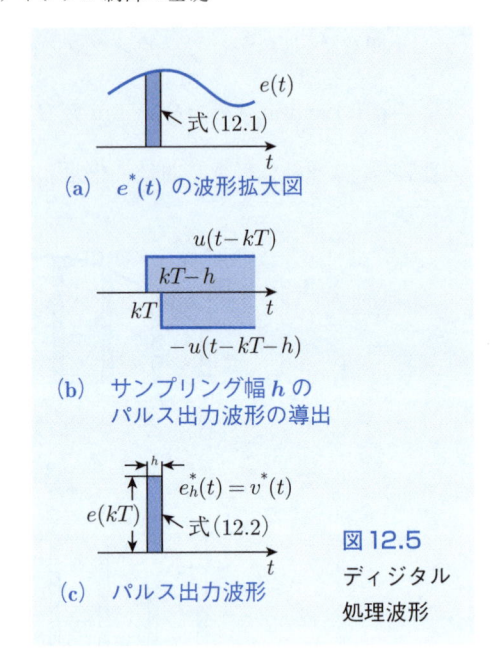

$$E^*{}_h(s) = \sum_{k=0}^{\infty} e(kT) \frac{\varepsilon^{-kTs} - \varepsilon^{-(kT+h)s}}{s}$$
$$= \sum_{k=0}^{\infty} e(kT) \frac{1 - \varepsilon^{-hs}}{s} \varepsilon^{-kTs} \tag{12.4}$$

が得られる．上式において，h はサンプリング幅で T に比べ非常に小さいので，$1 - \varepsilon^{-hs}$ を級数に展開し第2項まで求めると

$$1 - \varepsilon^{-hs} = 1 - \left\{ 1 - hs + \frac{(hs)^2}{2!} - \cdots \right\} \approx hs$$

が得られるので，式 (12.4) は

$$E^*{}_h(s) = h \sum_{k=0}^{\infty} e(kT) \varepsilon^{-kTs}$$

となる．この式をラプラス逆変換すると

$$e^*{}_h(t) = h \sum_{k=0}^{\infty} e(kT) \delta(t - kT) \tag{12.5}$$

式 (12.5) は $e^*{}_h(t)$ が理想サンプラの出力 $e^*(t)$ の $t = kT$ での値に h 倍したものに等しいことを表している．ここで，$\delta(t - kT)$ は，図12.4 (c) に示されており，無限に小さく等しい幅のパルスを考えると同一の高さを持つことにな

る．したがって，式 (12.5) を幅 h で割ると

$$\begin{aligned} e^*(t) &= \tfrac{1}{h} e^*_h(t) \\ &= \sum_{k=0}^{\infty} e(kT)\delta(t-kT) \end{aligned} \quad (12.6)$$

が得られ，式 (12.3) と等しくなる．

上式の両辺をラプラス変換すると

$$E^*(s) = \sum_{k=0}^{\infty} e(kT)\varepsilon^{-kTs} \quad (12.7)$$

サンプル値制御システムにラプラス変換をほどこすと指数関数の項が含まれ，代数的な関数ではなく超越関数のラプラス逆変換は簡単には求まらない．そこで，後で述べる z 変換を用いる必要が生じる．

12.2.2　D/A 変換

ディジタル量をアナログ量に変換する（D/A 変換）要素の 0 次ホールド回路と出力波形を図 12.6 に示す．ここで，0 次ホールド回路の伝達関数を求めよう．入力波形 $v^*(t)$ が単位インパルスであれば 0 次ホールド回路の出力波形は図 12.7 のように示され，そのラプラス変換は

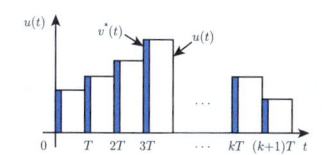

図 12.6　0 次ホールド回路と出力波形

$$\begin{aligned} G_{0h}(s) = \mathcal{L}[g_{0h}(t)] &= \int_0^{\infty} g_{0h}(t)\varepsilon^{-st} dt = \int_0^{T} \varepsilon^{-st} dt \\ &= \left[-\tfrac{1}{s}\varepsilon^{-st}\right]_0^T = \tfrac{1-\varepsilon^{-sT}}{s} \end{aligned}$$

で与えられる．0 次ホールド回路の伝達関数にも指数関数の項が含まれることがわかる．

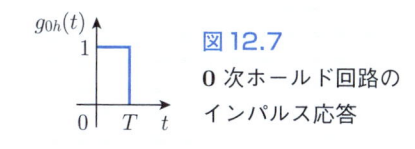

図 12.7　0 次ホールド回路のインパルス応答

また，0 次ホールド回路により入力信号を再現するためには，サンプリング角周波数 $\left(\tfrac{2\pi}{T}\right)$ が元の信号の最も高い角周波数の少なくとも 2 倍以上でなければならない（サンプリング角周波数の条件）ことが知られている．

12.3　z 変換とその性質

12.3.1　サンプル値（離散値）信号の z 変換とその性質

(1)　**z 変換の定義**　ディジタル制御ではサンプラがあり，その伝達関数には指数関数が含まれることがわかった．そこで

$$z = \varepsilon^{sT}, \quad z^{-k} = \varepsilon^{-ksT} \tag{12.8}$$

のように z を定義する．z は s が複素変数であるから，これも複素変数である．複素変数 s を変換して z としたものを **z 変換**（z-transform）と呼ぶ．

図 12.8 に s 平面と z 平面の関係を示す．また，一次遅れ系のインパルス応答の波形と s 平面および z 平面のパラメータとの関係を**図 12.9** に示す．s 平面の左半面は，z 平面の単位円の内部に対応していることがわかり，**図 12.9** より安定判別の判断基準に用いることができることを示している．

そこで，$E(z) = Z[e(t)] = e(t)$ の z 変換は次のように表示することにする．

$$E(z) = E^*(s)\big|_{z=\varepsilon^{sT}}$$

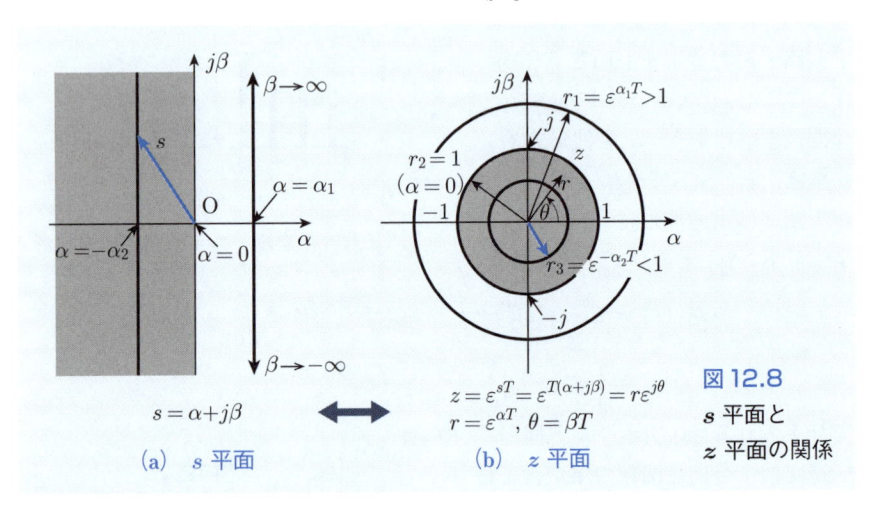

図 12.8　s 平面と z 平面の関係

(a)　s 平面

(b)　z 平面
$z = \varepsilon^{sT} = \varepsilon^{T(\alpha+j\beta)} = r\varepsilon^{j\theta}$
$r = \varepsilon^{\alpha T}, \theta = \beta T$

$s = \alpha + j\beta$

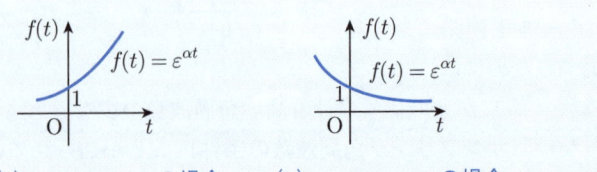

図 12.9　応答波形

(a)　$\alpha > 0,\ r > 1$ の場合　$f(t) = \varepsilon^{\alpha t}$

(b)　$\alpha < 0,\ r < 1$ の場合　$f(t) = \varepsilon^{\alpha t}$

したがって，式 (12.7) は

$$E(z) = \sum_{k=0}^{\infty} e(kT)z^{-k}$$

のように表される．ただし，式 (12.7) で $z = \varepsilon^{sT}$ とおく．任意の時間関数 $f(t)$ の z 変換は

$$F(z) = Z[f(t)] = \sum_{k=0}^{\infty} f(kT)z^{-k} \tag{12.9}$$

ただし，T：サンプリング時間，$f(t)$：$t \geq 0$．この式から z 変換は，サンプリング時刻（$t = kT, k = 0, 1, 2, 3, \ldots$）だけの $f(t)$ の値によって決まることがわかる．ある他の関数がもし各々のサンプリング時刻に $f(t)$ に等しければ（サンプリング時刻の間には $f(t)$ に等しくなくても），その関数は $f(t)$ と等しい z 変換関数 $F(z)$ を持つことになる．したがって，元の関数を再現するためには，先に述べたサンプリング角周波数の条件が必要になる．

■ 例題 12.1 ■

次の関数の z 変換を求めよ．
(1) $f(t) = u(t) = \begin{cases} 0 & (t < 0) \\ 1 & (t \geq 0) \end{cases}$ (2) $f(t) = \varepsilon^{-at}$

【解答】 (1) $f(kT) = 1$

$$U(z) = \sum_{k=0}^{\infty} z^{-k} = 1 + \frac{1}{z} + \frac{1}{z^2} + \frac{1}{z^3} + \cdots$$

$$= 1 + z^{-1} + z^{-2} + z^{-3} + \cdots = \frac{1}{1 - \frac{1}{z}} = \frac{z}{z-1}$$

ここで

$$\sum_{k=0}^{n} ar^k = a + ar + ar^2 + \cdots + ar^n = \frac{a(1 - r^{n+1})}{1 - r}$$

$$a = 1, \ r = z^{-1}, \ r^{n+1}\big|_{n=\infty} = z^{-(n+1)}\big|_{n=\infty} = 0$$

サンプル値は図 **(a)** となる．

(2) $F(z) = Z[\varepsilon^{-at}] = \sum_{k=0}^{\infty} \varepsilon^{-akT} z^{-k} = \sum_{k=0}^{\infty} (z\varepsilon^{aT})^{-k}$

$$= \frac{1}{1 - \frac{1}{z\varepsilon^{aT}}} = \frac{z\varepsilon^{aT}}{z\varepsilon^{aT} - 1} = \frac{z}{z - \varepsilon^{-aT}}$$

ここで

$$\sum_{k=0}^{\infty} \varepsilon^{-akT} z^{-k} = 1 + \varepsilon^{-aT} z^{-1} + \varepsilon^{-2aT} z^{-2} + \varepsilon^{-3aT} z^{-3} + \cdots$$

サンプル値は図 **(b)** となる．

(a) ステップ関数 (b) 指数関数

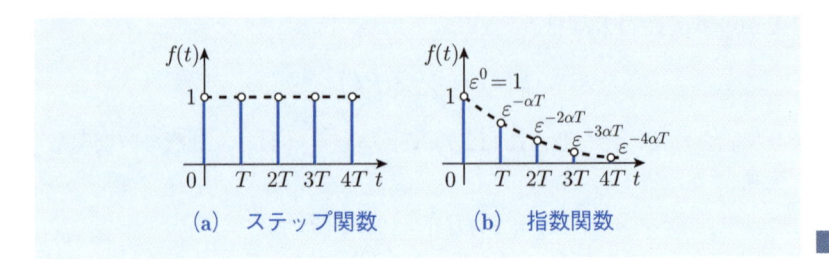

(2) z 変換の性質 z 変換はラプラス変換で $\varepsilon^{sT} = z$ とおき，変数を変換したものであり，ラプラス変換において成立する諸性質は z 変換でも成り立つ．ここでは比較的便利に用いられる性質を以下に示す．

(i) 線形性

$$Z[a_1 f_1(t) + a_2 f_2(t)] = a_1 F_1(z) + a_2 F_2(z) \tag{12.10}$$

【証明】 $\displaystyle Z[a_1 f_1(t) + a_1 f_2(t)] = \sum_{k=0}^{\infty} \{a_1 f_1(kT) + a_2 f_2(kT)\} z^{-k}$

$$= a_1 \sum_{k=0}^{\infty} f_1(kT) z^{-k} + a_2 \sum_{k=0}^{\infty} f_2(kT) z^{-k}$$

(ii) 初期値定理

$$\lim_{t \to 0} f(t) = f(kT)\delta(t - kT)|_{k=0} = [\lim_{z \to \infty} F(z)]\delta(t) \tag{12.11}$$

(iii) 最終値定理 $f(kT)$ において $k \to \infty$ とするとき有限値になるとすれば

$$\lim_{k \to \infty} f(kT) = \lim_{z \to 1} \frac{z-1}{z} F(z) \tag{12.12}$$

(iv) 複素変換（s 領域における推移定理）

$$Z[\varepsilon^{-at} f(t)] = F(\varepsilon^{aT} z) = Z[F(s+a)] \tag{12.13}$$

ここで $F(\varepsilon^{aT} z)$ は $F(z)$ の変数 z を $\varepsilon^{aT} z$ で置き換えたもの．

【証明】 $\displaystyle Z[\varepsilon^{-at} f(t)] = \sum_{k=0}^{\infty} \varepsilon^{-akT} f(kT) z^{-k}$

$$= \sum_{k=0}^{\infty} f(kT)(\varepsilon^{aT} z)^{-k} = F(z)|_{z=\varepsilon^{aT} z}$$

(v) 推移定理

$$Z[\varepsilon^{-smT} F(s)] = Z[f(t - mT)] = \frac{F(z)}{z^m} \tag{12.14}$$

12.3.2 ラプラス変換から z 変換

(1) ラプラス変換から z 変換 z 変換の定義からラプラス変換関数を z 変換するときは $F(z) = Z[f(t)]$, $F(s) = \mathcal{L}[f(t)]$ とすると

$$F(z) = Z[F(s)]$$

のように書くことができる．たとえば以下に時間関数の指数関数をラプラス変換し，さらに z 変換する方法を示す．$f(t) = \varepsilon^{-at}, t \geq 0$ のとき $F(z)$ を求めよう．$F(s) = \frac{1}{s+a}$ である．したがって，式 (12.13) より $F(z) = Z[\varepsilon^{-at}u(t)] = U(\varepsilon^{aT}z)$．[例題 12.1](1) の z は $z = \varepsilon^{aT}z$ とおける．

$$F(z) = \frac{z\varepsilon^{aT}}{z\varepsilon^{aT} - 1} = \frac{z}{z - \varepsilon^{-aT}}$$

$$z\left[\frac{1}{s+a}\right] = \frac{z}{z - \varepsilon^{-aT}} \tag{12.15}$$

(2) **z 変換形の求め方** 式 (12.15) を利用して，ラプラス変換された関数を z 変換する方法を以下に述べる．

$$F(s) = \frac{P(s)}{(s-p_1)(s-p_2)\cdots(s-p_n)}$$

ただし，$P(s)$ は $F(s)$ の分子で s に関する多項式である．

$F(s)$ が単極だけを持つ場合

$$F(s) = \frac{A_1}{s-p_1} + \frac{A_2}{s-p_2} + \cdots + \frac{A_n}{s-p_n}$$

ここで

$$p_i \neq p_j \quad (i \neq j)$$
$$A_i = (s - p_i)F(s)|_{s=p_i} \quad (i = 1, \ldots, n)$$

とすると

$$F(z) = \frac{A_1 z}{z - \varepsilon^{p_1 T}} + \frac{A_2 z}{z - \varepsilon^{p_2 T}} + \cdots + \frac{A_n z}{z - \varepsilon^{p_n T}}$$

■ **例題 12.2** ■

次の関数を z 変換せよ．

$$F(s) = \frac{1}{(s+a)(s+b)} \quad (a \neq b)$$

【解答】 部分分数に展開する．

$$F(s) = \frac{\frac{1}{b-a}}{s+a} + \frac{\frac{1}{a-b}}{s+b} = \frac{1}{b-a}\left(\frac{1}{s+a} - \frac{1}{s+b}\right)$$

したがって

$$F(z) = \frac{1}{b-a}\left(\frac{z}{z - \varepsilon^{-aT}} - \frac{z}{z - \varepsilon^{-bT}}\right) = \frac{1}{b-a}\left\{\frac{z(\varepsilon^{-aT} - \varepsilon^{-bT})}{(z - \varepsilon^{-aT})(z - \varepsilon^{-bT})}\right\}$$

この例から z 変換について次の重要な性質がわかる．

$$Z\left[\frac{1}{s+a}\right]Z\left[\frac{1}{s+b}\right] = \left(\frac{z}{z-\varepsilon^{-aT}}\right)\left(\frac{z}{z-\varepsilon^{-bT}}\right) \neq Z\left[\frac{1}{(s+a)(s+b)}\right]$$

一般に

$$Z[F_1(s)F_2(s)] \neq F_1(z)F_2(z)$$

12.3.3 逆 z 変換

ある関数の z 変換が与えられているとき，逆変換（逆 z 変換）は，次の関係を利用すれば簡単に求めることができる．

$$\begin{aligned} f(kT) &= (a)^k \quad (k=0,1,2,\ldots) \\ F(z) &= \frac{z}{z-a} \quad (a：実数) \end{aligned} \tag{12.16}$$

いま，$F(z)$ が

$$F(z) = \frac{Az}{(z-1)(z+a)} \quad (a \neq 1)$$

で与えられているとき，部分分数に展開して，式 (12.16) を利用する．$F(z)$ ではなく $\frac{F(z)}{z}$ について部分分数に展開して

$$\frac{F(z)}{z} = \frac{A}{(z-1)(z+a)} = \frac{\frac{A}{1+a}}{z-1} - \frac{\frac{A}{1+a}}{z+a}$$

$$F(z) = \frac{A}{1+a}\left(\frac{z}{z-1} - \frac{z}{z+a}\right)$$

したがって $f(kT) = \frac{A}{1+a}\{1-(-a)^k\}$，すなわち

$$f(0) = 0, \quad f(T) = A, \quad f(2T) = A(1-a),$$
$$f(3T) = A(1-a+a^2), \quad \ldots$$

12.3.4 拡張 z 変換と拡張逆 z 変換

(1) 拡張 z 変換　図 12.10 に z 変換と拡張 z 変換（modified z-transformation）の関係をブロック線図で示す．先に述べたように z 変換はラプラス変換とは異なり，逆 z 変換を行っても元の連続量の時間関数が得られるとは限らない．すなわち，z 変換で表示される信号は，サンプリング時刻のみの値が示され，サンプリング時刻と次のサンプリング時刻の間の値は与えられていない．したがって，逆変換を行ってもサンプルされる元の連続信号が得られるわけではない．

そこで，z 変換を求めるとき，元の連続信号のサンプリング時刻間の信号も得られるように工夫を加えたものが拡張 z 変換である．したがって，z 変換はサンプリング時刻での信号の値にのみに注目，拡張 z 変換はサンプリング時刻を含

め，すべての時刻での値を求める方法であるといえる．拡張 z 変換は，図示のように仮想むだ時間要素を加えたものである．

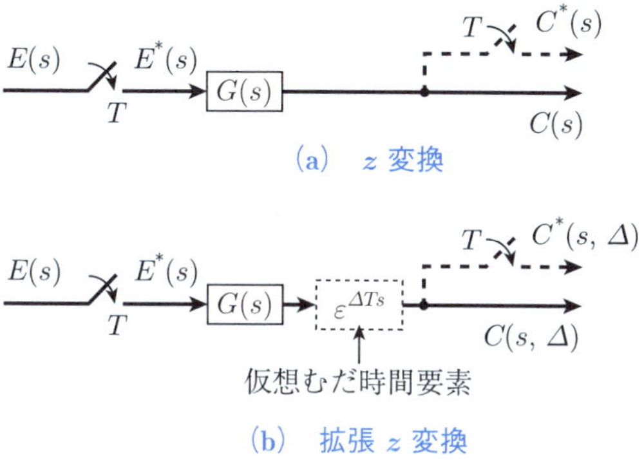

(a) z 変換

(b) 拡張 z 変換

図 12.10
z 変換と拡張 z 変換のブロック線図

むだ時間要素を含む要素の出力は

$$\mathcal{L}[e(t+\tau)] = \varepsilon^{\tau s}\mathcal{L}[e(t)]$$

で示される．したがって

$$\mathcal{L}[c(t+\Delta T)] = C(s, \Delta) = \varepsilon^{\Delta T s}C(s)$$

ここで，ΔT は T の Δ 倍の意味．

拡張 z 変換の定義は

$$C(z, \Delta) = Z[C(s, \Delta)] \quad \text{または} \quad C(z, \Delta) = Z[\varepsilon^{\Delta T s}C(s)] \tag{12.17}$$

時間関数で表すと

$$C(z, \Delta) = \sum_{k=0}^{\infty} c(kT + \Delta T)z^{-k} \tag{12.18}$$

となる．ただし

$$C(z, \Delta) = Z[\varepsilon^{\Delta T s}C(s)] \neq Z[C(s)]Z[\varepsilon^{\Delta T s}]$$

に注意を要する．

さらに，出力を伝達関数と入力で表すと $C(s, \Delta) = \varepsilon^{\Delta T s}G(s)E^*(s)$ であるので

$$C(z, \Delta) = Z[\varepsilon^{\Delta T s}G(s)]E(z)$$
$$= G(z, \Delta)E(z)$$

(2) 拡張逆 z 変換

拡張 z 変換を逆変換すると，式 (12.18) からわかるようにサンプリング時刻間の値を

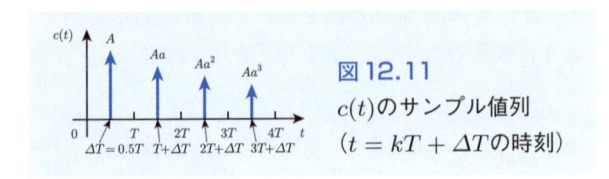

図 12.11 $c(t)$ のサンプル値列 ($t = kT + \Delta T$ の時刻)

$$C(z, \Delta) = \sum_{k=0}^{\infty} c(kT + \Delta T) z^{-k}$$

のように求めることができる．したがって逆変換は

$$Z^{-1}[C(z, \Delta)] = c(kT + \Delta T)$$

たとえば，$C(z, \Delta) = \frac{Az}{z-a}$ ($0 < a < 1$) の場合には $\Delta = 0.5$ とすると

$$Z^{-1}[C(z, \Delta)] = A(a)^k$$
$$= c(kT + \Delta T) \quad (k = 0, 1, 2, 3, \ldots) \tag{12.19}$$

となる．このように Δ を種々の値とすることによりサンプリング時点間の値が得られる．図 12.11 に式 (12.19) から得られた $c(t)$ のサンプル値列を示す．

例題 12.3

次の関数の拡張 z 変換を求め，サンプル値列を描け．

(1) $F(s) = \frac{1}{s}$, $f(t) = u(t) = \begin{cases} 0 & (t < 0) \\ 1 & (t \geq 0) \end{cases}$

(2) $F(s) = \frac{1}{s+a}$, $f(t) = \varepsilon^{-at}$ ($t \geq 0$)

【解答】 (1) $f(t + \Delta T) = u(t)$ ($t \geq 0$), $F(s, \Delta) = \frac{\varepsilon^{\Delta T s}}{s}$
したがって，$F(z, \Delta) = \frac{z}{z-1}$ (下図 **(a)** 参照)．

(2) $f(t + \Delta T) = \varepsilon^{-a(t + \Delta T)}$ ($t + \Delta T > 0$)

$$F(s, \Delta) = \frac{\varepsilon^{\Delta T s}}{s + a}$$

$$F(z, \Delta) = Z[F(s, \Delta)]$$
$$= \sum_{k=0}^{\infty} \{\varepsilon^{-a(kT + \Delta T)} z^{-k}\}$$
$$= \varepsilon^{-a \Delta T} \sum_{k=0}^{\infty} \varepsilon^{-akT} z^{-k}$$

したがって，$F(z, \Delta) = \varepsilon^{-a \Delta T} \frac{z}{z - \varepsilon^{-aT}}$ (下図 **(b)** 参照)．

(i) z 変換   (ii) 拡張 z 変換

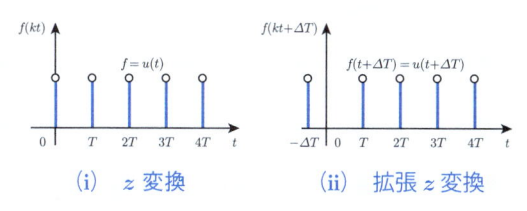

(a) 単位ステップ関数のサンプル値列

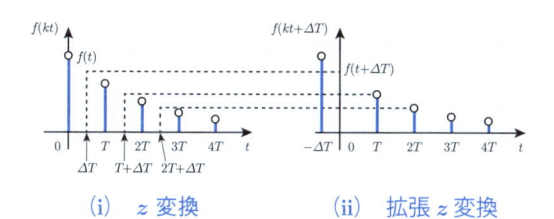

(i) z 変換   (ii) 拡張 z 変換

(b) 指数関数のサンプル値列

12.4 パルス伝達関数

12.4.1 パルス伝達関数

サンプル値制御系で z 変換をいかに用いるかを調べよう．その一つがパルス伝達関数である．図 12.12 において信号 $u(t)$ がサンプリングされて $u^*(t)$ となり，これが伝達要素 $G(s)$ に加わって出力 $c(t)$ が得られたとする．この $c(t)$ は連続量であるので図の破線のように出力側に入力サンプラと同期して働く仮想サンプラを加え，その出力はサンプリング時刻のみの値 $c^*(t)$ であるとする．

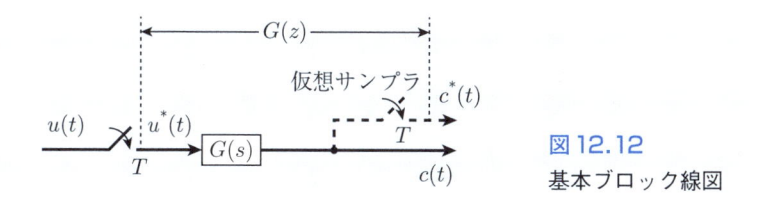

図 12.12 基本ブロック線図

このとき，サンプル値信号に対する伝達関数は

$$G(z) = \frac{C(z)}{U(z)}$$

となり，これがパルス伝達関数 (pulse transfer function) である．ただし，$U(z) = Z[u(t)]$, $C(z) = Z[c(t)]$. 実際には，入力サンプラの出力はディジタル処理回路と 0 次ホールド回路 (D/A 変換) を経て伝達要素に加わるので図 12.13 のようになる．

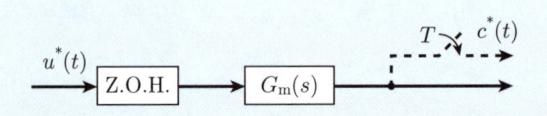

図 12.13 0 次ホールド回路 (Z.O.H.) を含むブロック線図

0 次ホールド回路を含む伝達要素 $G_m(s)$ の伝達関数は

$$G(s) = \left(\frac{1-\varepsilon^{-sT}}{s}\right) G_m(s)$$

であるので，パルス伝達関数は

$$Z\left[\left(\frac{1-\varepsilon^{-sT}}{s}\right) G_m(s)\right] = Z\left[\frac{G_m(s)}{s}\right] - Z\left[\varepsilon^{-sT} \frac{G_m(s)}{s}\right]$$
$$= (1 - z^{-1}) Z\left[\frac{G_m(s)}{s}\right] \tag{12.20}$$

例題 12.4

次のブロック線図のパルス伝達関数を求めよ．

【解答】

$$\frac{C^*(s)}{U^*(s)} = G(s)$$
$$= \left(\frac{1-\varepsilon^{-sT}}{s}\right)\left(\frac{1}{s+1}\right)$$

したがって z 変換は

$$G(z) = \left(\frac{z-1}{z}\right) Z\left[\frac{1}{s(s+1)}\right]$$

整理すると次式を得る．

$$G(z) = \left(\frac{z-1}{z}\right)\left\{\frac{(1-\varepsilon^{-T})z}{(z-1)(z-\varepsilon^{-T})}\right\}$$
$$= \frac{1-\varepsilon^{-T}}{z-\varepsilon^{-T}}$$

12.4.2 伝達要素の結合

(1) **2 つの要素間にサンプラがない直列結合** 図 12.14 に示すように 2 つの要素 G_1, G_2 が直接結合している場合の伝達関数は $G(s) = \frac{C(s)}{U^*(s)} = G_1(s)G_2(s)$ となる．したがって，パルス伝達関数は

$$G(z) = Z[G_1(s)G_2(s)] \equiv G_1G_2(z)$$

となる．

図 12.14 直列接続のブロック線図

たとえば $G_1(s) = \frac{1}{s+1}, G_2(s) = \frac{1}{s}$ のとき

$$Z[G_1(s)G_2(s)] = G_1G_2(z)$$
$$= \frac{(1-\varepsilon^{-T})z}{(z-1)(z-\varepsilon^{-T})} \neq G_1(z)G_2(z)$$

なぜならば

$$G_1G_2(z) = Z\left[\frac{1}{s(s+1)}\right] = Z\left[\frac{1}{s}\right] + Z\left[\frac{-1}{s+1}\right] = \frac{z}{z-1} - \frac{z}{z-\varepsilon^{-T}}$$
$$G_1(z)G_2(z) = \frac{z}{z-1}\frac{z}{z-\varepsilon^{-T}} = \frac{z^2}{(z-1)(z-\varepsilon^{-T})}$$

(2) **2 つの要素間にサンプラがある直列結合** 図 12.15 に示すように 2 つの要素 G_1 がサンプラを介して G_2 に結合している場合のパルス伝達関数は

$$B(z) = G_1(z)U(z), \quad C(z) = G_2(z)B(z)$$
$$\frac{C(z)}{U(z)} = G(z) = G_1(z)G_2(z)$$

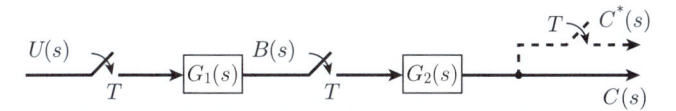

図 12.15 要素間にサンプラのある直列接続のブロック線図

(3) **基本的なフィードバック結合** 図 12.16 に基本的なフィードバック結合系を示す．各信号間の関係は

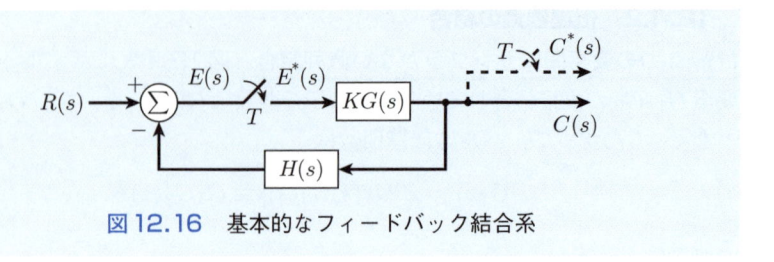

図 12.16 基本的なフィードバック結合系

$$E(s) = R(s) - H(s)C(s), \quad C(s) = KG(s)E^*(s)$$
$$E(s) = R(s) - KG(s)H(s)E^*(s)$$

上式を z 変換して整理すると

$$E(z) = R(z) - Z[KG(s)H(s)]E(z)$$
$$= R(z) - KGH(z)E(z)$$

となり，出力を z 変換して，パルス伝達関数を求めると

$$C(z) = KG(z)E(z), \quad E(z) = \frac{R(z)}{1+KGH(z)}$$

であるので

$$\frac{C(z)}{R(z)} = \frac{KG(z)}{1+KGH(z)}$$

(4) **フィードバックループにサンプラがある場合** 図 12.17 にフィードバック結合系を示す．各信号間の関係は

$$\begin{cases} E(s) = R(s) - H(s)C^*(s) \\ C(s) = KG(s)E^*(s) \end{cases} \xrightarrow{z\,変換} \begin{cases} E(z) = R(z) - H(z)C(z) \\ C(z) = KG(z)E(z) \end{cases}$$

したがって，パルス伝達関数は

$$E(z) = \frac{R(z)}{1+KG(z)H(z)}, \quad \frac{C(z)}{R(z)} = \frac{KG(z)}{1+KG(z)H(z)}$$

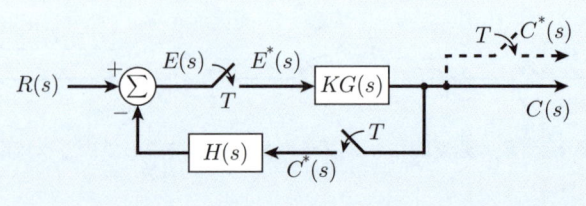

図 12.17 フィードバックループにサンプラがある結合系

(5) **基本的なフィードバック結合系の拡張パルス伝達関数** 図 12.18 に拡張パルス伝達関数のモデル図を示す．パルス伝達関数は [例題 12.5] で求める．

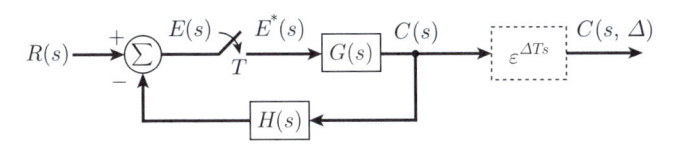

図 12.18　拡張パルス伝達関数モデル図

■ **例題 12.5** ■
図 12.18 のパルス伝達関数を求めよ．

【解答】 $C(s)$ すなわち $c(t)$ は制御系の出力で連続信号である．サンプリング期間内での応答を決定するため拡張 z 変換の $C(z,\Delta)$ を求める．

$$E(s) = R(s) - G(s)H(s)E^*(s), \quad C(s,\Delta) = \varepsilon^{\Delta Ts}G(s)E^*(s)$$

$E(s)$ の式を z 変換すると

$$E(z) = R(z) - GH(z)E(z)$$

したがって

$$E(z) = \frac{R(z)}{1+GH(z)}$$

また，$C(s,\Delta)$ の拡張 z 変換は

$$C(z,\Delta) = G(z,\Delta)E(z)$$

出力の拡張 z 変換は

$$C(z,\Delta) = \frac{G(z,\Delta)}{1+GH(z)}R(z)$$

したがって，入力から出力までの拡張 z 変換のパルス伝達関数は次式となる．

$$\frac{C(z,\Delta)}{R(z)} = \frac{G(z,\Delta)}{1+GH(z)}$$

12.5　サンプル値制御システムの特性

12.5.1　時間応答

サンプル値制御システムの動作を z 平面の極配置の関係から調べよう．図 12.16 および図 12.17 の閉ループパルス伝達関数の特性方程式はそれぞれ

$$1 + KGH(z) = 0, \quad 1 + KG(z)H(z) = 0$$

z 平面上の極配置がサンプル値制御系の時間応答にどのように影響するだろう

か．いま，次の関数
$$f(kT) = (a)^k \quad (k = 0, 1, 2, 3, \ldots) \tag{12.21}$$
を考える．ただし，a：正または負の実数．関数 $f(kT)$ の a を

$$\begin{array}{llll}
\text{(i)} & -1 < a < 0 & \text{(ii)} & 0 < a < 1 & \text{(iii)} & a = -1 \\
\text{(iv)} & a = 1 & \text{(v)} & a < -1 & \text{(vi)} & a > 1
\end{array} \tag{12.22}$$

のように区別して，時間を横軸に取ってその値を示すと **図 12.19 (a)** になる．ところで，式 (12.22) を z 変換すると

$$Z[f(kT)] = \sum_{k=0}^{\infty} f(kT) z^{-k} \tag{12.23}$$

上式はサンプリング時刻 $kT = 0, T, 2T, 3T, \ldots$ だけで知られる $f(kT)$ の z 変換の定義式である．したがって，式 (12.23) は

$$\begin{aligned}
F(z) = Z[f(kT)] &= \sum_{k=0}^{\infty} (a)^k z^{-k} = \sum_{k=0}^{\infty} \left(\frac{a}{z}\right)^k \\
&= 1 + \frac{a}{z} + \left(\frac{a}{z}\right)^2 + \left(\frac{a}{z}\right)^3 + \cdots \\
&= \frac{1}{1 - \frac{a}{z}} = \frac{z}{z - a}
\end{aligned} \tag{12.24}$$

(a) サンプル値列

(b) 極の位置（実数軸の極）

図 12.19 極配置と対応するサンプル値列

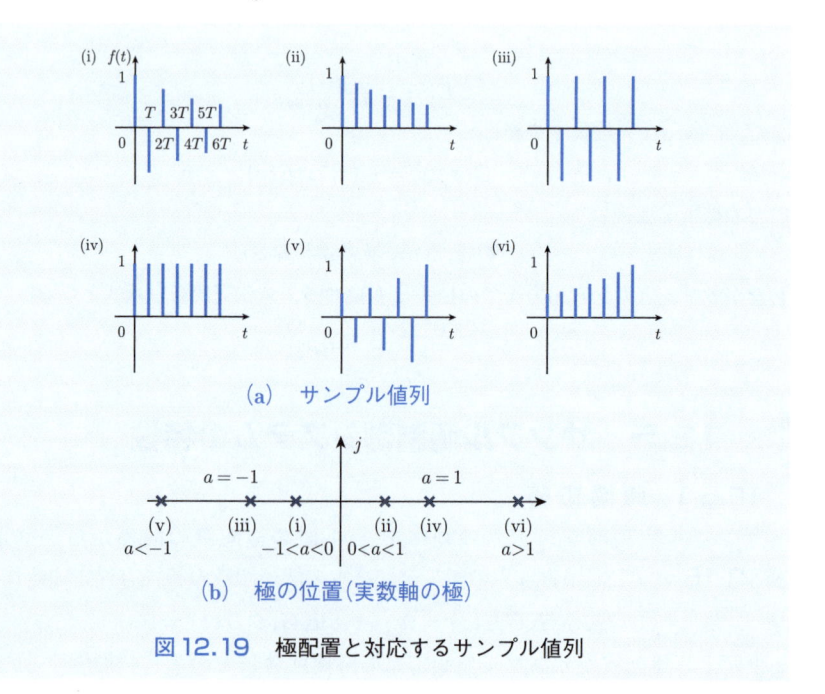

式 (12.24) は $a = \varepsilon^{-\alpha T}$ のとき次式に相当する．
$$Z[\varepsilon^{-\alpha T}] = \frac{z}{z - \varepsilon^{-\alpha T}}$$

結局，式 (12.21) と (12.24) の変換対は上式の一般化であることがわかる．z 平面内の式 (12.24) の極配置をみると，$z = a$ であり，式 (12.22) に対応する極配置は図 12.19 (b) であることになる．
図 12.19 より次のことがいえる．

(A)　$|a| < 1$　$\cdots$ 動作は減少タイプ　　　(i), (ii)
(B)　$|a| = 1$　$\cdots$ 大きさは一定　　　　(iii), (iv)
(C)　$|a| > 1$　$\cdots$ 動作は指数的に増加タイプ　(v), (vi)

に対応して

(A)　$|z| < 1$　$\cdots$ 安定　　(i), (ii)
(B)　$|z| = 1$　$\cdots$ 安定限界　(iii), (iv)
(C)　$|z| > 1$　$\cdots$ 不安定　(v), (vi)

12.5.2 安 定 性

以上のことより，s 平面と z 平面の関係を示す図 12.8 において，次のことがいえる．

(1)　$z = \varepsilon^{sT}$ であるので s 平面の虚軸 $s = j\omega$ は ω が $0 \sim \frac{2\pi}{T}$ のときは z 平面上の単位円上を 1 回転する．さらに ω が $\frac{2\pi}{T} \sim \frac{4\pi}{T}$ でも同一単位円上をさらに回転する．したがって，s 平面の虚軸はすべて z 平面の単位円上に写像されることがわかる．

(2)　s 平面上での左半平面の極は，z 平面上の単位円の内側全体に写像される．

(3)　s 平面上での右半平面の極は，z 平面上の単位円の外側全体に写像される．特性方程式の $1 + KGH(z) = 0$ または $1 + KG(z)H(z) = 0$ の根のすべてが z 平面上で単位円内に入れば安定であると判断される．この場合

(i)　特性方程式の次数が低いときは，直接根を計算して調べる．
(ii)　次数が高いときは

$$z = \frac{x+1}{x-1} \quad \Rightarrow \quad x = \frac{z+1}{z-1}$$

による変数変換を行うと，z 平面上の単位円の内部を x 平面上の左半平面に写像できるので，ラウス–フルビッツの安定判別法を適用できる．

■ 例題 12.6 ■

次式のパルス伝達関数の実数 K について安定条件を求めよ．ただし，サンプリング時間を T とする．

$$KG(z)H(z) = \frac{Kz^{-1}(1-\varepsilon^{-T})}{1-z^{-1}\varepsilon^{-T}}$$

【解答】 特性方程式は

$$1 + \frac{Kz^{-1}(1-\varepsilon^{-T})}{1-z^{-1}\varepsilon^{-T}} = 0$$

$$1 - (K\varepsilon^{-T} + \varepsilon^{-T} - K)z^{-1} = 0$$

$$z = K\varepsilon^{-T} + \varepsilon^{-T} - K$$

したがって制御系が安定のためには $|z| < 1$ であるので

$$-1 < K(\varepsilon^{-T} - 1) + \varepsilon^{-T} < 1$$

K の範囲は

$$\frac{1+\varepsilon^{-T}}{1-\varepsilon^{-T}} > K > -1$$

ただし，$1 - \varepsilon^{-T} > 0$

12.5.3 定 常 偏 差

図 12.20 のサンプル値制御系において，制御偏差は

$$E(z) = \frac{1}{1+G(z)}R(z)$$

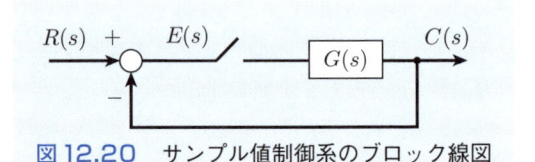

図 12.20 サンプル値制御系のブロック線図

から求めることができる．いま

$$K_\mathrm{p} = \lim_{z \to 1} G(z) \qquad \text{：位置偏差定数}$$

$$K_\mathrm{v} = \frac{1}{T}\lim_{z \to 1}[(z-1)G(z)] \qquad \text{：速度偏差定数}$$

$$K_\mathrm{a} = \frac{1}{T^2}\lim_{z \to 1}[(z-1)^2 G(z)] \qquad \text{：加速度偏差定数}$$

のように定数を決め，制御系のタイプを $z=1$ での $G(z)$ の極の数によって以下のように表現する．

$z=1$ での $G(z)$ の極の数	0	1	2
制御系のタイプ	0形	1形	2形

種々の入力に対して制御系のタイプの定常偏差は，式 (12.12) の最終値定理を用いて

12.5 サンプル値制御システムの特性

$$e_{\text{ss}} = \lim_{k \to \infty} e(kT) = \lim_{z \to 1} \frac{z-1}{z} \frac{R(z)}{1+G(z)}$$

より求めることができ，それぞれの入力信号とタイプに整理してまとめると表12.1のようになる．

表12.1　定常偏差

入力関数 $R(z)$ 制御系のタイプ	ステップ入力 $\dfrac{z}{z-1}$	ランプ入力 $\dfrac{Tz}{(z-1)^2}$	定加速度入力 $\dfrac{T^2z(z+1)}{2(z-1)^3}$
0形	$\dfrac{1}{1+K_{\text{p}}}$	∞	∞
1形	0	$\dfrac{1}{K_{\text{v}}}$	∞
2形	0	0	$\dfrac{1}{K_{\text{a}}}$

■ 例題 12.7 ■

制御系のタイプが (1) 0形および (2) 1形のときのステップ入力に対する定常偏差を求めよ．

【解答】　(1) 0形のとき

$$e_{\text{ss}} = \lim_{k \to \infty} e(kT) = \lim_{z \to 1} \frac{z-1}{z} \frac{z}{z-1} \frac{1}{1+G(z)} = \lim_{z \to 1} \frac{1}{1+G(z)}$$
$$= \frac{1}{1+\lim_{z \to 1} G(z)} = \frac{1}{1+K_{\text{p}}}$$

(2) 1形のとき $G(z) = \dfrac{G'(z)}{z-1}$ とおけるので

$$e_{\text{ss}} = \lim_{z \to 1} \frac{z-1}{z} \frac{z}{z-1} \frac{1}{1+G(z)} = \frac{1}{1+\lim_{z \to 1} G(z)} = \frac{1}{1+\lim_{z \to 1} \frac{G'(z)}{z-1}} = 0$$

■ 例題 12.8 ■

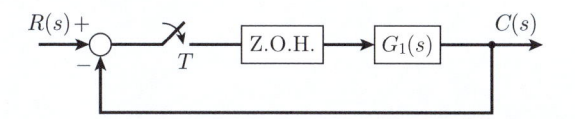

次の場合のパルス伝達関数を求め単位ステップ入力に対する応答，定常偏差およびサンプラ，Z.O.H. がない連続系での応答，定常偏差を求めよ．

(1) $G_1(s) = \dfrac{1}{s+1}$ で $T = 0.5$ と $1\,[\text{sec}]$
(2) $G_1(s) = \dfrac{2}{s+1}$ で $T = 0.5$ と $1\,[\text{sec}]$

第 12 章 ディジタル制御の基礎

【解答】 $G_{\text{Z.O.H.}} = \frac{1-\varepsilon^{-sT}}{s}$ とするとパルス伝達関数は

$$G(z) = \frac{G_{\text{Z.O.H.}}G_1(z)}{1+G_{\text{Z.O.H.}}G_1(z)}$$

(1) $\quad G_{\text{Z.O.H.}}G_1(z) = Z\left[\frac{1-\varepsilon^{-sT}}{s}\frac{1}{s+1}\right] = (1-z^{-1})Z\left[\frac{1}{s(s+1)}\right]$

$$= (1-z^{-1})\left\{\frac{z}{z-1} - \frac{z}{z-\varepsilon^{-T}}\right\}$$

$$= \frac{z-1}{z}\frac{z(1-\varepsilon^{-T})}{(z-1)(z-\varepsilon^{-T})} = \frac{1-\varepsilon^{-T}}{z-\varepsilon^{-T}}$$

パルス伝達関数は

$$G(z) = \frac{\frac{1-\varepsilon^{-T}}{z-\varepsilon^{-T}}}{1+\frac{1-\varepsilon^{-T}}{z-\varepsilon^{-T}}} = \frac{1-\varepsilon^{-T}}{z+1-2\varepsilon^{-T}}$$

出力 $C(z)$ は

$$C(z) = G(z)R(z) = \frac{1-\varepsilon^{-T}}{z+1-2\varepsilon^{-T}}\frac{z}{z-1}$$

$$= \frac{1}{2}\left(\frac{z}{z-1} - \frac{z}{z-2\varepsilon^{-T}+1}\right)$$

したがって出力 $c(kT)$ は

$$c(kT) = \frac{1}{2}\{1 - (2\varepsilon^{-T}-1)^k\}$$

となる．いま，応答は $T = 0.5$ のとき

$$c(kT) = \frac{1}{2}\{1 - (2\varepsilon^{-0.5}-1)^k\}$$

$$= \frac{1}{2}\{1 - (1.212-1)^k\} = \frac{1}{2}(1 - 0.212^k)$$

$T = 1.0$ のとき

$$c(kT) = \frac{1}{2}\{1 - (2\varepsilon^{-1}-1)^k\}$$

$$= \frac{1}{2}\left\{1 - \left(\frac{2}{2.718}-1\right)^k\right\} = \frac{1}{2}\{1 - (0.736-1)^k\}$$

$$= \frac{1}{2}\{1 - (-0.264)^k\}$$

定常偏差は

$$e_{\text{ss}} = \lim_{n\to\infty} e(kT)$$

$$= \lim_{z\to 1}\frac{z-1}{z}\frac{R(z)}{1+G_{\text{Z.O.H.}}G_1(z)} = \frac{1}{1+\lim_{z\to 1}G_{\text{Z.O.H.}}G_1(z)}$$

よって $T = 0.5, 1$ のとき

$$\lim_{z\to 1}G_{\text{Z.O.H.}}G_1(z) = \frac{1-\varepsilon^{-T}}{1-\varepsilon^{-T}} = 1 \qquad \therefore\quad e_{\text{ss}} = \frac{1}{2}$$

連続系の応答は

12.5 サンプル値制御システムの特性

$$C(s) = \frac{G_1(s)}{1+G_1(s)} R(s)$$

$$= \frac{\frac{1}{s+1}}{1+\frac{1}{s+1}} \frac{1}{s} = \frac{1}{s(s+2)} = \frac{1}{2}\left(\frac{1}{s} - \frac{1}{s+2}\right)$$

$$c(t) = \frac{1}{2}(1 - \varepsilon^{-2t})u(t)$$

定常偏差は $\lim_{s \to 0} G_1(s) = 1$ より

$$e_{\text{ss}} = \lim_{s \to 0} \frac{sR(s)}{1+G_1(s)} = \frac{1}{1+\lim_{s \to 0} G_1(s)} = \frac{1}{2}$$

(2) $\quad G_{\text{Z.O.H.}} G_1(z) = Z\left[\frac{1-\varepsilon^{-sT}}{s} \frac{2}{s+1}\right] = (1-z^{-1})Z\left[\frac{2}{s(s+1)}\right]$

$$= \frac{2(1-\varepsilon^{-T})}{z-\varepsilon^{-T}}$$

$$G(z) = \frac{\frac{2(1-\varepsilon^{-T})}{z-\varepsilon^{-T}}}{1+\frac{2(1-\varepsilon^{-T})}{z-\varepsilon^{-T}}} = \frac{2(1-\varepsilon^{-T})}{z-3\varepsilon^{-T}+2}$$

$$C(z) = \frac{2(1-\varepsilon^{-T})}{z-3\varepsilon^{-T}+2} \frac{z}{z-1} = \frac{2}{3}\left(\frac{z}{z-1} - \frac{z}{z-3\varepsilon^{-T}+2}\right)$$

したがって出力 $c(kT)$ は

$$c(kT) = \frac{2}{3}\{1 - (3\varepsilon^{-T} - 2)^k\}$$

応答は $T = 0.5$ のとき

$$c(kT) = \frac{2}{3}\{1 - (3 \times 2.718^{-0.5} - 2)^k\}$$

$$= \frac{2}{3}\{1 - (1.82 - 2)^k\} = \frac{2}{3}\{1 - (-0.18)^k\}$$

$T = 1$ のとき

$$c(kT) = \frac{2}{3}\{1 - (3 \times 2.718^{-1} - 2)^k\}$$

$$= \frac{2}{3}\{1 - (-0.896)^k\}$$

定常偏差（T に無関係）は

$$e_{\text{ss}} = \frac{1}{1+\lim_{z \to 1} G_{\text{Z.O.H.}} G_1(z)} = \frac{1}{1+2} = \frac{1}{3}$$

連続系の応答は

$$C(s) = \frac{G_1(s)}{1+G_1(s)} R(s) = \frac{\frac{2}{s+1}}{1+\frac{2}{s+1}} \frac{1}{s} = \frac{2}{s(s+3)}$$

$$= \frac{2}{3}\left(\frac{1}{s} - \frac{1}{s+3}\right)$$

$$c(t) = \frac{2}{3}(1 - \varepsilon^{-3t})u(t)$$

定常偏差は

$$e_{\text{ss}} = \frac{1}{1+\lim_{s \to 0} G_1(s)} = \frac{1}{1+2} = \frac{1}{3}$$

(1) と (2) の応答波形は図 **(a)**, **(b)** となる．

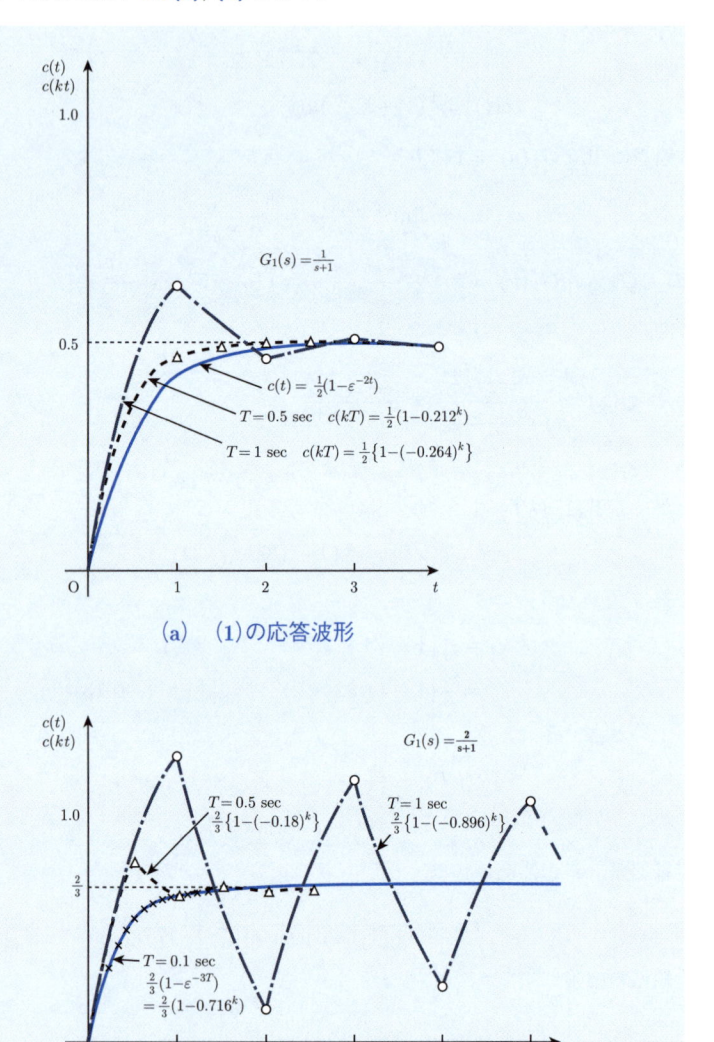

(a) (1)の応答波形

$G_1(s) = \frac{1}{s+1}$

$c(t) = \frac{1}{2}(1-\varepsilon^{-2t})$

$T = 0.5$ sec $c(kT) = \frac{1}{2}(1-0.212^k)$

$T = 1$ sec $c(kT) = \frac{1}{2}\{1-(-0.264)^k\}$

(b) (2)の応答波形

$G_1(s) = \frac{2}{s+1}$

$T = 0.5$ sec $\frac{2}{3}\{1-(-0.18)^k\}$

$T = 1$ sec $\frac{2}{3}\{1-(-0.896)^k\}$

$T = 0.1$ sec $\frac{2}{3}(1-\varepsilon^{-3T})$
$= \frac{2}{3}(1-0.716^k)$

12.6 状態変数法によるサンプル値制御系の取扱い

12.6.1 状態推移方程式

制御系の状態方程式は式 (3.4) および (3.5) を再掲すると

$$\dot{\boldsymbol{x}} = A\boldsymbol{x} + B\boldsymbol{u}$$

$$\boldsymbol{y} = C\boldsymbol{x}$$

である．その解である状態推移方程式は

$$\boldsymbol{x}(t) = \varepsilon^{A(t-t_0)}\boldsymbol{x}(t_0) + \int_{t_0}^{t} \varepsilon^{A(t-\tau)} B\boldsymbol{u}(\tau)d\tau \tag{12.25}$$

である．ここで，$\varepsilon^{At} = \mathcal{L}^{-1}[(sI - A)^{-1}]$．

入力はサンプリングされているので，1 サンプリング時刻 $t_0 = kT$ から次のサンプリング時刻 $t = (k+1)T$ までを考え，0 次ホールド回路を持つとすれば，式 (12.25) は

$$\boldsymbol{x}[(k+1)T] = \varepsilon^{AT}\boldsymbol{x}(kT) + \int_{kT}^{(k+1)T} \varepsilon^{A[(n+1)T-\tau]} B\boldsymbol{u}(\tau)d\tau \tag{12.26}$$

$kT \leq \tau < (k+1)T$ での入力 $\boldsymbol{u}(\tau)$ を $\boldsymbol{u}(kT)$ にホールドすれば式 (12.23) は

$$\boldsymbol{x}[(k+1)T] = \varepsilon^{AT}\boldsymbol{x}(kT) + \left[\int_{0}^{T} \varepsilon^{A\alpha} B d\alpha\right] \boldsymbol{u}(kT)$$

ここで，$(k+1)T - \tau = \alpha$, $\boldsymbol{h}(T) = \int_{0}^{T} \varepsilon^{A\alpha} B d\alpha$ とおくとサンプル値（離散値）制御系の状態推移方程式と出力方程式は

$$\boldsymbol{x}[(k+1)T] = \varepsilon^{AT}\boldsymbol{x}(kT) + \boldsymbol{h}(T)\boldsymbol{u}(kT)$$

$$\boldsymbol{y}(kT) = C\boldsymbol{x}(kT)$$

12.6.2 状態推移方程式の解（サンプル値制御系の応答）

0 次ホールド回路のある場合の各サンプリング時刻での応答値は

$\boldsymbol{x}(T) = \varepsilon^{AT}\boldsymbol{x}(0) + \boldsymbol{h}(T)\boldsymbol{u}(0)$

$\boldsymbol{x}(2T) = \varepsilon^{AT}\boldsymbol{x}(T) + \boldsymbol{h}(T)\boldsymbol{u}(T) = (\varepsilon^{AT})^2\boldsymbol{x}(0) + \varepsilon^{AT}\boldsymbol{h}(T)\boldsymbol{u}(0) + \boldsymbol{h}(T)\boldsymbol{u}(T)$

$\vdots$

$\boldsymbol{x}[(k-1)T] = \varepsilon^{AT}\boldsymbol{x}[(k-2)T] + \boldsymbol{h}(T)\boldsymbol{u}[(k-2)T]$

$\boldsymbol{x}(kT) = \varepsilon^{AT}\boldsymbol{x}[(k-1)T] + \boldsymbol{h}(T)\boldsymbol{u}[(k-1)T]$

したがって，上式の 2 行目の式のように，前の式を次の式に代入して整理すると

$$\boldsymbol{x}(kT) = [\varepsilon^{AT}]^k \boldsymbol{x}(0) + \sum_{n=0}^{k-1} [\varepsilon^{AT}]^{k-1-n} \boldsymbol{h}(T)\boldsymbol{u}(nT)$$

$$= [\varepsilon^{AT}]^k \boldsymbol{x}(0) + \sum_{n=0}^{k-1} [\varepsilon^{AT}]^{k-n} B\boldsymbol{u}(nT)$$

となる．ただし，$\boldsymbol{h}(T) = \varepsilon^{AT} B$．この式が時間応答の解となる．

12.7 ディジタル速度制御系

図 10.24 の速度制御系を簡略化し，ディジタル制御系に置き換えた PI 速度制御系のブロック線図を図 12.21 に示す．むだ時間は，速度検出器のディジタル速度検出器の遅れなどを考慮した総合のむだ時間の合計として示している．ステップ応答の一例を図 12.22 に示している．実際には，たとえば，各種の用途に対応した三相交流電動機を用いるトルク，速度，位置制御系では，指令値や負荷トルクの変化に対応するため座標変換，非干渉制御，電流制御，速度制御，および位置制御などの多くの演算をマイクロコンピュータ内部で行うディジタル制御が用いられている．

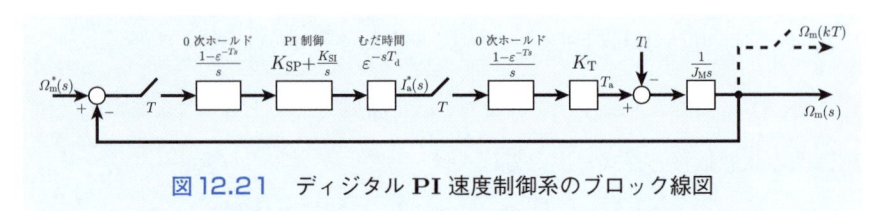

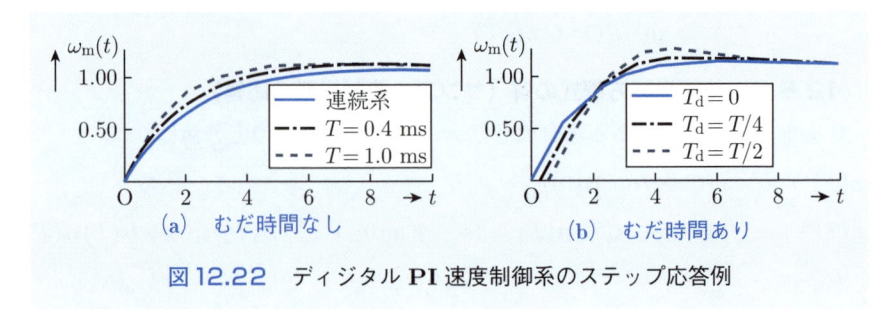

図 12.21 ディジタル PI 速度制御系のブロック線図

図 12.22 ディジタル PI 速度制御系のステップ応答例
(a) むだ時間なし
(b) むだ時間あり

12章の問題

- **12.1** 連続波形の時間量子化と空間量子化について説明せよ．
- **12.2** ディジタル制御系を用いることが好ましい場合を述べよ．
- **12.3** 次の関数の z 変換を求めよ．ただし，サンプリング周期を T [sec] とする．

    (1) $f(t) = tu(t)$ (2) $f(t) = \sin \omega t \cdot u(t)$

    (3) $F(s) = \frac{1}{s}$ (4) $F(s) = \frac{1}{s}(1 - \varepsilon^{-sT})$

- **12.4** 次式の逆 z 変換を求めよ．

    (1) $F^*(z) = \frac{z}{(z - \varepsilon^{-T})(z - \varepsilon^{-2T})}$

    (2) $F^*(z) = \frac{z^{-1}(1 - \varepsilon^{-aT})}{(1 - z^{-T})(1 - z^{-aT})}$

- **12.5** 図 12.12 に示すサンプル値制御系の $G(s)$ が次式のとき，単位ステップ入力 $u(t)$ に対する出力 $C^*(t)$ を求めよ．

$$G(s) = \frac{a}{s+a}$$

問 題 解 答

1章

■ **1.1～1.6** 省略

2章

■ **2.1** 因果関係を表す代数式を求める．
(7) $E = G(U \pm Y) = GU \pm GY$
(9) $d = a \pm b$, $e = d \pm c$
したがって，$e = (a \pm b) \pm c = a \pm c \pm b$．いま，$d' = a \pm c$ とおくと $e = d' \pm b$ となり表 2.2 の (7), (9) の関係が得られる．

■ **2.2**

(1) $R \rightarrow \boxed{\dfrac{G_1G_2G_3G_4}{(1+G_1G_2H_1)(1+G_3G_4H_2)+H_3G_2G_3}} \rightarrow C$

(2) $R \rightarrow \boxed{G_4 + \dfrac{G_1G_2G_3}{1-G_1G_2H_1+G_2H_1+G_2G_3H_2}} \rightarrow C$

■ **2.3** (6) 裏推移の定理より
$$\mathcal{L}[\varepsilon^{-at}x(t)] = X(s+a), \quad X(s) = \mathcal{L}[x(t)]$$
$\mathcal{L}[t] = \dfrac{1}{s^2}$ であるので $\mathcal{L}[t\varepsilon^{-at}] = \dfrac{1}{(s+\alpha)^2}$

(7) 線形性より
$$\mathcal{L}[x_1(t) + x_2(t)] = \mathcal{L}[x_1(t)] + \mathcal{L}[x_2(t)]$$
$$\mathcal{L}[1 - \varepsilon^{-at}] = \mathcal{L}[1] + \mathcal{L}[-\varepsilon^{-at}]$$
$$\mathcal{L}[1] = \dfrac{1}{s}, \quad \mathcal{L}[-\varepsilon^{-at}] = -\dfrac{1}{s+\alpha}$$
したがって，$\mathcal{L}[1 - \varepsilon^{-at}] = \dfrac{1}{s} - \dfrac{1}{s+\alpha} = \dfrac{\alpha}{s(s+\alpha)}$

■ **2.4** (1) $f(t) = \dfrac{1}{T}\varepsilon^{-(1/T)t}$ (2) $f(t) = 1 - \varepsilon^{-(1/T)t}$
(3) $f(t) = \dfrac{1}{a}\dfrac{\varepsilon^{at} - \varepsilon^{-at}}{2} = \dfrac{1}{a}\sinh at$

■ **2.5** (1) $G(s) = \dfrac{I(s)}{E(s)} = \dfrac{1}{R+sL}$ (2) $G(s) = \dfrac{E_2(s)}{E_1(s)} = \dfrac{sC + \dfrac{1}{R_1}}{sC + \dfrac{1}{R_1} + \dfrac{1}{R_2}}$

(3) $G(s) = \dfrac{E_2(s)}{E_1(s)} = \dfrac{\dfrac{1}{R_1}}{sC + \dfrac{1}{R_1} + \dfrac{1}{R_2}}$ (4) $G(s) = \dfrac{E_2(s)}{E_1(s)} = \dfrac{1}{s^2LC + sRC + 1}$

■ **2.6** (1)

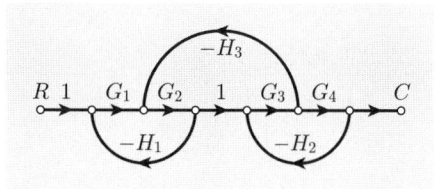

$P_1 = G_1G_2G_3G_4, \quad L_1 = -G_1G_2H_1, \quad L_2 = -G_3G_4H_2,$

$L_3 = -G_2G_3H_3, \quad L_1L_2 = G_1G_2G_3G_4H_1H_2,$

$\Delta = 1 = (-G_1G_2H_1 - G_3G_4H_2 - G_2G_3H_3) + G_1G_2G_3G_4H_1H_2, \quad \Delta_1 = 1$
グラフトランスミッタンス T は

$$T = \frac{P_1\Delta_1}{\Delta} = \frac{G_1G_2G_3G_4}{(1+G_1G_2H_1)(1+G_3G_4H_2)+G_2G_3H_3}$$

(2)

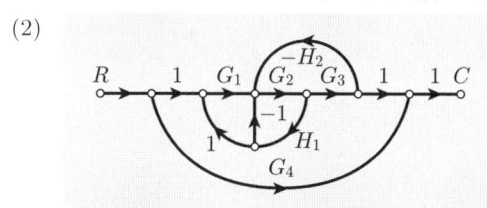

$P_1 = G_1G_2G_3, \quad P_2 = G_4,$

$L_1 = -H_1G_2, \quad L_2 = G_1G_2H_1, \quad L_3 = -G_2G_3H_2,$

$\Delta = 1 - (-H_1G_2 + G_1G_2H_1 - G_2G_3H_2), \quad \Delta_1 = 1, \quad \Delta_2 = \Delta$
グラフトランスミッタンス T は

$$T = \frac{P_1\Delta_1 + P_2\Delta_2}{\Delta} = \frac{G_1G_2G_3 + G_4(1-G_1G_2H_1+H_1G_2+G_2G_3H_2)}{1-G_1G_2H_1+H_1G_2+G_2G_3H_2}$$

$$= G_4 + \frac{G_1G_2G_3}{1-G_1G_2H_1+H_1G_2+G_2G_3H_2}$$

3章

■ **3.1** 省略

■ **3.2** 状態方程式と出力方程式は

$$\begin{bmatrix} \dot{x}_1 \\ \dot{x}_2 \\ \dot{x}_3 \end{bmatrix} = \begin{bmatrix} 0 & 1 & 0 \\ 0 & -4 & 3 \\ -1 & -1 & -2 \end{bmatrix} \begin{bmatrix} x_1 \\ x_2 \\ x_3 \end{bmatrix} + \begin{bmatrix} 0 & 0 \\ 1 & 0 \\ 0 & 1 \end{bmatrix} \begin{bmatrix} u_1 \\ u_2 \end{bmatrix}$$

$$\begin{bmatrix} y_1 \\ y_2 \end{bmatrix} = \begin{bmatrix} 1 & 0 & 0 \\ 0 & 0 & 1 \end{bmatrix} \begin{bmatrix} x_1 \\ x_2 \\ x_3 \end{bmatrix}$$

■ **3.3** (1) 運動方程式は $M\ddot{x} + D\dot{x} + Kx = f(t)$. 状態変数 $\dot{x}_1 = x_2$, $\dot{x}_2 = -\frac{K}{M}x_1 - \frac{D}{M}x_2 + \frac{f}{M}$ を用いて状態方程式と出力方程式を求めると

$$\begin{bmatrix} \dot{x}_1 \\ \dot{x}_2 \end{bmatrix} = \begin{bmatrix} 0 & 1 \\ -\frac{K}{M} & -\frac{D}{M} \end{bmatrix} \begin{bmatrix} x_1 \\ x_2 \end{bmatrix} + \begin{bmatrix} 0 \\ \frac{1}{M} \end{bmatrix} f(t)$$

$$y = x_1 = \begin{bmatrix} 1 & 0 \end{bmatrix} \begin{bmatrix} x_1 \\ x_2 \end{bmatrix}$$

(2) 題意により $A = \begin{bmatrix} 0 & 1 \\ -3 & -4 \end{bmatrix}$ となるので

$$[sI - A] = \begin{bmatrix} s & -1 \\ 3 & s+4 \end{bmatrix}, \quad [sI - A]^{-1} = \frac{1}{(s+1)(s+3)} \begin{bmatrix} s+4 & 1 \\ -3 & s \end{bmatrix}$$

$$\phi(t) = \begin{bmatrix} \mathcal{L}^{-1}\left[\frac{s+4}{(s+1)(s+3)}\right] & \mathcal{L}^{-1}\left[\frac{1}{(s+1)(s+3)}\right] \\ \mathcal{L}^{-1}\left[\frac{-3}{(s+1)(s+3)}\right] & \mathcal{L}^{-1}\left[\frac{s}{(s+1)(s+3)}\right] \end{bmatrix}$$

$$= \begin{bmatrix} \frac{1}{2}(3\varepsilon^{-t} - \varepsilon^{-3t}) & \frac{1}{2}(\varepsilon^{-t} - \varepsilon^{-3t}) \\ -\frac{3}{2}(\varepsilon^{-t} - \varepsilon^{-3t}) & -\frac{1}{2}(\varepsilon^{-t} - 3\varepsilon^{-3t}) \end{bmatrix}$$

自由応答は $\boldsymbol{x}(t) = \phi(t)\boldsymbol{x}(0_+)$ で $\boldsymbol{x}(0_+) = \begin{bmatrix} 1 \\ 0 \end{bmatrix}$ とおく．

$$\boldsymbol{x}(t) = \begin{bmatrix} x_1(t) \\ x_2(t) \end{bmatrix} = \begin{bmatrix} \frac{1}{2}(3\varepsilon^{-t} - \varepsilon^{-3t}) \\ -\frac{3}{2}(\varepsilon^{-t} - \varepsilon^{-3t}) \end{bmatrix}$$

■ **3.4** 与えられた式をラプラス変換すると

$$sX(s) - x(0_+) = -aX(s) + U(s)$$

$$Y(s) = cX(s)$$

$(sX(s) - x(0_+))\frac{1}{s} + \frac{x(0_+)}{s} = X(s)$ であるので
状態変数線図は右図となる．

■ **3.5** $G(s) = C(sI - A)^{-1}B$

$$= \begin{bmatrix} 1 & 0 \end{bmatrix} \left\{ \frac{1}{(s+1)(s+3)} \begin{bmatrix} s+4 & 1 \\ -3 & s \end{bmatrix} \right\} \begin{bmatrix} 0 \\ 1 \end{bmatrix}$$

$$= \frac{1}{(s+1)(s+3)} \begin{bmatrix} 1 & 0 \end{bmatrix} \begin{bmatrix} 1 \\ s \end{bmatrix} = \frac{1}{(s+1)(s+3)}$$

3.6 s^3 で分母分子を割ると

$$\frac{Y(s)}{U(s)} = \frac{s^2+5s+6}{s^3+9s^2+20s} = \frac{s^{-1}+5s^{-2}+6s^{-3}}{1+9s^{-1}+20s^{-2}} \frac{X(s)}{X(s)}$$

分母分子はそれぞれ等しいとすると

$$Y(s) = (s^{-1} + 5s^{-2} + 6s^{-3})X(s)$$
$$U(s) = (1 + 9s^{-1} + 20s^{-2})X(s)$$
$$X(s) = U(s) - 9s^{-1}X(s) - 20s^{-2}X(s)$$

いま,$X_1(s) = s^{-3}X(s)$, $X_2(s) = s^{-2}X(s)$, $X_3(s) = s^{-1}X(s)$ とおくと状態変数線図は下図となる.

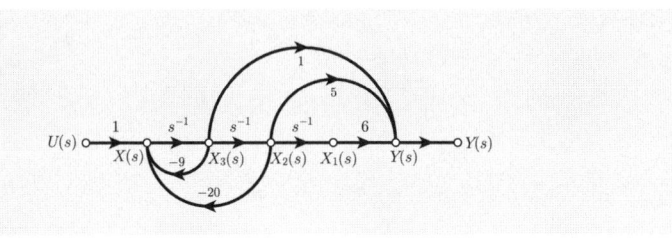

状態方程式と出力方程式は

$$\begin{bmatrix} \dot{x}_1 \\ \dot{x}_2 \\ \dot{x}_3 \end{bmatrix} = \begin{bmatrix} 0 & 1 & 0 \\ 0 & 0 & 1 \\ 0 & -20 & -9 \end{bmatrix} \begin{bmatrix} x_1 \\ x_2 \\ x_3 \end{bmatrix} + \begin{bmatrix} 0 \\ 0 \\ 1 \end{bmatrix} u(t)$$

$$y(t) = \begin{bmatrix} 6 & 5 & 1 \end{bmatrix} \begin{bmatrix} x_1 \\ x_2 \\ x_3 \end{bmatrix}$$

3.7 因数分解すると

$$\frac{Y(s)}{U(s)} = \frac{s^2+5s+6}{s^3+9s^2+20s} = \frac{(s+2)(s+3)}{s(s+4)(s+5)}$$
$$= \frac{1}{s}\left(\frac{s}{s+4} + \frac{2}{s+4}\right)\left(\frac{s}{s+5} + \frac{3}{s+5}\right)$$

$sX_1(s) = -5X_1(s) + 2X_2(s) + X_3(s)$, $sX_2(s) = -4X_2(s) + X_3(s)$, $sX_3(s) = U(s)$ とおくと下図の状態変数線図が得られる.

状態方程式と出力方程式は

$$\begin{bmatrix} \dot{x}_1 \\ \dot{x}_2 \\ \dot{x}_3 \end{bmatrix} = \begin{bmatrix} -5 & 2 & 1 \\ 0 & -4 & 1 \\ 0 & 0 & 0 \end{bmatrix} \begin{bmatrix} x_1 \\ x_2 \\ x3 \end{bmatrix} + \begin{bmatrix} 0 \\ 0 \\ 1 \end{bmatrix} u(t)$$

$$y(t) = \begin{bmatrix} -2 & -2 & 1 \end{bmatrix} \begin{bmatrix} x_1 \\ x_2 \\ x_3 \end{bmatrix}$$

4章

■ **4.1〜4.4** 省略

■ **4.5** $r(t)$ をラプラス変換すると $R(s) = \frac{1}{s+1}$. したがって $C(s)$ は

$$C(s) = M(s)R(s) = \frac{6}{(s+1)(s+2)(s+3)}$$

$$c(t) = (3\varepsilon^{-t} - 6\varepsilon^{-2t} + 3\varepsilon^{-3t})u(t)$$

■ **4.6** インディシャル応答は

$$C(s) = \frac{8}{s(s^2+2s+4)} = \frac{2}{s} - \frac{2(s+1)}{(s+1)^2+3} - \frac{2}{\sqrt{3}}\frac{\sqrt{3}}{(s+1)^2+3}$$

したがってラプラス逆変換を行うと

$$c(t) = 2\left\{1 - \varepsilon^{-t}\left(\cos\sqrt{3}\,t + \frac{1}{\sqrt{3}}\sin\sqrt{3}\,t\right)\right\} = 2\left\{1 - \frac{2}{\sqrt{3}}\varepsilon^{-t}\sin(\sqrt{3}\,t + \phi)\right\}$$

ただし, $\phi = \tan^{-1}\sqrt{3}$.

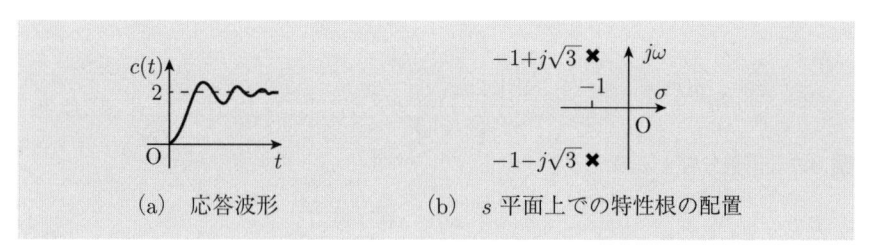

(a) 応答波形　　(b) s 平面上での特性根の配置

5章

■ **5.1, 5.2** 省略

■ **5.3** (1) $R(s) = \frac{r_\mathrm{p}}{s}$, $e_\mathrm{ss} = \lim\limits_{s \to 0} \frac{r_\mathrm{p}}{1+G(s)}$　　(2) $R(s) = \frac{r_\mathrm{v}}{s^2}$, $e_\mathrm{ss} = \lim\limits_{s \to 0} \frac{r_\mathrm{v}}{sG(s)}$
(3) $R(s) = \frac{r_\mathrm{a}}{s^3}$, $e_\mathrm{ss} = \lim\limits_{s \to 0} \frac{r_\mathrm{a}}{s^2 G(s)}$

■ **5.4** (1) $E_\mathrm{sp} = \frac{1}{1+K}$, $E_\mathrm{sv} = \infty$, $E_\mathrm{sa} = \infty$
(2) $E_\mathrm{sp} = 0$, $E_\mathrm{sv} = \frac{1}{K}$, $E_\mathrm{sa} = \infty$　　(3) $E_\mathrm{sp} = 0$, $E_\mathrm{sv} = 0$, $E_\mathrm{sa} = \frac{1}{K}$
ただし, E_sp：定常位置偏差, E_sv：定常速度偏差, E_sa：定常加速度偏差.

■ **5.5** (1) $D(s) = \frac{1}{s}$ であるので外乱による定常偏差は式 (5.8) より
$$e_{\mathrm{sd}} = -\lim_{s \to 0} \frac{\frac{sK_2}{s(T_2 s+1)}}{1 + \frac{K_1}{s(T_1 s+1)}\frac{K_2}{s(T_2 s+1)}} \frac{1}{s} = 0$$

(2) $D(s) = \frac{1}{s^2}$ であるので $e_{\mathrm{sd}} = -\frac{1}{K_1}$

(3) $D(s) = \frac{1}{s^3}$, $e_{\mathrm{sd}} = -\infty$

■ **5.6** (1) $E(s) = \frac{1}{1 + \frac{K_1 K_2}{s(1+sT_1)(1+sT_2)}} \frac{R_{\mathrm{r}}}{s} - \frac{\frac{K_2}{s(1+sT_2)}}{1 + \frac{K_1 K_2}{s(1+sT_1)(1+sT_2)}} \frac{R_{\mathrm{d}}}{s}$

$$e_{\mathrm{sd}} = \lim_{s \to 0} sE(s) = -\lim_{s \to 0} \frac{\frac{sK_2}{s(1+sT_2)}}{1 + \frac{K_1 K_2}{s(1+sT_1)(1+sT_2)}} \frac{R_{\mathrm{d}}}{s} = -\frac{R_{\mathrm{d}}}{K_1}$$

(2) $E(s) = \frac{1}{1 + \frac{K_1 K_2}{s(1+sT_1)(1+sT_2)}} \frac{R_{\mathrm{r}}}{s} - \frac{\frac{K_2}{1+sT_2}}{1 + \frac{K_1 K_2}{s(1+sT_1)(1+sT_2)}} \frac{R_{\mathrm{d}}}{s}$, $e_{\mathrm{sd}} = 0$

6章

■ **6.1** 単位インパルス応答 $g(t)$ を持つ系に正弦波 $A\varepsilon^{-j\omega t}$ を印加したときの出力信号は
$$x_0(t) = \int_0^t g(t-\tau) A\varepsilon^{j\omega\tau} d\tau$$
$$= \int_0^t g(\tau) A\varepsilon^{j\omega(t-\tau)} d\tau$$

過渡現象が十分減衰した状態 ($t \to \infty$) を考える.
$$x_{0\mathrm{s}} = x(t)|_{t \to \infty} \quad (t \to \infty \text{ のときの } x(t) = x_{0\mathrm{s}} \text{ とする})$$
$$= \int_0^\infty g(\tau) A\varepsilon^{j\omega(t-\tau)} d\tau = A\varepsilon^{j\omega t} \int_0^\infty g(\tau) \varepsilon^{-j\omega\tau} d\tau$$

一方, $g(t)$ のラプラス変換は伝達関数で次式となる.
$$G(s) = \int_0^\infty g(t) \varepsilon^{-st} dt$$

s の代わりに $j\omega$ とおくと上式は
$$G(j\omega) = \int_0^\infty g(t) \varepsilon^{-j\omega t} dt$$

となる. したがって $x_{0\mathrm{s}} = A\varepsilon^{j\omega t} G(j\omega)$ より結局, $\frac{x_{0\mathrm{s}}}{A\varepsilon^{j\omega t}} = G(j\omega)$ となり, 伝達関数 $G(s)$ を持つ制御系に正弦波入力 $A\varepsilon^{j\omega t}$ が印加されたときの出力信号の定常状態の値 $x_{0\mathrm{s}}$ は伝達関数 $G(s)$ の代わりに $G(j\omega)$ とおいて得られることになる.

■ **6.2** $G(j\omega) = \frac{C(j\omega)}{R(j\omega)} = |G(j\omega)| \angle G(j\omega)$ であるので, 周波数伝達関数は出力および入力の各周波数成分の振幅比および位相差を意味する. 入力を $e(t) = A_{\mathrm{i}} \sin \omega t$, 出力を $c(t) = A_{\mathrm{o}} \sin(\omega t + \phi_0)$ とすると $G(j\omega) = \frac{A_{\mathrm{o}}}{A_{\mathrm{i}}} \varepsilon^{+j\phi_0}$ となる. したがって次式によって求めることができる.

振幅比：$|G(j\omega)| = \frac{A_{\mathrm{o}}(\omega)}{A_{\mathrm{i}}(\omega)}$

位相差：$\angle G(j\omega) = \phi_0(\omega)$

6.3 (i) $\omega = 0$ で $G(0) = K$ (ii) 虚軸との交点（実数部 $= 0$, $1 - \left(\frac{\omega}{\omega_n}\right)^2 = 0$ の ω であり $\omega = \omega_n$）

$$G(j\omega_n) = \frac{K}{j2\zeta} = -j\frac{K}{2\zeta}$$

(iii) $\omega = \infty$ では

$$\lim_{\omega \to \infty} |G(j\omega)| \approx 0$$

$$\lim_{\omega \to \infty} \angle G(j\omega) \approx \lim_{\omega \to 0} \angle \frac{K}{\left(j\frac{\omega}{\omega_n}\right)^2} = -180°$$

概形を右図に示す．

6.4 (1) $G(j\omega) = \frac{K}{1-\omega^2(T_1T_2+T_2T_3+T_3T_1)+j\omega\{(T_1+T_2+T_3)-\omega^2 T_1T_2T_3\}}$

(i) $G(j0) = K$ (ii) $\omega T_1, \omega T_2, \omega T_3 \gg 1$ のとき $G(j\omega) \approx j\frac{K}{\omega^3 T_1 T_2 T_3}$

(iii) 虚軸との交点では $1 - \omega_1^2(T_1T_2 + T_2T_3 + T_3T_1) = 0$

$$\omega_1 = \sqrt{\frac{1}{T_1T_2+T_2T_3+T_3T_1}}, \quad G(j\omega_1) = -j\frac{K}{\omega_1\{(T_1+T_2+T_3)-\omega_1^2 T_1T_2T_3\}}$$

(iv) 実軸との交点では $T_1 + T_2 + T_3 - \omega_2^2 T_1 T_2 T_3 = 0$

$$\omega_2 = \sqrt{\frac{T_1+T_2+T_3}{T_1T_2T_3}}, \quad G(j\omega_2) = \frac{K}{1-\omega_2^2(T_1T_2+T_2T_3+T_3T_1)}$$

概形を下図 (a) に示す．

(2) $G(j\omega) = \frac{K(\cos\omega\tau - j\sin\omega\tau)}{1+j\omega T}$

$\varepsilon^{-j\omega\tau}$ のため周波数に比例した位相 $\omega\tau$ だけ遅れ，一次遅れ制御要素のベクトル軌跡の大きさは変わらない．概形を下図 (b) に示す．

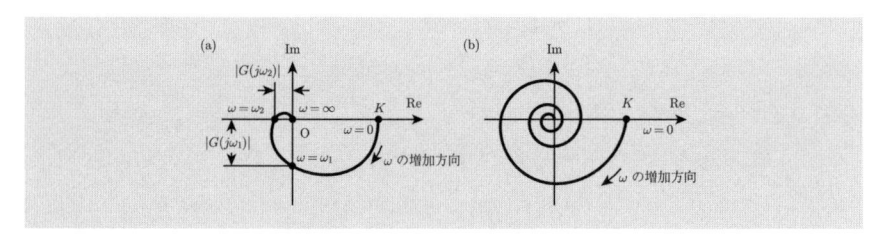

6.5 $\frac{d|M(j\omega)|}{d\omega} = 0$ より ω を求める．

$$|M(j\omega)| = \frac{\omega_n^2}{\sqrt{(\omega_n^2-\omega^2)^2+4\zeta^2\omega^2\omega_n^2}}$$

$$\frac{dM(j\omega)}{d\omega} = \frac{2\omega_n^2\{(\omega_n^2-\omega^2)-2\zeta^2\omega_n^2\}\omega}{\{(\omega_n^2-\omega^2)^2+4\zeta^2\omega^2\omega_n^2\}^{3/2}} = 0$$

$\omega_p > 0$ であるので $\omega_p = \omega_n\sqrt{1-2\zeta^2}$, $M_p = \frac{1}{2\zeta\sqrt{1-\zeta^2}}$ である．

6.6 ニコルズ線図には次の性質がある．

① $|G| \ll 1$ では $M \approx G$, $\alpha \approx G$
② $|G| \gg 1$ では $M \approx 1 = 0\,\mathrm{dB}$, $\alpha \approx 0$

③ $M = $ 一定, $\alpha = $ 一定 の軌跡は $\angle G = -180°$ の線に対し，左右対称である．
④ $M = $ 一定 の軌跡は $M > 0\,\mathrm{dB}$ の範囲では $|G| = 0\,\mathrm{dB}$, $\angle G = -180°$ の点を取り囲む閉曲線をしており，$M \leq 0\,\mathrm{dB}$ の範囲では開曲線となる．

■ **6.7** 閉ループ伝達関数は次式で表せる．

$$M(j\omega) = \frac{G(j\omega)H(j\omega)}{1+G(j\omega)H(j\omega)} \frac{1}{H(j\omega)}$$

① $G(j\omega)H(j\omega)$ の周波数特性をボード線図上で求める．
② 上式の右辺前半の周波数特性をニコルズ線図によって求める．
③ ボード線図上に $\frac{1}{H(j\omega)}$ の特性を描く．
④ 上記②，③の結果をボード線図上で合成する．

7章

■ **7.1** (1) 不安定　(2) 安定限界　(3) 安定　(4) 不安定

■ **7.2** ラウス表は右表となる．ラウス表の最左辺の符号の変化が2回あるので不安定である．

s^4	1	2	6
s^3	2	3	
s^2	0.5	6	
s^1	-21		
s^0	6		

■ **7.3** 特性方程式は $s^3 + 2s^2 + 4s + K = 0$
ラウス表は右表となる．したがって，$8 - K > 0, K > 0$ より安定な K の範囲は $8 > K > 0$ となる．

s^3	1	4
s^2	2	K
s^1	$\frac{8-K}{2}$	0
s^0	K	

■ **7.4** (1) 特性方程式は $s^3 + 20s^2 + 9s + 100 = 0$．したがって，フルビッツの安定判別法では次式となり安定である．

$$\begin{vmatrix} 20 & 100 \\ 1 & 9 \end{vmatrix} = 80 > 0$$

(2) 特性方程式は $T_1 T_2 s^2 + (T_1 + T_2)s + (1 + K) = 0$
条件 (i) より $T_1 T_2 > 0,\ T_1 + T_2 > 0,\ 1 + K > 0$
条件 (ii) より

$$H_1 = T_1 + T_2 > 0,\quad H_2 = \begin{vmatrix} T_1 + T_2 & 0 \\ T_1 T_2 & 1 + K \end{vmatrix} = (T_1 + T_2)(1 + K) > 0$$

よって条件 (i) を満たせば (ii) は自動的に満たされる．したがって $T_1 > 0, T_2 > 0$, $K > -1$ で安定である．

(3) 特性方程式は $2Ts^3 + (T+2)s^2 + (K+1)s + K = 0$
条件 (i) より $T > 0$, $K > 0$
条件 (ii) より

$$H_1 = T + 2 > 0, \quad H_2 = \begin{vmatrix} T+2 & K \\ 2T & K+1 \end{vmatrix} = T - TK + 2K + 2 > 0$$

$H_3 = KH_2 > 0$

縦軸に K, 横軸に T を取って安定の範囲を示すことができる.

(4) 特性方程式は $s^4 + 8s^3 + 17s^2 + (10+K)s + aK = 0$
条件 (i) より $K > 0$
条件 (ii) より

$$H_1 = 8 > 0, \quad H_2 = \begin{vmatrix} 8 & 10+K \\ 1 & 17 \end{vmatrix} = 126 - K > 0$$

$$H_3 = \begin{vmatrix} 8 & 10+K & 0 \\ 1 & 17 & aK \\ 0 & 8 & 10+K \end{vmatrix} = 1260 + (116 - 64a)K - K^2 > 0$$

$H_4 = aKH_3 > 0$

安定の条件は (i), (ii) を満たすこと. 縦軸に K, 横軸に a を取ってその範囲を示すことができる.

■ **7.5** 安定であるためには実軸との交点が $(-1, 0)$ より右にあることであるので
$$|G(j\omega_2)| = \frac{K}{1 - \omega_2^2(T_1T_2 + T_2T_3 + T_3T_1)} < 1$$
したがって $K > \omega_2^2(T_1T_2 + T_2T_3 + T_3T_1) - 1$

■ **7.6** ベクトル軌跡が点 $(-1, +j0)$ を囲まなければ安定である. 安定限界では
$$\frac{K(\cos\omega\tau - j\sin\omega\tau)}{1 + j\omega} = -1$$
上式から $K\cos\omega\tau = -1$, $K\sin\omega\tau = \omega$ を得る. これらの式から $\omega\tau$ を消去すると
$$K^2 = 1 + \omega^2 \quad \therefore \quad \omega = \sqrt{K^2 - 1}$$
したがって, 安定限界の K の値は
$$K\cos(\sqrt{K^2 - 1}\,\tau) = -1$$

(i) $K < 1$ のとき上式は成り立たない.
(ii) $K = 1 + \alpha$ $(0 < \alpha \leq 1)$ のとき $K \approx \frac{\pi^2}{2\tau^2} + 1$
(iii) $K \gg 1$ のとき $K \approx \frac{\pi}{2\tau}$
(iv) $K = \sqrt{2}$ のとき $\tau = \frac{3\pi}{4}$, $K = 2$ のとき $\tau = \frac{2\pi}{3\sqrt{3}}$

8章

■ **8.1** 特性方程式は $1+G(s)H(s)=0$ から得られる．したがって，特性方程式は次式となる．
$$s^2+4s+K=0$$
$K\leq 4$ のとき $s=-2\pm\sqrt{4-K}$，$K\geq 4$ のとき $s=-2\pm j\sqrt{K-4}$

■ **8.2** $G(s)=\frac{K_1N_1(s)}{D_1(s)}$，$H(s)=\frac{K_2N_2(s)}{D_2(s)}$ とすると
$$M(s)=\frac{G(s)}{1+G(s)H(s)}=\frac{K_1N_1(s)D_2(s)}{D_1(s)D_2(s)+K_1K_2N_1(s)N_2(s)}$$
となる．したがって，閉ループ伝達関数の極は，特性方程式の根となる．また，閉ループ伝達関数の零点は $G(s)$ の零点および $H(s)$ の極からなる．

■ **8.3** (i) 極は $s=0,-2,-3$，零点は $s=-1$ ($m=3, l=1$)
(ii) 軌跡の本数は 3 本
(iii) 実軸は $0\sim -1, -2\sim -3$ の区間
(iv) 漸近線の本数 $m-l=2$ 本

$\lambda_n=\tan\frac{n\pi}{m-l}$ $\begin{cases}\lambda_1=\tan\frac{\pi}{2}\\ \lambda_2=\tan^{-1}\frac{\pi}{2}\end{cases}$

$\sigma_c=\frac{0-2-3-(-1)}{2}=-2$

(v) 分岐点
$$\frac{1}{s}+\frac{1}{s+2}+\frac{1}{s+3}-\frac{1}{s+1}=0$$
したがって $s=-2.466$
軌跡は右図となる．

■ **8.4** (i) 極は 0 と -2，零点は -4 にある ($m=2, l=1$)
(ii) 実軸に対して対称
(iii) 実軸の軌跡は $0\sim -2, -4\sim -\infty$
(iv) 漸近線の数は $m-l=1$
$$\lambda=\tan\frac{\pm\pi}{1},\quad \sigma_c=\frac{-2-(-4)}{1}=2$$
(v) 分岐点
$$\frac{1}{s}+\frac{1}{s+2}+\frac{1}{s+4}=0\quad\therefore\quad s=-6.83,-1.17$$
(vi) 特性方程式は
$$s^2+(K+2)s+4K=0$$
複素数の部分の軌跡を求めるため $s=\alpha+j\beta$ とおき上式に代入し 実数部 $=0$，

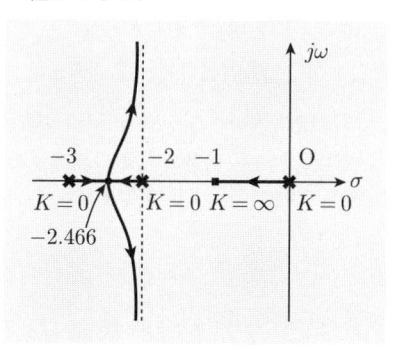

虚数部 $= 0$ とおくと
$$\alpha^2 - \beta^2 + \alpha(K+2) + 4K = 0$$
$$\beta(2\alpha + K + 2) = 0$$
$\beta \neq 0$ であるので $K = -2\alpha - 2$. K を実数部 $= 0$ の式に代入して整理すると
$$(\alpha + 4)^2 + \beta^2 = (\sqrt{8})^2 = (2.83)^2$$
根軌跡は右図になる.

■ **8.5** 特性方程式を次式のように書き直す.
$$s^2(s+3) + 3\left(s + \tfrac{2}{3}\right) = 0$$
両辺を $s^2(s+3)$ で割ると
$$1 + \frac{3\left(s + \tfrac{2}{3}\right)}{s^2(s+3)} = 0$$
一巡伝達関数が $\frac{K\left(s + \tfrac{2}{3}\right)}{s^2(s+3)} = 0$ の根軌跡を K について描き, $K = 3$ のときの根を求めることができる. 右図に示す根軌跡より $K = 3$ のとき
$$s_1 = -2, \quad s_2 = -\tfrac{1}{2}(1 - j\sqrt{3}), \quad s_3 = -\tfrac{1}{2}(1 + j\sqrt{3})$$
が求められる.

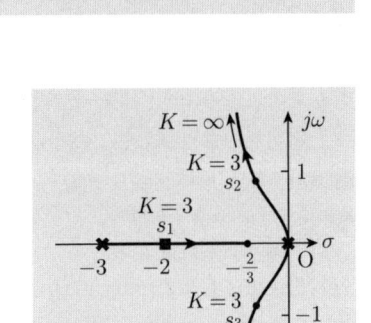

■ **8.6** $s(s^2 + 3s + 3) + 2 = 0$ のように分割する. 上式を書き換えると
$$1 + \frac{2}{s(s^2 + 3s + 3)} = 0$$
極が原点と $\frac{-3 \pm j\sqrt{3}}{2}$ にある一巡伝達関数 $\frac{K}{s(s^2+3s+3)}$ の根軌跡を求めると右図となる. この根軌跡より $K = 2$ の根を求める.
$$s_1 = -2, \quad s_2 = -\tfrac{1}{2}(1 - j\sqrt{3}), \quad s_3 = -\tfrac{1}{2}(1 + j\sqrt{3})$$
となり問題 8.5 の解と一致する.

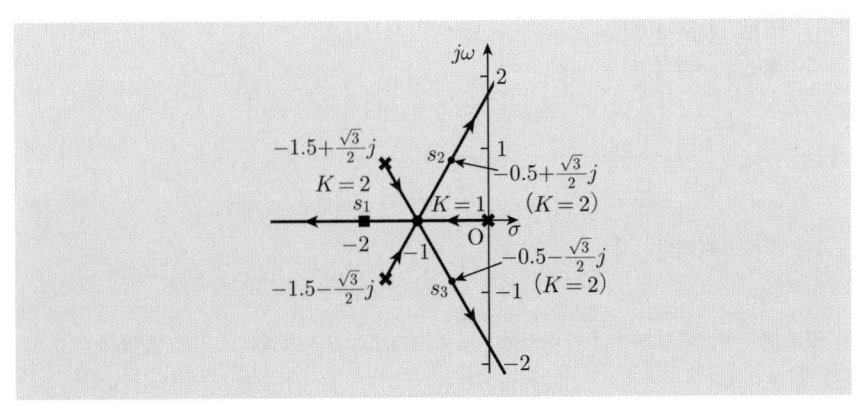

9章

■ **9.1** 定常偏差 e_{ss} は

$$e_{ss} = \lim_{t \to \infty} e(t)$$
$$= \lim_{s \to 0} sE(s) = \lim_{s \to 0} \frac{sR(s)}{1+G(s)H(s)}$$

① $R(s) = \frac{R}{s}$ であるので上式に代入する.

$$e_{ss} = \lim_{s \to 0} \frac{s\frac{R}{s}}{1+G(s)H(s)}$$
$$= \frac{R}{1+\lim_{s \to 0} G(s)H(s)} = \frac{R}{1+K_P}$$

∴ 0形：$e_{ss} = \frac{R}{1+K_P}$ （一定），1形および2形は $K_P \to \infty$ であるので $e_{ss} = 0$

② $e_{ss} = \lim_{s \to 0} \frac{s\frac{R}{s^2}}{1+G(s)H(s)} = \lim_{s \to 0} \frac{R}{s+sG(s)H(s)}$
$$= \frac{R}{\lim_{s \to 0} sG(s)H(s)} = \frac{R}{K_v}$$

∴ 0形：$e_{ss} = \infty$ $(K_v \to 0)$, 1形：$e_{ss} = \frac{R}{K_v}$ （一定）$(K_v \to 一定)$,
2形：$e_{ss} = 0$ $(K_v \to \infty)$

■ **9.2** 制御偏差 $E(s)$ は $E(s) = \frac{1}{1+G(s)H(s)}R(s) - \frac{H(s)L(s)}{1+G(s)H(s)}D(s)$

■ **9.3** (1) 0形

(2) 目標値に対して $D(s) = 0$ とする.

$$e_{ss} = \lim_{s \to 0} sE(s) = \frac{1}{1+K_1}$$

外乱に対して $R(s) = 0$ とおく.

$$e_{ss} = \lim_{s \to 0} sE(s) = \infty$$

■ **9.4** ゲイン余有は $g_m = 20\log\frac{1}{|g|}$ [dB] であるので

$$20\log\frac{1}{|g|} = 20$$
$$|G(j\omega)H(j\omega)| = |g| = 0.1$$

であればよい.

$$G(j\omega)H(j\omega) = \frac{K}{(1+j\omega)(1+2j\omega)(1+3j\omega)}$$
$$= \frac{K}{1-11\omega^2+j6\omega(1-\omega^2)}$$

ゲイン余有は位相が $-180°$ のとき求められるので

$$6\omega(1-\omega^2) = 0 \quad \omega = 0 \quad \text{または} \quad \pm 1$$

$\omega = 0$ のとき $|g| = 0.1 = K$ より $K = 0.1$ となる. 位相は0で不適. $\omega = 1$ のとき

$$|G(j\omega)H(j\omega)|_{\omega=1} = \left|\frac{K}{1-11}\right| = \frac{K}{10} = 0.1$$

したがって，$K=1$

■ **9.5** ボード線図およびナイキスト線図より位相交差角周波数は位相が $-180°$ のときの周波数であるので $\omega_{\mathrm{cp}} = \sqrt{10}$ より $g = -0.091$ となる．ゲイン余有は

$$g_{\mathrm{m}} = -20\log|g| = -20\log\left|\tfrac{1}{10.99}\right| = 20\log|10.99|$$
$$= 21\,[\mathrm{dB}]$$

ゲイン交差角周波数はゲインが $0\,\mathrm{dB}$ のときの周波数であるので $\omega_{\mathrm{cg}} = 0.786\,[\mathrm{rad\cdot s^{-1}}]$ したがって $\phi_{\mathrm{m}} = 46°$ となる．

■ **9.6** (1) 因数分解すると

$$M(s) = \tfrac{10}{(s+10)(s+1)}$$

となる．極は $s=-10,\,-1$ であり -1 は -10 に比べ虚軸に近いので代表根は $s=-1$ である．

(2) $M(s) = \tfrac{1}{(s+1-j)(s+1+j)(s+5)}$ より極は $s=-5,\,-1\pm j$ であるが $-1\pm j$ が虚軸に近いので $s=-1\pm j$ が代表根である．

10章

■ **10.1** PIDコントローラの伝達関数を式 (10.1) により次のようにおく．

$$C(s) = K_{\mathrm{P}} + \tfrac{K_{\mathrm{I}}}{s} + K_{\mathrm{D}}s$$

(i) 比例制御のみで行った安定限界はラウス表より $K_{\mathrm{P}} = 83.3$ で $s = \pm j5$ となる．したがって，安定限界ゲイン K_{u} と限界周期 P_{u} は

$$K_{\mathrm{u}} = 83.3$$
$$P_{\mathrm{u}} = \tfrac{2\pi}{\omega} = \tfrac{2\pi}{5} = 1.26$$

(ii) 表 10.1 のパラメータ調整値より $K_{\mathrm{P}},\,K_{\mathrm{I}},\,K_{\mathrm{D}}$ は次のようになる．

$$K_{\mathrm{P}} = 0.6 K_{\mathrm{u}} = 50$$
$$T_{\mathrm{I}} = \tfrac{P_{\mathrm{u}}}{2.0} = 0.63 \text{ より} \quad K_{\mathrm{I}} = \tfrac{K_{\mathrm{P}}}{T_{\mathrm{I}}} = 79.6$$
$$T_{\mathrm{D}} = \tfrac{P_{\mathrm{u}}}{8.0} = 0.158 \text{ より} \quad K_{\mathrm{D}} = K_{\mathrm{P}} T_{\mathrm{D}} = 7.9$$

■ **10.2** 位相遅れ要素の伝達関数とゲイン特性は

$$K(s) = \alpha K \tfrac{1+Ts}{1+\alpha Ts} \quad (\alpha > 1)$$
$$|K(j\omega)|_{\mathrm{dB}} = 20\log_{10}\sqrt{\tfrac{1+\omega^2 T^2}{1+\omega^2 \alpha^2 T^2}} + 20\log_{10}\alpha K$$

$\omega\alpha T \ll 1$ のとき

$$|K(j\omega)|_{\mathrm{dB}} \approx 20\log_{10}\alpha K$$

$\omega T \gg 1$ のとき

$$|K(j\omega)|_{\mathrm{dB}} \approx 20\log_{10}\frac{T}{\alpha T} + 20\log_{10}\alpha K$$
$$= -20\log_{10}\alpha + 20\log_{10}\alpha + 20\log_{10}K$$
$$= 20\log_{10}K$$

折点周波数は $\omega_{\mathrm{b}} = \frac{1}{\alpha T}, \frac{1}{T}$. 位相特性 ϕ は $\phi = \tan^{-1}\omega T - \tan^{-1}\alpha\omega T$

 (i) $\omega = 0, \omega = \infty$ で $\phi = 0$
 (ii) 位相遅れの最大値は $\frac{d\phi}{d\omega} = 0$ とおいて

$$\phi_{\mathrm{m}} = \tan^{-1}\sqrt{\frac{1}{\alpha}} - \tan^{-1}\sqrt{\alpha}$$
$$\omega_{\mathrm{m}} = \frac{1}{T\sqrt{\alpha}}$$

■ **10.3** 伝達関数は $K(s) = K\frac{1+Ts}{1+\alpha Ts}$ ($\alpha < 1$) である.
したがって, ゲイン特性は

$$|K(j\omega)|_{\mathrm{dB}} = 20\log_{10}\sqrt{\frac{1+\omega^2 T^2}{1+\omega^2\alpha^2 T^2}} + 20\log_{10}K$$

$\omega T \ll 1$ のとき

$$|K(j\omega)|_{\mathrm{dB}} \approx 20\log_{10}K$$

$\omega\alpha T \gg 1$ のとき

$$|K(j\omega)|_{\mathrm{dB}} \approx -20\log_{10}\alpha + 20\log_{10}K$$
$$= 20\log_{10}\frac{K}{\alpha}$$

折点周波数は $\omega_{\mathrm{b}} = \frac{1}{T}, \frac{1}{\alpha T}$. ゲイン特性は $\phi = \tan^{-1}\omega T - \tan^{-1}\alpha\omega T$ よりボード線図を求めることができる.

■ **10.4** 伝達関数の極は $0, -1, -4$ である. 根軌跡は [例題 8.2] と同様に求められる. $\zeta = 0.5$ であるので虚軸との角度は $\theta = \sin^{-1}0.5 = 30°$ となる. この角度で原点から直線を引き, 根軌跡との交点 P を求めると $s \approx -0.4 + j0.69$ となる. この値は代表根である. この特性根に対するゲイン定数は式 (8.4) より

$$K = \frac{|s|\,|s+1|\,|s+4|}{4} \approx \frac{0.8 \times 0.92 \times 3.67}{4} = \frac{2.70}{4} = 0.675$$

したがって, $K \approx 0.675$ が求められる.

■ **10.5** この場合の一巡伝達関数は

$$G(s)H(s) = \frac{4K}{s(s+1)(s+4)}\frac{s+1}{s+10} = \frac{4K}{s(s+4)(s+10)}$$

上式の根軌跡を描く. この根軌跡と $\theta = \sin^{-1}0.5 = 30°$ の虚軸との角度を持つ原点からの直線との交点は $s \approx -1.43 + j2.47$ であり, 代表特性根となる. ゲイン定数は式 (8.4) より $K \approx \frac{91.7}{4} \approx 22.9$ となる.

■ **10.6** 問題 10.3 の代表根の ω_n は速応性の尺度であり，また原点から代表根までの長さであり

$$\omega_n = |s| = \sqrt{(0.4)^2 + (0.69)^2} = 0.8\,[\text{rad}\cdot\text{s}^{-1}]$$

定常速度偏差 e_{sv} は式 (5.5) より

$$e_{sv} = \frac{1}{\lim_{s\to 0} sG(s)H(s)} = \frac{1}{K} = \frac{1}{0.675} = 1.48\,[\text{rad}]$$

一方，問題 10.4 の ω_n と e_{sv} は

$$\omega_n = \sqrt{(1.43)^2 + (2.47)^2} = 2.85\,[\text{rad}\cdot\text{s}^{-1}]$$

$$e_{sv} = \frac{4\times 10}{4K} = \frac{4\times 10}{4\times 22.9} = 0.437\,[\text{rad}]$$

したがって，速応性は $\frac{2.85}{0.8} = 3.5$ 倍に，定常速度偏差は約 $\frac{1}{3}$ に減少して改善されている．

■ **10.7** 伝達関数 $\frac{C(s)}{R(s)}, \frac{C(s)}{D(s)}$ はそれぞれ

$$\frac{C(s)}{R(s)} = \frac{B_A(s)G(s)}{1+B_B(s)G(s)} \quad \cdots (\text{A})$$

$$\frac{C(s)}{D(s)} = \frac{G(s)}{1+B_B(s)G(s)} \quad \cdots (\text{B})$$

式 (10.8) と式 (A) が等価，式 (10.9) と (B) が等価になるためには式 (B) より $B_B(s) = B(s)$, 式 (A) より $B_A(s) = B_f(s) + B(s)$. また逆は $B(s) = B_B(s)$, $B_f(s) = B_A(s) - B_B(s)$ となる関係がある．

11章

■ **11.1** 振り子の静止状態 ($\theta = 0$) のポテンシャルエネルギーを 0 とおくと，運動中の全エネルギーは次式となる．

$$T = \tfrac{1}{2}M\left(l\tfrac{d\theta}{dt}\right)^2 + Mg(l - l\cos\theta)$$

全エネルギーは時間に対して不変であるので，時間で微分して 0 とおくと

$$l\tfrac{d\theta}{dt}\tfrac{d^2\theta}{dt^2} + g\sin\theta\tfrac{d\theta}{dt} = 0$$

$\frac{d\theta}{dt} \neq 0$ であるとして $l\frac{d\theta}{dt}$ で割ると

$$\tfrac{d^2\theta}{dt^2} + \tfrac{g}{l}\sin\theta = 0$$

上式が求める運動方程式であり非線形微分方程式である．いま，$\sin\theta$ をマクローリン (Maclaurin) 展開すると

$$\sin\theta = \theta - \tfrac{\theta^3}{3!} + \tfrac{\theta^5}{5!} - \tfrac{\theta^7}{7!} + \cdots$$

となる．$\theta = 0$ 付近では $|\sin\theta| \ll 1$ として $\sin\theta \approx \theta$ より $\frac{d^2\theta}{dt^2} + \frac{g}{l}\theta = 0$ となって線形化微分方程式となる．

問題解答

11.2 運動方程式を求める方法には各種あるがここでは

$$\frac{d}{dt}\frac{\partial L}{\partial \dot{x}} - \frac{\partial L}{\partial x} = Q_x, \quad Q_x = u(t) - D\dot{x}$$
$$\frac{d}{dt}\frac{\partial L}{\partial \dot{\theta}} - \frac{\partial L}{\partial \theta} = Q_\theta, \quad Q_\theta = -C\dot{\theta}$$
$$L = T - U$$

のラグランジュの運動方程式から求める．ただし，L：ラグランジアン，T：運動エネルギー，U：位置エネルギー，Q_x, Q_θ：一般力（非保存力）．T と U は次式で表される．

$$T = \tfrac{1}{2}M\dot{x}^2 + \tfrac{1}{2}m\{(\dot{x} + L\dot{\theta}\cos\theta)^2 + (L\dot{\theta}\sin\theta)^2\} + \tfrac{1}{2}J\dot{\theta}^2$$
$$= \tfrac{1}{2}(M+m)\dot{x}^2 + \tfrac{1}{2}J\dot{\theta}^2 + mL\dot{x}\dot{\theta}\cos\theta + \tfrac{1}{2}mL^2\dot{\theta}^2$$
$$U = mgL\cos\theta$$

以上の式から演算して整理すると次の非線形の運動方程式が得られる．

$$(M+m)\frac{d^2x(t)}{dt^2} + (mL\cos\theta)\frac{d^2\theta(t)}{dt^2} = -D\frac{dx(t)}{dt} + mL\left\{\frac{d\theta(t)}{dt}\right\}^2\sin\theta(t) + u(t)$$

$$mL\cos\theta(t)\frac{d^2x(t)}{dt^2} + (J+mL^2)\frac{d^2\theta(t)}{dt^2} = -C\frac{d\theta(t)}{dt} + mLg\sin\theta(t)$$

上 2 式の線形化を行う．倒立状態で $\theta(t) \approx 0$ として $\sin\theta, \cos\theta$ をマクローリン展開し，第 1 項を取り，微小項の 2 乗以上を省略すると，次の線形化微分方程式が得られる．

$$(M+m)\frac{d^2x(t)}{dt^2} + mL\frac{d^2\theta(t)}{dt^2} = -D\frac{dx(t)}{dt} + u(t)$$
$$mL\frac{d^2x(t)}{dt^2} + (J+mL^2)\frac{d^2\theta(t)}{dt^2} = -C\frac{d\theta(t)}{dt} + mgL\theta(t)$$

11.3 図 11.15 は次式の二次遅れ制御系で ζ の値による位相面軌跡である．

$$s^2 + 2\zeta\omega_\mathrm{n} s + \omega_\mathrm{n}^2 = 0$$

ここで上式を $\omega_\mathrm{n} = 1$ とし，$\ddot{x} + 2\zeta\dot{x} + x = 0$ とおく．図 11.15(a) は $\zeta > 1$ であるので $\zeta = 2$．図 11.15(b) は $0 < \zeta < 1$ であるので $\zeta = 0.5$ において，等傾斜曲線法を用いて作図する．上式で $\dot{x} = y$ とおいて式 (11.20) の形式にすると $y = -\frac{1}{m+2\zeta}x$．た

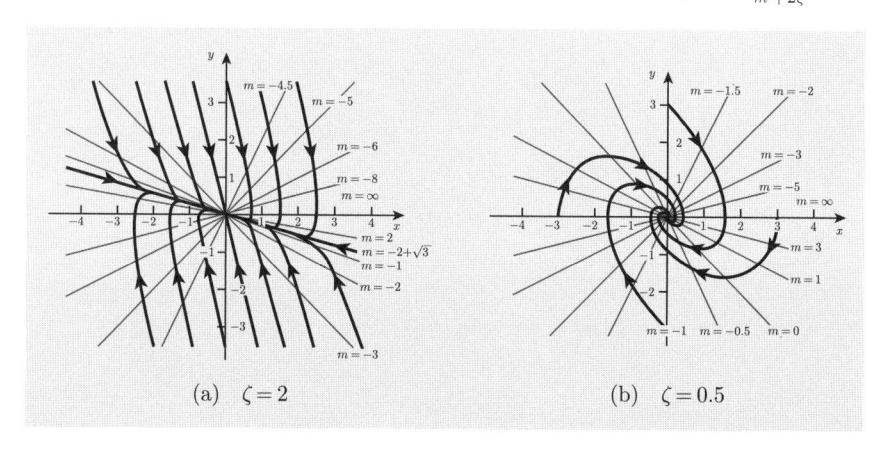

(a) $\zeta = 2$

(b) $\zeta = 0.5$

だし，$a = 2\zeta$, $b = 1$ である．m のいろいろな値に対して等傾斜曲線を描き，解曲線を求めることができる．下図 (a) は $\zeta = 2$，下図 (b) は $\zeta = 0.5$ の場合である．

■ **11.4** 入力を $x(t) = X\sin\omega t$ とする．出力 $y(t)$ は $x(t)$ に同期した大きさ H の矩形波（くけい）となる．

$$A_1 = \tfrac{1}{\pi}\int_0^{2\pi} y(t)\cos\omega t\, d(\omega t) = 0$$

$$B_1 = \tfrac{1}{\pi}\int_0^{2\pi} y(t)\sin\omega t\, d(\omega t)$$

$$= \tfrac{1}{\pi}\left\{\int_0^{\pi} A\sin\omega t\, d(\omega t) + \int_{\pi}^{2\pi}(-A)\sin\omega t\, d(\omega t)\right\}$$

$$= \tfrac{4H}{\pi}$$

したがって

$$N(j\omega, X) = G_1 \varepsilon^{j\phi_1}, \quad G_1 = \tfrac{4H}{\pi X}, \quad \phi_1 = 0$$

結局，次式となる．

$$N(j\omega, X) = \tfrac{4H}{\pi X}\angle 0°$$

■ **11.5** 入力を $x(t) = X\sin\omega t$ とすると出力 $y(t)$ は次のようになる．

(i) $X \leq D$ のとき $y(t)$ は H あるいは $-H$ で一定であるので

$$A_1 = B_1 = 0$$

したがって，$N = 0$

(ii) $X > D$ のとき

$$y(t) = \begin{cases} -H & (0 < \omega t < \alpha,\ \pi + \alpha \leq \omega t \leq 2\pi) \\ H & (\alpha < \omega t < \pi + \alpha) \end{cases}$$

ただし，$\alpha = \sin^{-1}\tfrac{D}{X}$

$$A_1 = \tfrac{2}{\pi}\int_0^{\pi} y(t)\cos\omega t\, d(\omega t)$$

$$= \tfrac{2H}{\pi}\left\{-\int_0^{\alpha}\cos\omega t\, d(\omega t) + \int_{\alpha}^{\pi}\cos\omega t\, d(\omega t)\right\}$$

$$= -\tfrac{4H}{\pi}\sin\alpha$$

$$B_1 = \tfrac{2}{\pi}\int_0^{\pi} y(t)\sin\omega t\, d(\omega t)$$

$$= \tfrac{4H}{\pi}\cos\alpha$$

したがって

$$G_1 = \tfrac{4H}{\pi X}$$

$$\phi_1 = -\sin^{-1}\tfrac{D}{X}$$

12章

■ **12.1** 省略

■ **12.2** 制御系の構造上どうしても時間的に不連続にならざるを得ない場合や不連続動作にしたほうがよりよい制御ができると思われる場合など次のような具体的ケースがあげられる．

(i) 連続的検出が困難であるか，不連続検出が好ましい場合
(ii) ディジタルコンピュータを含む場合
(iii) 1個の制御装置で多くの制御対象を制御する場合
(iv) 連続系では実現しにくいが良好な制御特性を得たい場合
(v) 周期的に動作する系
(vi) 非線形要素を含み過去の履歴を考慮しなければならない場合

■ **12.3** (1) $f(nT) = nT$ であるので定義式 (12.9) より

$$F(z) = Z[tu(t)]$$
$$= \sum_{k=0}^{\infty} kTz^{-k} = Tz^{-1} + 2Tz^{-2} + 3Tz^{-3} + \cdots$$

したがって

$$zF(z) = T + 2Tz^{-1} + 3Tz^{-2} + \cdots$$
$$zF(z) - F(z) = T + Tz^{-1} + Tz^{-2} + \cdots$$
$$= T(1 + z^{-1} + z^{-2} + z^{-3} + \cdots)$$
$$= T\left(\frac{1}{1-z^{-1}}\right) = T\left(\frac{z}{z-1}\right)$$

したがって，$F(z) = \frac{Tz}{(z-1)^2}$

(2) $\sin \omega t = \frac{1}{j2}(\varepsilon^{j\omega t} - \varepsilon^{-j\omega t})$ であるので [例題 12.1](2) より

$$F(z) = \frac{1}{j2}\left(\frac{z}{z-\varepsilon^{+j\omega t}} - \frac{z}{z-\varepsilon^{-j\omega t}}\right)$$
$$= \frac{z \sin \omega T}{z^2 - 2z\cos \omega T + 1}$$

(3) $Z\left[\frac{1}{s+a}\right] = \frac{z}{z-\varepsilon^{-aT}}$ であるので $a = 0$ とおいて $Z\left[\frac{1}{s}\right] = \frac{z}{z-1}$

(4) 式 (12.13) より

$$Z[\varepsilon^{-sT}F(s)] = F(z)z^{-1}$$

である．$F(s) = \frac{1}{s} - \frac{\varepsilon^{-sT}}{s}$ であるので

$$Z\left[\frac{1}{s}(1-\varepsilon^{-sT})\right] = Z\left[\frac{1}{s}\right] - Z\left[\frac{\varepsilon^{-sT}}{s}\right]$$
$$= (1-z^{-1})Z\left[\frac{1}{s}\right]$$
$$= (1-z^{-1})\frac{z}{z-1} = 1$$

■ **12.4** (1) $\varepsilon^{-T} = a, \varepsilon^{-2T} = a^2$ とおく.

$$\frac{F^*(z)}{z} = \frac{1}{(z-a)(z-a^2)} = \frac{1}{a-a^2}\left(\frac{1}{z-a} - \frac{1}{z-a^2}\right)$$

$$F^*(z) = \frac{1}{a-a^2}\left(\frac{z}{z-a} - \frac{z}{z-a^2}\right)$$

$$f^*(kT) = \frac{1}{a-a^2}(\varepsilon^{-kT} - \varepsilon^{-2kT})$$

したがって

$$f^*(t) = \sum_{k=0}^{\infty} \frac{\varepsilon^{-kT} - \varepsilon^{-2kT}}{\varepsilon^{-T} - \varepsilon^{-2T}} \delta(t - kT)$$

(2) $\varepsilon^{-aT} = b, 1 - \varepsilon^{-aT} = 1 - b = c$ とおくと

$$F^*(z) = \frac{cz^{-1}}{(1-z^{-1})(1-bz^{-1})}$$

$$\frac{F^*(z)}{z} = \frac{c}{(z-1)(z-b)} = \frac{1}{z-1} - \frac{1}{z-b}$$

したがって

$$F^*(z) = \frac{z}{z-1} - \frac{z}{z-b}, \quad f^*(kT) = 1 - \varepsilon^{-kaT}$$

■ **12.5** $U^*(z) = \frac{z}{z-1}, G^*(z) = \frac{a}{1-\varepsilon^{-aT}z^{-1}}$ であるので

$$C^*(z) = \frac{a}{(1-\varepsilon^{-aT}z^{-1})(1-z^{-1})}$$

問題 12.4 と同様に逆 z 変換すると

$$c^*(kT) = \frac{a}{1-\varepsilon^{-aT}}\{1 - \varepsilon^{-aT(k+1)}\}$$

参考・引用文献

[1] 上滝致孝, 長田正, 白川洋光, 長谷川健介, 深尾毅, 『自動制御理論（改訂版）』, 電気学会（1971）
[2] 藤井澄二, 正田英介, 茅陽一, 北森俊行, 『制御工学 I, II, III』, 岩波書店（1973）
[3] 長谷川健介, 『制御理論入門』, 昭晃堂（1977）
[4] 上滝致孝, 『基礎自動制御（改訂版）』, 電気学会（1989）
[5] 高橋安人編, 『自動制御論』, 共立出版（1956）
[6] 神保成吉, 『電気自動制御』, 共立出版（1960）
[7] 高橋利衛, 『自動制御の数学』, オーム社（1961）
[8] 伊沢計介, 『自動制御入門』, オーム社（1954）
[9] 近藤文治, 藤井克彦共編, 『大学課程 制御工学』, オーム社（1972）
[10] 高井宏幸, 『自動制御理論』, オーム社（1969）
[11] 茅陽一, 『自動制御工学』, 共立出版（1969）
[12] 堀井武夫, 『制御工学概論』, コロナ社（1974）
[13] 相良節夫, 『基礎自動制御』, 森北出版（1978）
[14] 近藤文治編, 『基礎制御工学』, 森北出版（1978）
[15] 松村文夫, 『自動制御』, 朝倉書店（1979）
[16] J.J.D'Azzo, C.H.Houpis, S.N.Sheldon, 『Linear Control System Analysis and Design with MATLAB（FifthEdition）』, MarcelDekker.Inc.（2003）
[17] B.J.Kuo, M.F.Golnaraghi, 『Automatic Control Systems（EighthEdition）』, John Wiley&Sons.Inc.（2003）
[18] 堀洋一, 大西公平, 『制御工学の基礎』, 丸善（1997）
[19] 堀洋一, 大西公平, 『応用制御工学』, 丸善（1998）
[20] 荒木光彦, 『古典制御理論』, 培風館（2000）
[21] 多田隈進, 大前力, 『制御エレクトロニクス』, 丸善（2000）
[22] 荒木光彦, 細江繁幸, 『フィードバック制御』, コロナ社（2012）
[23] 遠藤耕基, 竹内倶佳, 樋口幸治, 『制御理論講義』, 昭晃堂（1985）
[24] 明石一, 『制御工学』, 共立出版（1979）
[25] 中野道雄, 美多勉, 『制御基礎理論』, 昭晃堂（1982）
[26] 宮入庄太, 『電気・機械エネルギー変換工学』, 丸善（1976）
[27] 小林伸明, 『基礎制御工学』, 共立出版（1988）
[28] 伊藤正美, 『自動制御』, 丸善（1981）

[29] 増淵正美,『自動制御基礎理論』, コロナ社 (1971)
[30] 杉江俊治, 藤田政之,『フィードバック制御入門』, コロナ社 (1999)
[31] 須田信英,『自動制御』, 朝倉書店 (2000)
[32] 伊藤正美,『自動制御概論上, 下』, 昭晃堂 (1984)
[33] 正田英介,『制御工学』, 培風館 (1982)
[34] 長谷川健介, 松村文夫,『精解演習自動制御理論』, 廣川書店 (1976)
[35] 明石一, 今井弘之,『詳解制御工学演習』, 共立出版 (1981)
[36] 増淵正美,『自動制御例題演習』, コロナ社 (1971)
[37] 鈴木隆,『自動制御理論演習』, 学献社 (1969)
[38] 川口順也, 松瀬貢規,『電気電子・基礎数学』, 数理工学社 (2012)
[39] 松瀬貢規,『電動機制御工学』, 電気学会 (2007)
[40] 本田昭, 城谷聡美,『サーボ制御の理論と実践』, 日刊工業新聞社 (1995)
[41] 涌井伸二, 橋本誠司, 高梨宏之, 中村幸紀,『現場で役立つ制御工学の基本』, コロナ社 (2012)
[42] 綱島均, 中代重幸, 吉田秀久, 丸茂喜高,『クルマとヒコーキで学ぶ制御工学の基礎』, コロナ社 (2011)
[43] 横山修一, 濱根洋人, 小野垣仁,『基礎と実践制御工学入門』, コロナ社 (2009)
[44] 則次俊郎, 堂田周治郎, 西本澄,『基礎制御工学』, 朝倉書店 (2012)
[45] 岩井壮介,『制御工学基礎論』, 昭晃堂 (1991)
[46] 高橋安人,『ディジタル制御』, 岩波書店 (1985)
[47] 難波江章, 金東海, 高橋勲, 仲村節男, 山田速敏,『電気機器学』, 電気学会 (1985)
[48] 宮崎道雄編著,『システム制御 I, II』, 電気学会 (2003)
[49] 電気学会 磁気浮上応用技術調査専門委員会編,『磁気浮上と磁気軸受』, コロナ社 (1993)
[50] 杉本英彦編著, 小山正人, 玉井伸三,『AC サーボシステムの理論と設計の実際』, 総合電子出版社 (1990)
[51] 松本圭二, 片岡亥三雄編著,『AC サーボ応用マニュアル』, 電気書院 (1992)
[52] 山口高司, 平田光男, 藤本博志編著,『ナノスケールサーボ制御』, 東京電機大学 (2007)
[53] 広井和男, 宮田朗,『シミュレーションで学ぶ自動制御技術入門』, CQ 出版 (2004)

索　引

あ　行

安定度　135, 168

位相交差角周波数　137, 141
位相交点　141
位相条件式　146
位相特性　105
位相特性曲線　110
位相面　208
位相面解析法　208
位相余有　141
一次遅れ要素　29, 114
一次進み要素　114
一巡伝達関数　70
位置偏差定数　92
インディシャル応答　28
インパルス応答　27

枝　34

応答　68
応答時間　164
オープンループ制御　3
オクターブ　112
遅れ時間　164

か　行

外乱　6
開ループ伝達関数　70
可観測　64
可観測性　64
拡張されたナイキストの条件　135
拡張 z 変換　232
確率制御　9
加算　34

加算点　15
可制御　64
可制御性　64
過制動　81
加速度偏差定数　93
過渡応答　28, 68
過渡応答特性　68
過渡応答法　177
過渡偏差　89
簡単化されたナイキストの条件　135

帰還要素　7
記述関数　215
記述関数法　208
基準入力　6, 90
基準入力要素　7
逆 z 変換　232
共振ピーク角周波数　166
行列式　52
行列指数関数　55
極　25

空間量子化　223
グラフデターミナント　38
グラフトランスミッタンス　37

係数行列　48
ゲイン-位相線図　103, 109
ゲイン交差角周波数　137, 142, 166
ゲイン交点　141
ゲイン条件式　146
ゲイン定数　81, 92
ゲイン特性　105
ゲイン特性曲線　110
ゲイン余有　141
限界感度法　177

減算点　15
減衰係数　81
減衰度　81
減衰比　81
現代制御理論　44

合成積　53
誤差信号　90
古典的制御理論　44
固有角周波数　81
根軌跡　146
根軌跡法　127

さ 行

サーボ機構　9
サーボ系　9
最終値定理　24
最大行き過ぎ量　73
雑音　6
サンプラ　223
サンプリング角周波数の条件　227
サンプリング時間　224
サンプル値　223
サンプル値制御　9

シーケンス制御　3
時間量子化　223
システム行列　48
自然角周波数　81
時定数　74
自動制御　2
自動調整系　9
遮断角周波数　166
周波数応答　69, 101, 103
周波数伝達関数　102
出力行列　48
出力節　34
出力ベクトル　47
出力変数　47
出力方程式　47
手動制御　2
主フィードバック量　6

状態推移行列　52
状態推移方程式　53
状態ベクトル　47
状態変数　45, 47
状態変数線図　57
状態変数法　44
状態方程式　45, 47
初期値定理　24
信号検出器　222
信号線　15
信号伝達要素　14
信号流れ線図　33
振幅軌跡　218
振幅量子化　223

制御　2
制御行列　48
制御系　3
制御システム　3
制御装置　2, 7
制御対象　2, 7
制御偏差　6, 89
制御量　2, 6, 90
整定時間　73, 164
静的システム　68
精度　89, 91, 160
制動係数　81
積分ゲイン　175
積分時間　175
積分要素　29, 111
節　34
折点角周波数　115
遷移行列　52
漸近線　114, 149
線形システム　10
線形制御システム　10
線形要素　9
センサ　222

操作量　2, 6
速応性　164
速度偏差定数　93

索　　引　　　　273

た 行

帯域幅　166
代表特性根　169
互いに独立　37
立ち上がり時間　73, 164
単位インパルス応答　27
単位ステップ関数　72
単位デルタ関数　72
単極　25

遅延時間　73

追従制御　8
追値制御　8

定加速度入力関数　72
定常応答　68
定常応答特性　68
定常偏差　89, 90
定性的制御　9
定値制御　8
定量的制御　9
デカード　112
展開定理　24
伝達関数　15, 21
伝達関数行列　48
伝達要素　14, 15

等価伝達関数　215
等傾斜曲線法　210
等傾斜線　210
動作信号　6
動的システム　68
特性根　70, 126
特性方程式　70
トランスミッタンス　34

な 行

ナイキスト線図　105, 134
ナイキストの安定判別法　127, 134

ニコルズ線図　103, 120
二次遅れ要素　29, 116
二次進み要素　116
入力節　34
入力ベクトル　47
入力変数　47

は 行

パス　37
パストランスミッタンス　37
バックラッシュ　207
パラメータ感度　7
パルス伝達関数　236
半導体電力変換回路　222

比較部　7
ヒステリシスコンパレータ　207
非制動　81
非線形制御システム　10
非線形要素　10
微分ゲイン　175
微分時間　175
微分要素　29, 111
比率制御　8
比例ゲイン　175
比例要素　29, 111

フィードバック　3
フィードバック制御　3
フィードバック要素　7
フィードフォワード制御　3
不感帯　207
負制動　81
不足制動　81
フルビッツの行列式　131
フルビッツの方法　127
プログラム制御　8
プロセス制御　9
ブロック　2
ブロック線図　15
分岐点　15
分枝　34

閉ループ伝達関数　69
ベクトル軌跡　103
飽和　207
ボード線図　103, 110
ボード線図法　127
ホールド回路　223

ま　行

マイクロコンピュータ　222
前向き伝達関数　69

むだ時間要素　29

メイソンの公式　38

目標値　6
モデルマッチング法　177

や　行

余因子行列　52

ら　行

ラウス数列　128
ラウスの方法　127
ラウス表　127
ラウス–フルビッツの安定判別法　127
ラプラス逆変換　20
ラプラス変換　19
ランプ入力関数　72

離散値　223
離散値制御　9
利得　7
リャプノフの方法　127
量子　223
量子化　223

リレー　207
リレー（コンパレータ）　207
臨界制動　81

ループ　37
ループトランスミッタンス　37

連続時間制御　9

欧　字

A/D 変換回路　222

CPU　45

D 動作　174
D/A 変換回路　222

I 動作　174
I-P 制御　186
I-PD 制御　186

l 重極　25

P 動作　174
PD 動作　174
PI 動作　174
PID 制御　174
PID 動作　174
PID パラメータ　176
PID 補償　174

S.F.G.　33

Z.O.H.　224
z 変換　228

0 次ホールド　224
1 自由度制御系　184
2 自由度制御系　8

著者略歴

松　瀬　貢　規
            まつ　せ　こう　き

1971 年　明治大学大学院工学研究科電気工学専攻博士課程修了
同　　年　明治大学工学部専任講師
1979 年　同工学部教授
1996 年　同理工学部学部長
2009 年　電気学会会長
現　　在　明治大学名誉教授，電気学会フェロー・名誉会員，IEEE Fellow，
　　　　　日本工学会フェロー，中国清華大学客座教授，工学博士

主要著書　基礎電気回路（上），（下）（編共著，オーム社，2004）
　　　　　電動機制御工学（単著，電気学会，2007）（2009 年電気学会著作賞受賞）
　　　　　電気磁気学入門（編共著，オーム社，2011）
　　　　　基本から学ぶパワーエレクトロニクス（共著，電気学会，2012）
　　　　　　　　　　　　　　　　　　　　　　　　（2015 年電気学会著作賞受賞）
　　　　　電気電子基礎数学（共著，数理工学社，2012）
　　　　　演習と応用　基礎制御工学（単著，数理工学社，2014）

電気・電子工学ライブラリ＝ UKE–D5
基礎制御工学

2013 年 6 月 10 日 ⓒ　　　　　　　　　　初　版　発　行
2015 年 9 月 25 日　　　　　　　　　　　初版第 2 刷発行

著者　松　瀬　貢　規　　　　　発行者　矢　沢　和　俊
　　　　　　　　　　　　　　　印刷者　小宮山恒敏

【発行】　　　　　　　株式会社　数理工学社
〒151–0051　東京都渋谷区千駄ヶ谷 1 丁目 3 番 25 号
☎ (03) 5474–8661（代）　　　　サイエンスビル

【発売】　　　　　　　株式会社　サイエンス社
〒151–0051　東京都渋谷区千駄ヶ谷 1 丁目 3 番 25 号
営業☎ (03) 5474–8500（代）　　振替 00170–7–2387
FAX☎ (03) 5474–8900

印刷・製本　小宮山印刷工業（株）

≪検印省略≫

本書の内容を無断で複写複製することは，著作者および
出版者の権利を侵害することがありますので，その場合
にはあらかじめ小社あて許諾をお求め下さい。

サイエンス社・数理工学社の
ホームページのご案内
http://www.saiensu.co.jp
ご意見・ご要望は
suuri@saiensu.co.jp まで。

ISBN978–4–86481–000–5
PRINTED IN JAPAN

━━━━━電気・電子工学ライブラリ━━━━━

電気電子基礎数学
　　　　　　川口・松瀬共著　　2色刷・A5・並製・本体2400円

電気磁気学の基礎
　　　　　　湯本雅恵著　　2色刷・A5・並製・本体1900円

電気回路
　　　　　　大橋俊介著　　2色刷・A5・並製・本体2200円

基礎電気電子計測
　　　　　　信太克規著　　2色刷・A5・並製・本体1850円

応用電気電子計測
　　　　　　信太克規著　　2色刷・A5・並製・本体2000円

ディジタル電子回路
　　　　　　木村誠聡著　　2色刷・A5・並製・本体1900円

ハードウェア記述言語によるディジタル回路設計の基礎
　　　　　　木村誠聡著　　2色刷・A5・並製・本体1950円

無線とネットワークの基礎
　　　　　　岡野・宇谷・林共著　　2色刷・A5・並製・本体1800円

基礎電磁波工学
　　　　　　小塚・村野共著　　2色刷・A5・並製・本体1900円

演習と応用　電気磁気学
　　　　　　湯本・澤野共著　　2色刷・A5・並製・本体2100円

演習と応用　電気回路
　　　　　　大橋俊介著　　2色刷・A5・並製・本体2000円

演習と応用　基礎制御工学
　　　　　　松瀬貢規著　　2色刷・A5・並製・本体2550円

＊表示価格は全て税抜きです．

━━━━発行・数理工学社／発売・サイエンス社━━━━